高职高专测绘类专业“十二五”规划教材·规范版

教育部测绘地理信息职业教育教学指导委员会组编

测绘仪器检测与维修

主　编　刘宗波

副主编　王金玲　燕志明

WUHAN UNIVERSITY PRESS

武汉大学出版社

图书在版编目(CIP)数据

测绘仪器检测与维修/刘宗波主编;王金玲,燕志明副主编.—武汉:武汉大学出版社,2013.2(2024.8 重印)
高职高专测绘类专业“十二五”规划教材·规范版
ISBN 978-7-307-10427-3

Ⅰ.测… Ⅱ.①刘… ②王… ③燕… Ⅲ.①测绘仪器—检测—高等职业教育—教材 ②测绘仪器—维修—高等职业教育—教材 Ⅳ.TH761

中国版本图书馆 CIP 数据核字(2013)第 013931 号

责任编辑:王金龙　　责任校对:刘　欣　　版式设计:马　佳

出版发行:**武汉大学出版社**　(430072　武昌　珞珈山)
(电子邮箱:cbs22@ whu.edu.cn 网址:www.wdp.com.cn)
印刷:湖北云景数字印刷有限公司
开本:787×1092　1/16　印张:14.25　字数:332 千字　插页:1
版次:2013 年 2 月第 1 版　　2024 年 8 月第 6 次印刷
ISBN 978-7-307-10427-3/TH·34　　定价:29.00 元

序

武汉大学出版社根据高职高专测绘类专业人才培养工作的需要，于2011年和教育部高等教育高职高专测绘类专业教学指导委员会合作，组织了一批富有测绘教学经验的骨干教师，结合目前教育部高职高专测绘类专业教学指导委员会研制的“高职测绘类专业规范”对人才培养的要求及课程设置，编写了一套《高职高专测绘类专业“十二五”规划教材·规范版》。该套教材的出版，顺应了全国测绘类高职高专人才培养工作迅速发展的要求，更好地满足了测绘类高职高专人才培养的需求，支持了测绘类专业教学建设和改革。

当今时代，社会信息化的不断进步和发展，人们对地球空间位置及其属性信息的需求不断增加，社会经济、政治、文化、环境及军事等众多方面，要求提供精度满足需要，实时性更好、范围更大、形式更多、质量更好的测绘产品。而测绘技术、计算机信息技术和现代通信技术等多种技术集成，对地理空间位置及其属性信息的采集、处理、管理、更新、共享和应用等方面提供了更系统的技术，形成了现代信息化测绘技术。测绘科学技术的迅速发展，促使测绘生产流程发生了革命性的变化，多样化测绘成果和产品正不断努力满足多方面需求。特别是在保持传统成果和产品的特性的同时，伴随信息技术的发展，已经出现并逐步展开应用的虚拟可视化成果和产品又极好地扩大了应用面。提供对信息化测绘技术支持的测绘科学已逐渐发展成为地球空间信息学。

伴随着测绘科技的发展进步，测绘生产单位从内部管理机构、生产部门及岗位设置，进而相关的职责也发生着深刻变化。测绘从向专业部门的服务逐渐扩大到面对社会公众的服务，特别是个人社会测绘服务的需求使对测绘成果和产品的需求成为海量需求。面对这样的形势，需要培养数量充足，有足够的理论支持，系统掌握测绘生产、经营和管理能力的应用性高职人才。在这样的需求背景推动下，高等职业教育测绘类专业人才培养得到了蓬勃发展，成为了占据高等教育半壁江山的高等职业教育中一道亮丽的风景。

高职高专测绘类专业的广大教师积极努力，在高职高专测绘类人才培养探索中，不断推进专业教学改革和建设，办学规模和专业点的分布也得到了长足的发展。在人才培养过程中，结合测绘工程项目实际，加强测绘技能训练，突出测绘工作过程系统化，强化系统化测绘职业能力的构建，取得很多测绘类高职人才培养的经验。

测绘类专业人才培养的外在规模和内涵发展，要求提供更多更好的教学基础资源，教材是教学中的最基本的需要。因此面对“十二五”期间及今后一段时间的测绘类高职人才培养的需求，武汉大学出版社将继续组织好系列教材的编写和出版。教材编写中要不断将测绘新科技和高职人才培养的新成果融入教材，既要体现高职高专人才培养的类型层次特征，也要体现测绘类专业的特征，注意整体性和系统性，贯穿系统化知识，构建较好满足现实要求的系统化职业能力及发展为目标；体现测绘学科和测绘技术的新发展、测绘管理与生产组织及相关岗位的新要求；体现职业性，突出系统工作过程，注意测绘项目工程和生产中与相关学科技术之间的交叉与融合；体现最新的教学思想和高职人才培养的特色，在传统的教材基础上勇于创新，按照课程改革建设的教学要求，让教材适应于按照“项目教学”及实训的教学组织，突出过程和能力培养，具有较好的创新意识。要让教材适合高职高专测绘类专业教学使用，也可提供给相关专业技术人员学习参考，在培养高端技能应用性测绘职业人才等方面发挥积极作用，为进一步推动高职高专测绘类专业的教学资源建设，作出新贡献。

按照教育部的统一部署，教育部高等教育高职高专测绘类专业教学指导委员会已经完成使命，停止工作，但测绘地理信息职业教育教学指导委员会将继续支持教材编写、出版和使用。

教育部测绘地理信息职业教育教学指导委员会副主任委员

赵文亮

二〇一三年一月十七日

前　言

本书是根据教育部颁发的《关于加强高职高专教育人才培养工作的意见》和《面向 21 世纪教育振兴行动计划》等文件的精神，以培养学生的技术应用能力为主线，按照“必需、够用”的原则来安排内容，在编写上打破了传统的学科理论体系，构建了职业核心能力型的课程体系。

在内容上力求讲清基本概念，做到基础理论知识适度，全书以测绘仪器的检测维修为主线，全面介绍了水准仪、经纬仪、全站仪及 GPS 接收机等常规测量仪器的检验与校正、检测、维修三大部分工作，并注重运用案例讲解，使读者易于理解，加深印象，便于应用。本书以项目单元为教学模块，密切结合工程实际，以现行的最新规范为依据，每单元均有教学的目标和要求，结合项目测试，便于学生巩固理论知识，培养生产实际应用的综合能力。引入了水准仪、经纬仪、全站仪、GPS 等较多的常规仪器，具有较强的实用性和针对性。主要体现出如下特点：

(1)按照“工学结合”人才培养模式的要求，以工作过程为导向，以工作任务为载体，进行工作过程系统化课程设计。具有较强的实用性和通用性，突出以能力为本位的指导思想，体现高等职业教育的特点，内容精练，突出应用，加强实践。

(2)理论和实践有机结合、交替进行，基础理论知识的学习为后续实践内容的学习打下基础。每个单元由任务引入和任务分析导入，然后展开知识链接，穿插案例分析，方便学生透彻地理解理论知识在工程中的运用，实现教、学、做一体化的教学模式。

(3)将教材所涉及的内容分成若干个具体的单元项目，既贯彻先进的高职理念，又注意教材的理论完整性，以使学生具备一定的可持续发展能力，较好地实现了高职教材一直提倡的“理论必需、够用”的原则，对测绘仪器检测与维修基础知识部分进行了精选和整合，力争做到易懂、好学。

(4)本书是根据最新的测量规范进行编写的，对传统的内容进行了删减、补充、改进和提高；增添了 GPS 接收机检测等测绘新内容，并突出其实用性。

本书由甘肃建筑职业技术学院刘宗波任主编，湖北水利水电职业技术学院王金玲、内蒙古科技大学煤炭学院燕志明任副主编，刘宗波负责统稿并定稿。

本书编写过程中力求做到内容简明扼要，文字通俗易懂，插图清晰明了。书中参阅了大量的文献资料，引用了同类书刊中的部分内容，同时得到了相关仪器厂商的大力支持，在此表示衷心的感谢。

尽管我们在探索教材特色的建设方面做出了许多努力，但由于编者水平有限，教材中仍可能存在一些错误和不足，恳请各教学单位和读者在使用本教材时多提宝贵意见，以便下次修订时改进。

编　者

2012 年 9 月

前言

目　　录

绪　论

【教学目标】

学习本单元，应初步掌握测绘仪器的分类；了解常用大地测量仪器的分类、等级及基本参数；掌握测绘仪器检测与维修中常用的基本术语及本课程的学习内容。

【教学要求】

知识要点	技能训练	相关知识
常用测量仪器简介	(1)水准仪的分类、等级及基本参数； (2)经纬仪的分类、等级及基本参数； (3)全站仪的分类、等级及基本参数； (4)GPS 接收机的分类及基本参数。	(1)掌握水准仪的分类、等级及基本参数； (2)掌握经纬仪的分类、等级及基本参数； (3)掌握全站仪的分类、等级及基本参数； (4)掌握 GPS 接收机的分类及基本参数。
常用术语	检测、检验、校正等术语的概念。	掌握检测、检验、校正等术语的概念。
学习内容	本教材的基本教学内容。	了解本教材的基本教学内容。

【单元导入】

测绘仪器是测量工作者完成各种测量任务的主要工具，为了保证测量精度、延长仪器的使用寿命，测绘工作者不仅要了解仪器的结构原理，还要掌握仪器的检视、检验、校正及维修的基本知识，熟悉测绘仪器的检定办法。正确地使用和妥善地保养仪器，对于保证仪器的精度、延长其使用年限具有极其重要的意义。本单元将对测量中常用大地测量仪器所涉及的基本内容做详细介绍。

0.1　测绘仪器简介

测绘仪器是经济建设、国防建设中不可缺少的一种精密仪器，根据用途的不同，可分为大地测量仪器、摄影测量仪器和惯性测量系统等组成部分。其中大地测量仪器主要是用来在野外测量地面点相对位置的一类测绘仪器，大量应用于建筑、水利、交通、道路、桥梁、园艺、地籍、工业、农业、国防等部门的工程建设之中，是本教材研究的主要方向。

其主要用途是测绘各种大、中比例尺的地形图以及测定各种等级控制点的平面位置和高程。

大地测量仪器多数为精密光学、光电仪器，其是以野外测量对仪器提出的要求为出发点，应用光学、精密机械、光电和电子计算机技术相结合来设计制造的，结构比较精密。再加上各类工程对测绘精度的要求越来越高，就更加需要保证测绘仪器的质量，以达到测绘精度的要求。所以平时要做好测绘仪器的经常性保养工作，爱护仪器。除此之外，还应当掌握常用测绘仪器的检验与校正工作，保证仪器测绘时处于正常的工作状态；掌握常用仪器的基本结构、各零部件的作用及发生故障的原因，保证常用仪器在出现故障时能及时维修；掌握常用仪器的基本检定内容，以查明和确认测量仪器是否符合法定要求，是否能够正常使用。

常用的测绘仪器主要有水准仪、经纬仪、全站仪、GPS(全球定位系统)接收机等。

1. 水准仪

水准仪是以仪器的水平视准线作为基准线，进行高差测量的计量器具。它广泛地用于水准测量、变形测量、各种工程水准测量与大型精密机械安装等。因其灵敏构件不同又分为微倾式水准仪、自动安平式水准仪和应用光电数码技术进行水准测量数据采集、处理、存储自动化的电子水准仪。水准仪的分级见表0-1。仪器外形见图0-1。

(a)微倾式水准仪

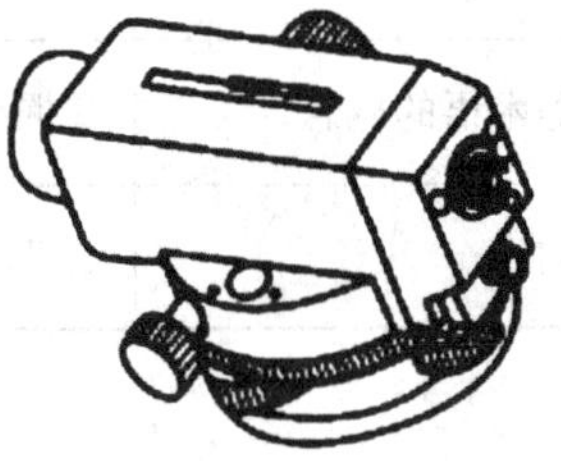
(b)自动安平式水准仪

(c)电子水准仪

图0-1 水准仪

表0-1 **水准仪的分级**

仪器级别	高精密	精密	普通
	DS05、DSZ05	DSl、DSZ1	DS3、DSZ3
1km往返水准测量标准偏差(mm)	0.2~0.5	1.0	1.5~4.0

水准仪基本参数见表0-2。

表 0-2 **水准仪的基本参数**

参数名称		单位	高精密	精密	普通
望远镜	放大率	倍	>38~42	>32~38	>20~32
	物镜有效孔径	mm	>45~55	>40~35	>30~40
	最短视距不大于	m	2.0		
水准泡角值	符合式管状	(″)/2mm	10		20
	直交型管状	(′)/2mm	2		—
	圆形		4	8	
自动安平补偿性能	补偿范围	(′)	±8		
	安平时间	s	2		
测微器	测微范围	mm	10.5		—
	分格值		0.1，0.05		
仪器净重不大于		kg	6.5	6.0	3.0
主要用途		国家一等水准测量及地震水准测量		国家二等水准测量及其他精密水准测量	国家三、四等水准测量及一般工程水准测量

2. 经纬仪

经纬仪主要有光学经纬仪和电子经纬仪。光学经纬仪是用于测量水平角和竖直角的计量器具，它广泛应用于大地测量、工程测量、矿山测量等。光学经纬仪系列的等级见表0-3规定。仪器外形见图0-2。电子经纬仪是全站仪的重要组成部分，在全站仪中进行详细介绍，这里不再赘述。

表 0-3 **光学经纬仪的等级及基本参数**

参数名称		单位	等级				
			DJ07	DJ1	DJ2	DJ6	DJ30
一测回水平方向标准偏差	室外	(″)	0.7	1.0	2.0	6.0	30.0
	室内		0.6	0.8	1.6	4.0	20.0

光学经纬仪基本参数见表0-4。

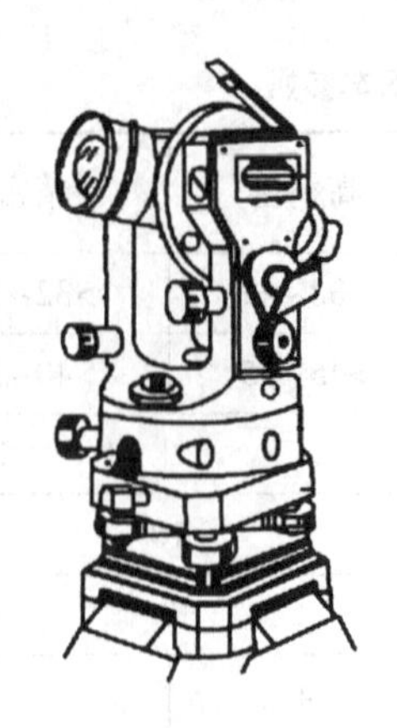

(a)光学经纬仪

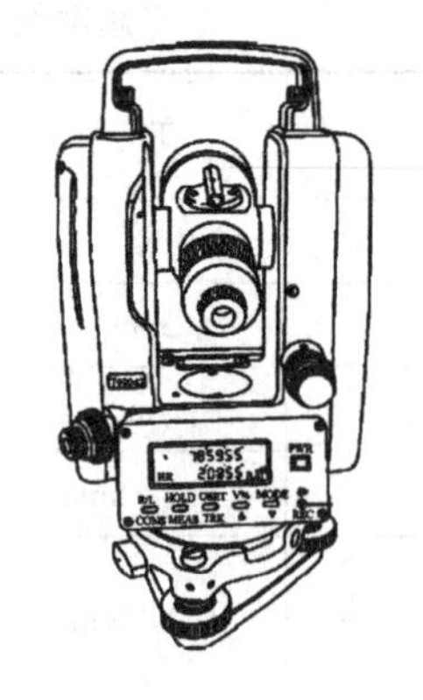

(b)电子经纬仪

图 0-2　经纬仪

表 0-4　**光学经纬仪的基本参数**

参数名称		单位	等级				
			DJ07	DJ1	DJ2	DJ6	DJ30
望远镜	放大率		30×, 45×, 55×	24×, 30×, 45×	28×	25×	18×
	物镜有效孔径	mm	65	60	40	35	25
	最短视矩	m	3. 5	3. 0	2. 0	2. 0	1. 0
水准泡角值	照准部	(″)/2mm	4	6	20	30	60
	竖直度盘指标		10	10	20	30	—
	圆形	(′)/2mm	8	8	8	8	8
竖直度盘指标自动归零补偿器	补偿范围	(′)	—	—	±2	±2	—
水平读数最小格值		(″)	0. 2	0. 2	1	60	120
仪器净重		kg	17	13	6	5	3
主要用途			国家一等三角测量	国家二等三角测量和精密工程测量	国家三四等三角测量和工程测量	地形测图的控制测量和一般工程测量	一般工程测量和矿山测量

3. 全站仪

全站型电子速测仪是一种兼有自动测距、测角、计算和数据自动记录及传输功能的自动化、数字化的三维坐标测量与定位系统。它由光电测距单元、电子测角及微处理器单元以及电子记录单元组成，是一种广泛应用于控制测量、地形测量、地籍与房产测量、工业测量及近海定位等的电子测量仪器。按其结构，可分为整体式与积木式两种。前者是将测距、测角与电子计算单元和仪器的光学与机械系统设计成整体；后者则分别由各自独立的光电测距头、电子经纬仪与电子计算单元组成。

全站型电子速测仪又称为电子全站仪(Electronic Total Station)，简称全站仪。

全站仪的等级按其标称的角度测量标准偏差 m_β来划分，见表 0-5。不同的等级对测距标准偏差又有相对应的要求，见表 0-6。仪器外形见图 0-3。

图 0-3　全站仪

表 0-5　**全站仪角度测量标准偏差**

等级	Ⅰ	Ⅱ	Ⅲ	Ⅳ
m_β 范围/(″)	$m_\beta \leqslant 1.0$	$1.0 < m_\beta \leqslant 2.0$	$2.0 < m_\beta \leqslant 5.0$	$5.0 < m_\beta \leqslant 10.0$

表 0-6　**全站仪测距标准偏差**

等级及限差	Ⅰ	Ⅱ	Ⅲ	Ⅳ
	1.0″	2.0″	5.0″	10.0″
测距标准偏差 m_β(mm)	$\pm(1+1\times10^{-6}\cdot D)$	$\pm(3+2\times10^{-6}\cdot D)$	$\pm(5+5\times10^{-6}\cdot D)$	

测距仪出厂标称标准差表达式为：

$$m_d = a + bD$$

式中：a——标称标准差固定部分，mm；

b——标称标准差比例系数，mm/km；

D——测量距离，km。

全站仪的品牌很多，世界上许多著名厂家均有生产，如美国天宝，瑞士徕卡，日本索佳、拓普康及尼康，中国北光、南方、苏一光等。这些仪器参数原理基本相同，但也有部分区别，以索佳 SET-10 系列全站仪为例介绍全站仪基本参数，见表 0-7。

表 0-7 **SET-10 系列全站仪的基本参数**

<table>
<tr><th>型号</th><th>SET210</th><th>SET510</th><th>SET610</th></tr>
<tr><td>望远镜放大倍率</td><td colspan="2">30×</td><td>26×</td></tr>
<tr><td>成像</td><td colspan="3">正像</td></tr>
<tr><td>最小显示(H&V)</td><td colspan="3">1″/5″</td></tr>
<tr><td>精度(H&V)</td><td>2″</td><td>5″</td><td>6″</td></tr>
<tr><td>补偿器</td><td colspan="3">自动双轴补偿器，补偿范围±3′</td></tr>
<tr><td>测距范围　RS90N-K 反射片</td><td colspan="3">2~120m</td></tr>
<tr><td>一个 AP01 棱镜</td><td colspan="3">* 1~2400m/2700m</td></tr>
<tr><td>三个 AP01 棱镜</td><td colspan="3">* 1~3100m/3500m</td></tr>
<tr><td>最小显示　精测/粗测/跟踪</td><td colspan="3">0. 001m/0. 0001m/0. 01m</td></tr>
<tr><td>精度　棱镜</td><td colspan="3">$\pm(2+2\times10^{-6}\cdot D)$mm</td></tr>
<tr><td>反射片</td><td colspan="3">$\pm(4+3\times10^{-6}\cdot D)$mm</td></tr>
<tr><td>键盘</td><td colspan="2">双面 4+11 键</td><td>单面 4+11 键</td></tr>
<tr><td>数据内存</td><td colspan="3">约 10000 点</td></tr>
<tr><td>存储卡</td><td colspan="2">可附加</td><td>—</td></tr>
<tr><td>SF14 无线遥控键盘</td><td colspan="2">红外，37 键盘全字母数字，162×63×19，120g，两节 7 号电池</td><td>—</td></tr>
<tr><td>重量(带电池)</td><td colspan="2">5. 2kg</td><td>5. 1kg</td></tr>
<tr><td>内置程序软件</td><td colspan="3">对边测量、三维坐标测量、悬高测量、后方交会、放样测量、偏心测量、面积计算</td></tr>
</table>

* 无雾、能见度约 40km、多云、无大气抖动良好气象条件下。

4. GPS(全球定位系统)接收机

全球定位系统(GPS)主要由三大部分组成，即空间星座部分、地面监控部分和用户部分。全球定位系统(GPS)的空间星座部分和地面监控部分是用户应用该系统进行导航和定位的基础。用户只有通过用户设备(即 GPS 接收机)才能实现应用 GPS 进行测量和导航、定位的目的。

GPS 接收机一般由天线、接收机和控制器组成。主要任务是接收 GPS 卫星发射的信号，以获得必要的导航和定位信息等观测数据，并经数据处理而完成测量和导航、定位的工作。

GPS 接收机按用途可分为测地型、导航型和时钟型。测量上普遍使用测地型接收机，测地型接收机主要用于精密大地测量、工程测量、地壳形变测量等领域。这类仪器主要采用载波相位观测值进行相对定位，定位精度高，一般相对精度可达$\pm(5\text{mm}+10^{-6}\cdot D)$。这类仪器构造复杂，价格较贵。

测地型接收机又分为单频机和双频机，单频机只接收 L_1 载波相位。由于单频不能消除电离层影响，所以只适用于 15km 以内的短基线。双频机接收 L_1、L_2 载波相位，可以消除电离层影响，可适用于长基线。若计算中采用精密星历，在 1000km 距离内相对定位精度可达到 2×10^{-8}。

0.2 基本概念和术语

1. 基本概念

测绘仪器：为测绘工作设计制造的数据采集、处理、输出等仪器和装置。

大地测量仪器：研究地球形状、大小、空间物体位置、重力场及其变化所使用的野外测绘仪器。

2. 常用术语

检测：对给定产品，按照规定程序确定某一种或多种特性、进行处理或提供服务所组成的技术操作。检测需对仪器所有的性能指标进行试验。

检验：查明计量器具的误差是否超过使用中最大允许误差所进行的一种检查。是对使用中计量器具监督的重要手段，检查它是否继续满足“法定”要求(检定中说明)，是否处于正常的工作状态等。使用中检验的要求同样也可作为使用者日常校检的依据，用规定的方法进行校准与试验以确保测量结果的准确可靠。但使用者自行校检不能作为法定依据。

校准：校准是在规定条件下，为确定测量仪器或测量系统所指示的量值，或实物量具或参考物质所代表的量值，与对应的由标准所复现的量值之间关系的一组操作。校准是由组织内部或委托其他组织(不一定是法定计量组织)，依据可利用的公开出版规范，组织编写的程序或制造厂的技术文件，确定计量器具设备的示值误差，以判定是否符合预期使用要求。校准合格的计量器具一般只能获得本单位的承认。校准的目的是：确定示值误差，并确定是否在预期的允差范围之内；得出标准值偏值差的报告值，可调整测量器具或对示值加以修正；给任何标尺标记赋值或确定其他特性值，给参考物质特性赋值；实现溯源性。

测量仪器的检定：简称计量检定，查明和确认测量仪器符合法定要求的活动，包括检查、加标记和(或)出具检定证书。检定是一项目的性很明确的测量工作，是由法制计量部门所进行的测量，检定必须严格按照检定规程运作，对所检仪器给出符合性判断，即给出合格还是不合格的结论，而该结论具有法律效应。除依据检定给出该仪器是否合格的结论外，有时还要对某些参数给出修正值，以供仪器使用者采用。在我国主要是由各级计量院(所)以及授权的实验室来完成。

*校准和检定主要区别如下：

校准不具法制性，是企业自愿的量值溯源行为。检定具有法制性，是属法制计量管理范畴的执法行为。

校准主要以确定测量器具的示值误差。检定是测量器具的计量特性及技术要求的全面评定。

校准的依据是标准规范、校准方法，可作统一也可自行制定。检定的依据必须是检定规程。

校准不判断测量器具合格与否，但当需要时，可确定测量器具的某一性能是否符合预期的要求。检定必须依据检定规程对所检测器具做出是否合格的定论。

首次检定：对未被检定过的测量仪器进行的检定。

后续检定：测量仪器在首次检定后的一种检定，它包括强制周期检定和修理后检定。

强制周期检定：根据规程规定的周期和程序，对测量仪器定期进行的一种后续检定。

0.3 常见仪器检定装置简介

1. 水准仪检定装置

水准仪检定装置主要性能有两个：一是具有一条成像在无穷远目标的水平方向的视准线；二是在一条视准线上从5m到无穷远范围内应分布不少于5个十字丝目标。装置的工作原理可分为两种：直接检定与比较检定。直接检定分为自动安平式和电子水泡式。自动安平式采用自动安平式平行光管，检定装置的工作原理见图0-4。电子水泡式采用三点互调法将作为标准的自准直仪视准轴调水平，利用安装在自准直仪上的电子水泡进行监测和读数。

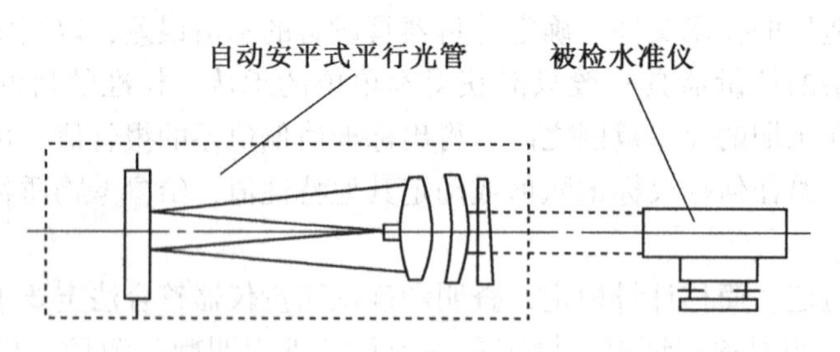

图0-4 直接检定装置工作原理示意图

比较检定时采用 i 角≤4″的高准确度水准仪的视准轴为标准，去调校作为标准的平行光管，从而产生一条临时的水平视准线。装置的工作原理见图0-5。

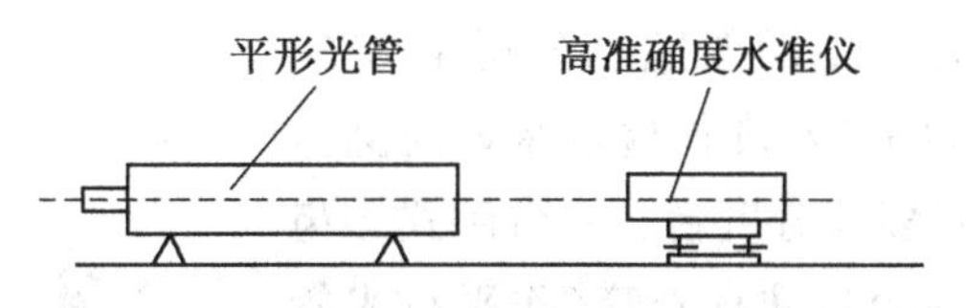

图 0-5　比较检定装置工作原理示意图

注：i 角是指望远镜视轴与管状水准泡轴在铅垂面内投影的平行度。

2. 经纬仪检定装置

经纬仪检定装置主要有两种形式：多目标检定装置以 4-6 平行光管(含准线光管或准线仪)作为无穷远目标，在水平和竖直方向上组成常角；或由多齿分度台与一个平行光管组成的检定装置。用来检定或校准经纬仪一测回方向标准偏差、测角准确度以及三轴几何关系的正确性等项目。检定装置原理图，见图 0-6 和图 0-7。

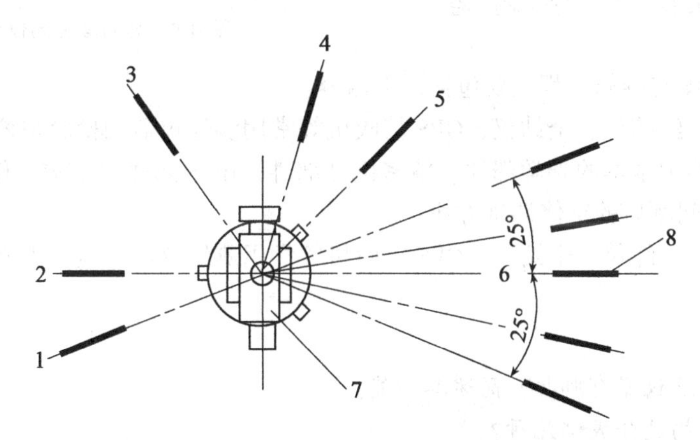

1~6—平行光管；7—经纬仪；8—竖直角标准装置

图 0-6　多目标式检定装置

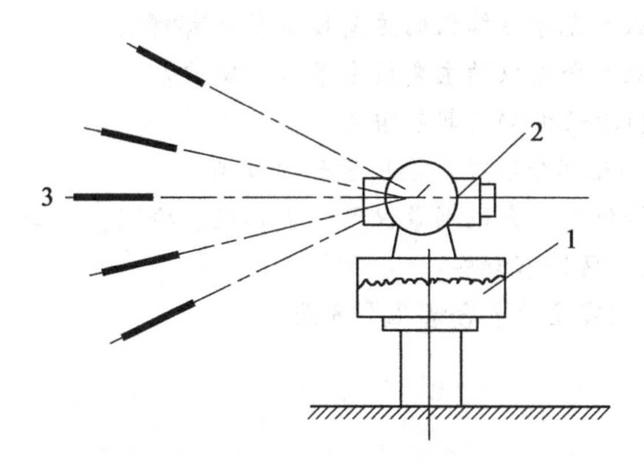

1—多齿分度台；2—经纬仪；3—竖直角标准装置

图 0-7　多齿分度台式检定装置

3. 高精度经纬仪水准仪检定装置

如图 0-8 所示，以九江中国船舶总公司第 6354 所研制的 JQJY 高精度经纬仪水准仪检定装置为例：

本仪器采用一台立式多齿分度台、一台卧式多齿分度台、一台检调管、一台自准直光管（作平行光管用）和仪器座组成，自准直光管焦平面上有刻线分划板，通过立式多齿分度台的转动，与平行光管一起构成任意角度水平方向无穷远目标，同样，通过卧式多齿分度台的转动，也能构成任意角度竖直方向无穷远目标，因此，能很方便地模拟各种情况，对仪器进行检定。

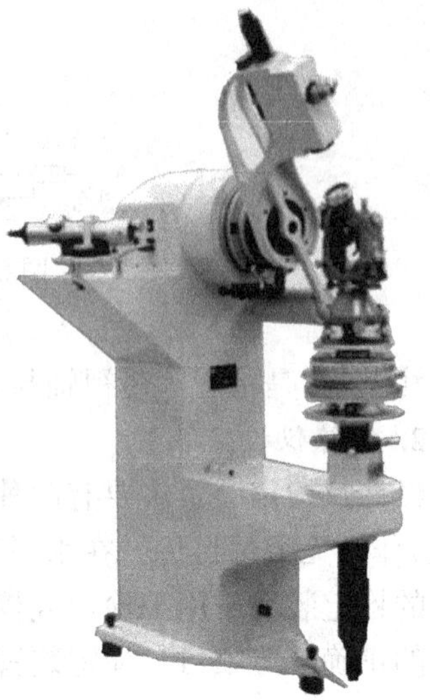

图 0-8 高精度经纬仪水准仪检定装置

0.4 教学内容

测绘仪器检测与维修课程主要包括以下内容：

(1)水准仪、经纬仪、全站仪、GPS 接收机等常用测绘仪器的检验与校正工作；

(2)测绘仪器中基本的光学部件、精密机械部件、电子部件的结构、作用、发生故障的原因以及出现问题后的维修调试方法；

(3)水准仪、经纬仪、全站仪、GPS 接收机等常用测绘仪器的检定内容。

◎ 单元测试

1. 常用的测绘仪器有哪些？简述其功能。
2. 水准仪按构造分成哪几种？
3. 水准仪如何分级？水准仪的主要技术参数有哪些？
4. 经纬仪按构造分成哪几种？
5. 经纬仪如何分级？光学经纬仪的主要技术参数有哪些？
6. 全站仪如何分级？全站仪的主要技术参数有哪些？
7. 全球定位系统(GPS)由哪几部分组成？
8. GPS 接收机由哪几部分组成？按用途如何分类？
9. 名词解释：测绘仪器、大地测量仪器、全站仪、检测、检验、校准、检定。
10. 校准和检定主要区别有哪些？
11. 本教材的教学内容主要包含哪几个方面？

单元一 常用测绘仪器的检验与校正

【教学目标】

学习本单元，使学生了解水准仪、经纬仪、全站仪和GPS接收机等常规仪器的主要轴线及应满足的几何条件；能够初步进行水准仪、经纬仪、全站仪和GPS接收机等常规仪器的检验与校正工作。

【教学要求】

知识要点	技能训练	相关知识
水准仪的检验与校正	(1)水准仪各轴线应满足的条件； (2)水准仪检验与校正。	(1)水准仪的轴线； (2)轴线间应满足的几何条件； (3)水准仪各项检验的步骤和校正方法。
经纬仪的检验与校正	(1)经纬仪各轴线应满足的条件； (2)经纬仪检验与校正。	(1)经纬仪的轴线； (2)轴线间应满足的几何条件； (3)经纬仪各项检验的步骤和校正方法。
全站仪的检验与校正	(1)全站仪的一般性检验与校正； (2)光电测距系统的检验与校正； (3)电子测角部分的检验与校正； (4)微处理器部分的检验与校正； (5)常用全站仪的电子校正。	(1)全站仪的一般性检验与校正； (2)光电测距系统的检验与校正； (3)电子测角部分的检验与校正； (4)微处理器部分的检验与校正； (5)常用全站仪的电子校正。
GPS接收机	GPS接收机的检视及检验。	(1)GPS接收机的误差来源； (2)GPS接收机的检验。

【单元导入】

各类测绘仪器的设计和制造不论如何精细，各主要部件之间的关系也不可能完全满足理论要求。另外，在仪器使用过程中，由于振动、磨损和温度变化的影响，也会改变各部件之间的正确关系。为此，在使用仪器之前，必须对仪器进行检验和校正。本单元将详细介绍各类测绘仪器的检视、检查、检验及校正工作。

1.1 仪器的检视

在检验、检修仪器之前，应对仪器的各个部件进行全面检查，这项工作称为检视。检视的目的是为了初步判断仪器是否发生故障并找出故障发生的部位，并对故障发生的原因作出正确的判断，以利修复。对普通测量仪器通常作以下几项检视：

(1)各部件是否有缺损。如水准器有无裂纹，玻璃零件有无破裂或伤痕，螺杆是否有变形和滑丝等现象，螺丝顶是否有缺损等。

(2)各轴转动是否灵活，有无过紧、晃动或转动不均匀的现象。

(3)望远镜成像是否清晰，十字丝分划板上的线条有无脱色现象，透镜有无脱胶现象等。

(4)各螺旋(包括制动螺旋、微动螺旋、微倾螺旋、脚螺旋和调焦螺旋等)转动是否有效、灵活，转动范围是否适中，各螺旋转动时有无晃动、跳动和响声等现象。

(5)金属零件、部件有无生锈、缺油现象，光学零件有无长霉、生雾、水珠和沾灰等现象。

(6)符合气泡成像是否清晰和正常。

(7)经纬仪的水平度盘有无带动误差。

检视后，应将检视的详细情况填在登记表中，并写明仪器名称、型号、厂号和送检单位等。为后续的仪器检验、检修打下一定的基础。

1.2 水准仪几何关系的检验与校正

1.2.1 水准仪的主要轴线及应满足的几何条件

水准仪是进行高程测量的主要工具。水准仪的功能是提供一条水平的视线，而水平视线是依据水准管轴呈水平位置来实现的。水准仪有4条主要轴线，即望远镜的视准轴 CC、水准管轴 LL、圆水准器轴 $L'L'$ 和仪器竖轴 VV。轴线关系如图1-1所示。一台合格的水准仪必须满足以下几个条件：

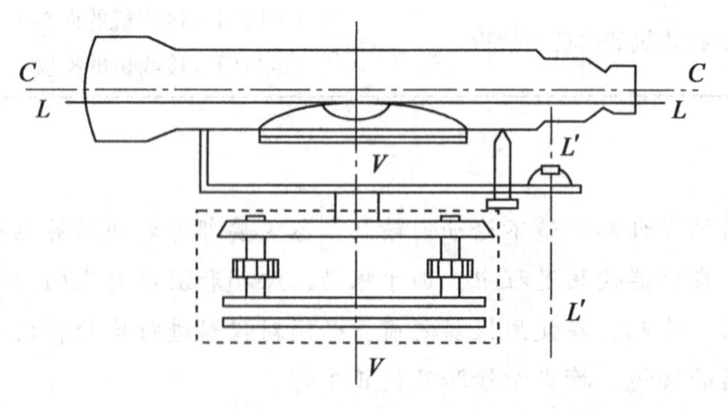

图1-1 水准仪的主要轴线

(1)圆水准器轴 $L'L'$ 应平行仪器竖轴 VV；

(2)十字丝横丝应垂直于仪器竖轴；

(3)水准管轴 LL 应平行于视准轴 CC。

1.2.2 微倾式水准仪的检验与校正

各轴线关系在仪器出厂前已经过严格检校，但是由于仪器长时间使用或运输中受到震动、碰撞等原因，可能某些部件松动，影响到仪器轴线的变化，从而使轴线不能满足应用条件，直接影响测量成果的质量。因此，在进行水准测量工作之前，应对仪器进行检验校正。

1. 水准仪的一般性检查

水准仪的一般性检查内容包括：制动、微动螺旋和目镜、物镜调焦螺旋是否有效；微倾螺旋、脚螺旋是否灵活；连接螺旋与三脚架架头连接是否可靠；脚架架腿有无松动等。

2. 圆水准器的检验与校正

目的：检验圆水准器轴是否平行于仪器竖轴。当两轴平行，而圆水准气泡居中时，竖轴就处于铅垂位置。

检验：安置水准仪，转动脚螺旋使圆水准气泡居中(图 1-2(a))，然后将仪器绕竖轴转 180°，此时若气泡居中，说明圆水准轴平行竖轴；如果气泡偏离一边(图 1-2(b))，则说明圆水准轴不平行于竖轴，需校正。

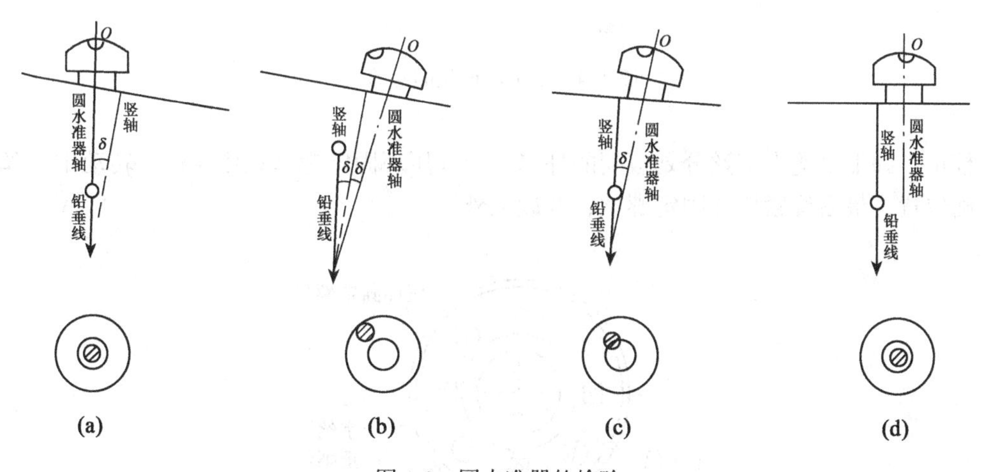

图 1-2　圆水准器的检验

校正：转动脚螺旋，使气泡退回偏离中点的一半(图 1-2(c))，然后用校正针旋转圆水准器底部的校正螺丝(图 1-3)，使气泡完全居中(图 1-2(d))。圆水准器的校正螺丝在水准器的底部。

3. 十字丝横丝的检验校正

目的：检验横丝是否垂直竖轴。当横丝垂直竖轴，而竖轴处于铅垂位置时，横丝是水平的。

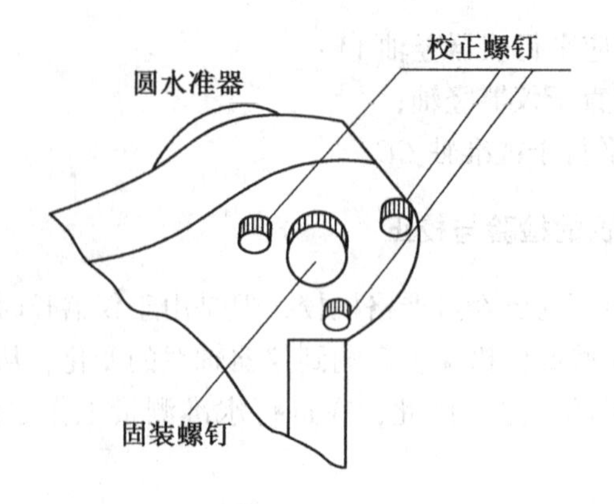

图 1-3　圆水准器的校正螺丝

检验：将横丝一端对准远处一明显标志，旋紧制动螺旋，转动微动螺旋，如果标志始终在横丝上移动(图 1-4(a))，则说明横丝水平，否则应进行校正(图 1-4(b))。

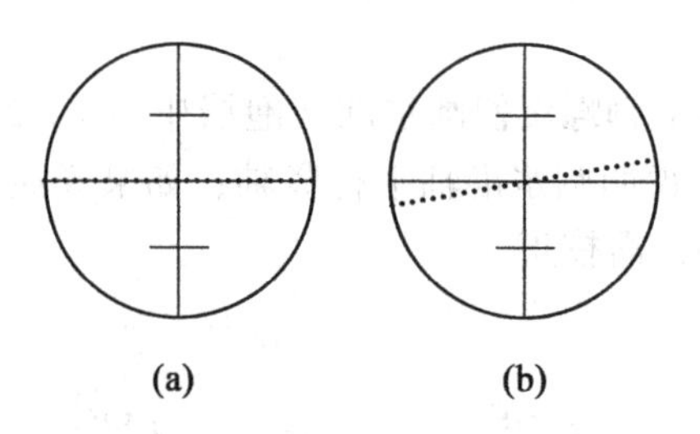

图 1-4　十字丝横丝的检验

校正：卸下目镜十字丝分划板间的外罩，松开压环固定螺丝(图 1-5)，转动十字丝环至正确位置，最后旋紧压环固定螺丝，并旋上外罩。

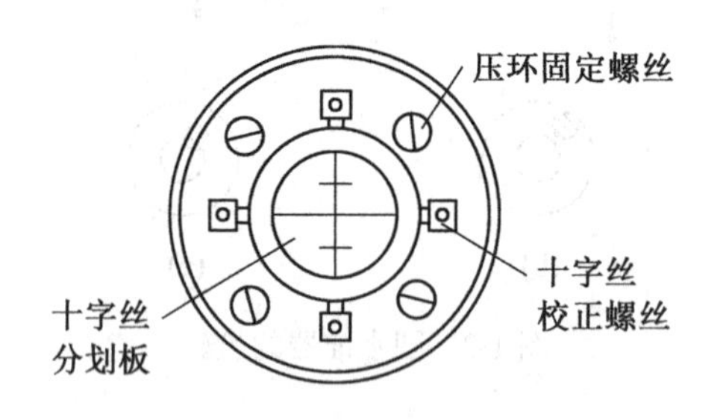

图 1-5　十字丝分划板的校正装置

4. 水准管轴的检验校正

目的：检验水准管轴是否与视准轴平行。若条件满足，当水准管气泡居中时，视准轴水平。

检验：在较平坦地面上相距 60~80m 的 A、B 两点，打下木桩，在桩上立水准尺。将

水准仪安置于与 A、B 点等距离的 C 点处，水准管气泡居中时读数为 a_1 和 b_1。若水准管轴不平行于视准轴，则读数 a_1 和 b_1 都包含同样的误差 Δ。A、B 两点间的正确高差为

$$h_1=(a_1-\Delta)-(b_1-\Delta)=a_1-b_1$$

然后在离 A 点约 3m 的地方安置仪器(图 1-6)，读数为 a_2，b_2，两点间的高差为

$$h_2=a_2-b_2$$

若 $h_1=h_2$，则水准管轴与视准轴平行，否则需要校正(若 h_1 与 h_2 之差小于或等于 5mm 时，一般不校正)。

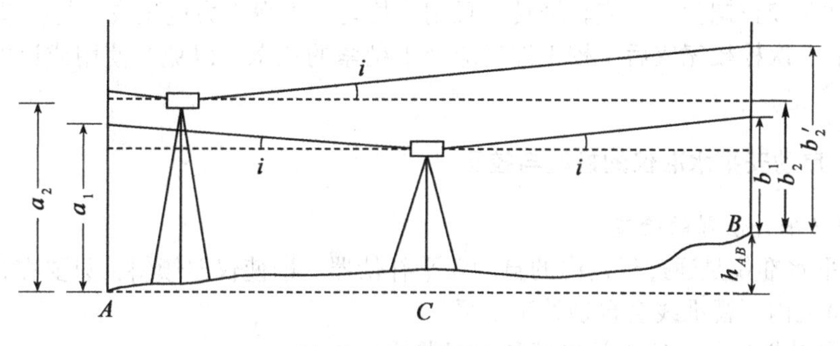

图 1-6　水准管轴的检验

说明：将仪器安置在两点中间，即使水准仪的视准轴不平行于水准管轴，倾斜了 i 角，分别引起读数误差 Δa 和 Δb，但是因为 $BC=AC$，则 $\Delta a=\Delta b=\Delta$，误差刚好抵消。说明不论视准轴与水准管轴平行与否，只要水准仪安置在距水准尺等距离处，测出的均是正确高差。

校正：先计算出水平视线在 C 点尺上的正确读数 $b_2'=a_2-h_1$。

转动微倾螺旋，使横丝对准 B 点尺上正确读数 b_2'，此时视准轴水平，但水准管气泡不居中。用校正针先拨松水准管左(或右)边的校正螺丝，使水准管能够活动，再一松一紧拨动上、下两个校正螺丝(图 1-7)，使气泡重新居中，最后再旋紧左(或右)边的校正螺丝。

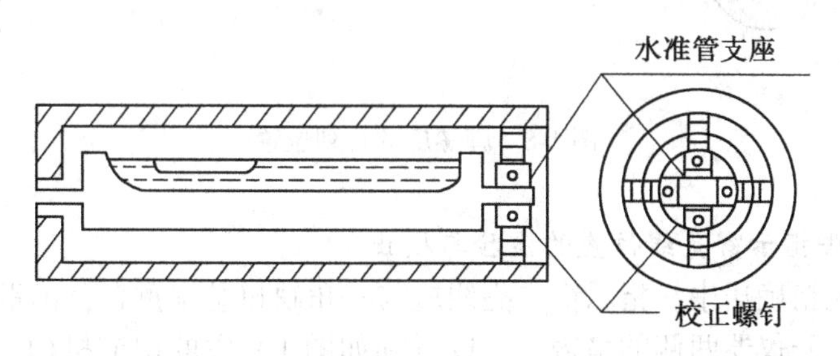

图 1-7　水准管的校正

5. 注意事项

(1)轴线几何关系不满足的误差一般较小，故应仔细检验，以免过大的检验误差掩盖

轴线几何关系误差，导致错误的检验结果。

(2)后一项检验结果是以前一项几何关系得以满足为前提条件的，故规定的检验校正顺序不得颠倒。

(3)各项检验校正均应反复进行，直至满足几何关系。对于第三项检校，当第 n 次检验结果 $h_n-h=(a_n-b_n)-(a-b)\leqslant\pm3\text{mm}$ 时，即认为符合要求，不必再进行校正。

(4)拨动各校正螺丝须使用专用工具，且遵循“先松后紧”的原则，以免损坏校正螺丝。

(5)拨动各校正螺丝时，应轻轻转动且用力均匀，不得用力过猛或强行拨动。

(6)最后一次检校完成后，校正螺丝应处于稍紧的状态，以免在使用或运输过程中轴线几何关系变化。

1.2.3 自动安平水准仪的检验与校正

1. 自动安平补偿器的检查

自动安平水准仪是通过仪器内的自动安平补偿器。即使仪器倾斜，只要在自动安平补偿范围(±5′)之内，视准线会自动处于水平。

自动安平补偿器，一般由补偿镜和阻尼器等组成。

检查方法：

(1)用脚螺旋使圆水准气泡居中。

(2)将其中一个脚螺旋与视准轴位于同一方向。如图 1-8 所示，将十字线横丝对准某固定目标。边看十字线和目标，边将与视准轴同一方向的脚螺旋向左(或向右)少许转动。转动范围一般使圆气泡在圆圈内即可。当脚螺旋转动后，检查十字线是否又回到原位。如果十字线回到原来的位置，说明补偿器正常；若十字线跟脚螺旋的转动而上、下移动，则说明补偿器出现了毛病，起不到补偿的作用，需要修理。

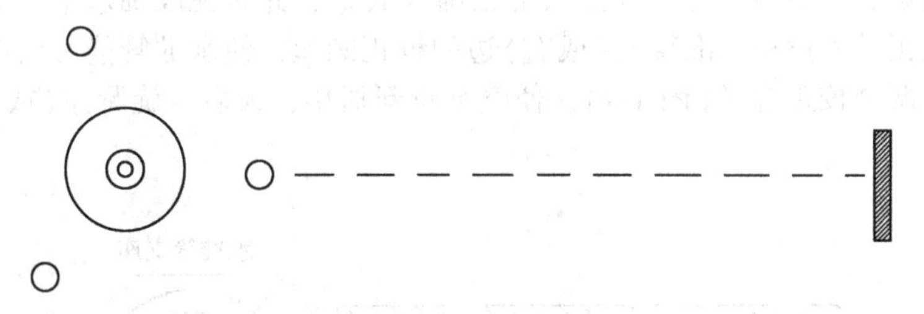

图 1-8　脚螺旋的排列位置

2. 补偿器警告指示窗亮线位置的检验与校正

将圆水准气泡精确居中，指示窗中亮线应与三角缺口基本重合，不重合应予以校正。

校正方法：打开仪器两侧的堵盖，可以看到如图 1-9 中的调节机构。松开螺钉 1，使其上下移动，可以调整亮线的清晰程度。松开螺钉 2，使滑片 3 左右移动，可以调整亮线的上下位置。拧动顶丝 4，可以调整亮线的歪斜。调整完毕，将螺丝拧紧，然后旋紧堵盖即可。这些校正一般在室内进行。

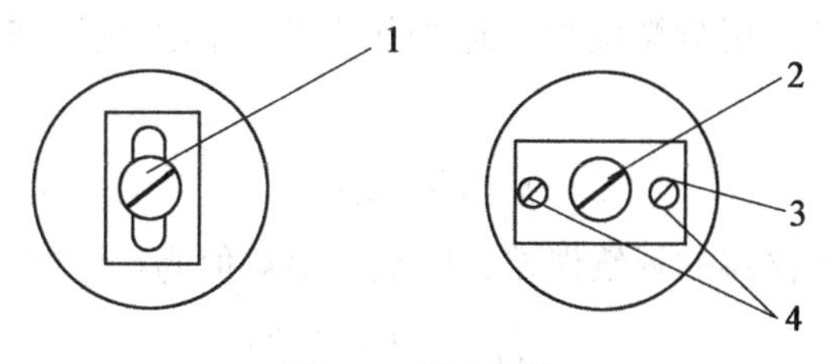

图 1-9　调节机构

1.2.4　电子水准仪的检验与校正

1. 电子水准仪视线距离测量误差

在一平坦地方选取距离为 10m、30m 两个点，各安置一个尺桩或尺台。架设被检仪器后，用Ⅰ级钢卷尺精确量取仪器垂球点到尺桩或尺台点的水平距离 D。并记录。

用被检仪器内设置的距离测量模式，分别对设置标尺的两点测量 10 次，读取并记录标尺距离显示数，分别计算其平均值 $\bar{D}$ 和视距测量标准偏差，并计算测距误差 $\bar{D}-D_0$ 之值，其结果应符合 DS3 级数字水准仪，30m 视距测量误差应不大于 12cm，测距标准偏差不大于 2.5cm。

2. 视准线的安平误差

用自准直仪照准被检仪器分划板横丝，将被检仪器固定在检定台上，整平仪器，将被检仪器目镜端的光源打开。用平行光管测微器使仪器十字丝与自准直仪分划板的横丝重合。旋出被检仪器倾斜螺旋 1/4 周，紧接着旋进倾斜螺旋使气泡吻合，再用自准直仪上双丝照准被检仪器的横丝，连续照准 4 次并读数为一组，如此重复操作 10 次，按下列公式计算出视准线安平误差，DS3 级应不大于 1.0″：

$$s = \sqrt{\frac{\sum_{i=1}^{n} V_1^2}{n-1}}$$

3. 电子水准仪补偿误差的检定

(1)选择一段长 50~60m 的平坦地段，在视线的两端分别安置条码标尺 A、B，将仪器置于视线中间并使其中两个脚螺旋的连线与视线垂直，精确整平仪器，分别照准条码标尺 A、B 进行测量，每个标尺进行 5 次测量，取其均值为 $\bar{A}_0$、$\bar{B}_0$，计算出仪器竖轴铅垂时 A、B 两目标的高差 h_0，即

$$h_0 = \bar{A}_0 - \bar{B}_0$$

(2)用仪器的脚螺旋将仪器向 A 目标倾斜一个 $+\alpha'$ 角后分别照准 A、B 目标，进行读数；然后向 A 目标倾斜一个 $-\alpha'$ 角后照准 A、B 目标进行读数。$\pm\alpha$ 角的大小按仪器圆水准气泡范围的 1/2，直测到圆水准气泡的允许工作范围为止，则仪器竖轴纵向倾斜后 A、B 两目标高差：

$$h_{\pm\alpha} = \bar{A}_{\pm\alpha} - \bar{B}_{\pm\alpha}$$

(3)将仪器复位整平，用脚螺旋按上述操作方法，得出仪器竖轴横向倾斜后 A、B 两目标高差：

$$h_{\pm\beta}=\bar{A}_{\pm\beta}-\bar{B}_{\pm\beta}$$

(4)按下列公式计算仪器的补偿误差，取最大绝对值为检定结果，算例见表 1-1。

$$\Delta h_{+\alpha}=\frac{h_{+\alpha}-h_0}{D\cdot\alpha}\rho$$

$$\Delta h_{-\alpha}=\frac{h_{-\alpha}-h_0}{D\cdot\alpha}\rho$$

$$\Delta h_{+\beta}=\frac{h_{+\beta}-h_0}{D\cdot\beta}\rho$$

$$\Delta h_{-\beta}=\frac{h_{-\beta}-h_0}{D\cdot\beta}\rho$$

式中：$\bar{A}_0$、$\bar{B}_0$——竖轴垂直时 A、B 目标读数平均值(mm)；

$\bar{A}_{\pm\alpha}$、$\bar{B}_{\pm\alpha}$——竖轴纵向倾斜 α 角时 A、B 目标读数平均值(mm)；

$\bar{A}_{\pm\beta}$、$\bar{B}_{\pm\beta}$——竖轴横向倾斜 β 角时 A、B 目标读数平均值(mm)；

$h_{\pm\alpha}$、$h_{\pm\beta}$——竖轴倾斜于垂直时的差值(mm)；

$\Delta h_{+\alpha}$、$\Delta h_{-\alpha}$、$\Delta h_{+\beta}$、$\Delta h_{-\beta}$——仪器补偿误差(″)；

D——A、B 两目标间的距离(m)；

ρ——系数 206265。

表 1-1 **电子水准仪补偿性能测试**

检测编号：13115 观测：

仪器型号：SDL30 记录：

仪器编号：003796 日期：2003. 10. 25

仪器位置	观测次数	A 目标读数	B 目标读数	仪器位置	观测次数	A 目标读数	B 目标读数
仪器置平	1	1. 4620	1. 4491	仪器向 A 目标倾斜 +α=8′	1	1. 4619	1. 4491
	2	20	91		2	19	91
	3	19	91		3	19	91
	4	19	91		4	19	91
	5	20	91		5	19	91
		1. 46196	1. 44910			1. 46190	1. 44910
A、B 间的高差：$h_0=+0.01286$				A、B 间的高差：$h_{+\alpha}=+0.01280$			

续表

仪器位置	观测次数	A 目标读数	B 目标读数	仪器位置	观测次数	A 目标读数	B 目标读数
	1	1.4617	1.4490		1	1.4616	1.4493
	2	17	90		2	16	93
仪器向 B 目标倾斜 $-\alpha=8'$	3	17	91	仪器向左方向倾斜 $-\beta=8'$	3	16	93
	4	17	90		4	16	93
	5	17	90		5	16	93
		1.46170	1.44902			1.46160	1.44930
A、B 间的高差：$h_{-\alpha}=+0.01268$				A、B 间的高差：$h_{-\beta}=+0.01230$			
	1	1.4619	1.4487		1	1.4616	1.4491
	2	20	87		2	18	90
仪器向 A 方向倾斜 $+\beta=8'$	3	20	87	仪器置平	3	18	90
	4	20	87		4	18	90
	5	20	87		5	18	90
		1.16198	1.44870			1.46176	1.44902
A、B 间的高差：$h_{+\beta}=+0.01328$				A、B 间的高差：$h'_0=+0.01274$			
$H=(h_0+h'_0)/2=+0.01280$ $\Delta h_{+\alpha}=h_{+\alpha}-H=0.0$ $\Delta h_{-\alpha}=h_{-\alpha}-H=-0.00012$ $\Delta h_{-\beta}=h_{-\beta}-H=-0.00050$ $\Delta h_{+\beta}=h_{+\beta}-H=+0.00048$				$\Delta\alpha_1=0.000$ $\Delta\alpha_2=-0.051$ $\Delta\alpha_3=-0.214$ $\Delta\alpha_4=+0.206$			
选最大绝对值为仪器补偿误差：0.214″/1′							

i 角=+0.4′　　A 目标距离=30.110m

B 目标距离=30.000m

1.3 光学经纬仪的检验与校正

1.3.1 光学经纬仪的主要轴线及应满足的几何条件

从测角原理可知，经纬仪的主要轴线有：望远镜的视准轴 CC；仪器的旋转轴竖轴 VV；望远镜的旋转轴横轴 HH；水准管轴 LL。如图 1-10 所示。

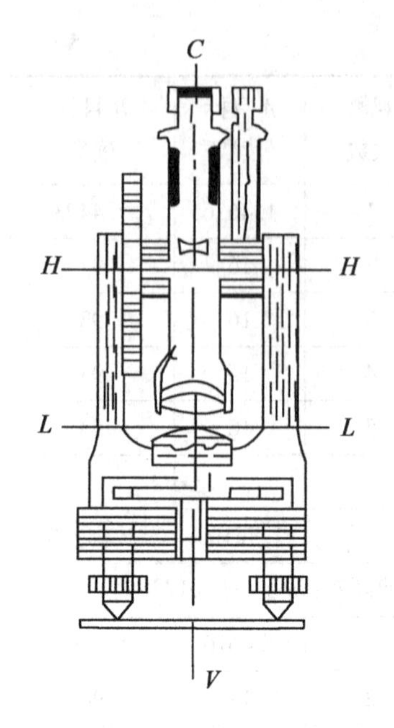

图 1-10　经纬仪的轴线

以上轴系应满足以下条件：

1. $LL \perp VV$

仪器在装配时，已保证水平度盘与竖轴相互垂直，因此只要竖轴竖直，水平度盘就处在水平位置。竖轴的竖直是通过照准部水准管气泡居中来实现的，故要求水准管轴垂于竖轴，即 $LL \perp VV$。

2. $CC \perp HH$

测角时，望远镜绕横轴旋转，视准轴所形成的面(视准面)应为竖直的平面，这要通过两个条件来实现，即视准轴应垂直于横轴，$CC \perp HH$，以保证视准面成为平面。

3. $HH \perp VV$

横轴应垂直于竖轴，$HH \perp VV$。在竖轴竖直时，横轴即水平，视准面就成为竖直的平面。

4. 十字丝竖丝垂直于横轴 HH

测角时要用十字丝瞄准目标，故应使十字丝竖丝垂直于横轴 HH。

5. 光学对中器的光学垂线与竖轴重合

如果使用光学对中器对中，则要求光学对中器的光学垂线与竖轴重合。

1.3.2　光学经纬仪的检验与校正

由于仪器长期在野外使用，其轴线关系可能被破坏，从而产生测量误差。因此，测量规范要求，正式作业前应对经纬仪进行检验。必要时，需对调节部件加以校正，使之满足要求。DJ_6型经纬仪应进行下述检验。

1. 照准部水准管轴的检验与校正

检验：先整平仪器，照准部水准管平行于任意一对脚螺旋，转动该对角螺旋使气泡居中(图 1-11(a))，再将照准部旋转 180°(图 1-11(b))，若气泡仍居中，说明此条件满足；否则需要校正。

校正：用校正针拨动水准管一端的校正螺丝，先松一个后紧一个，使气泡退回偏离格数的一半(图 1-11(c))，再转动脚螺旋使气泡居中(图 1-11(d))。重复检验校正，直到水准管在任何位置时气泡偏离量都在一格以内。

2. 十字丝竖丝的检验与校正

检验：用十字丝竖丝一端瞄准细小点状目标转动望远镜微动螺旋，使其移至竖丝另一端，若目标点始终在竖丝上移动，说明此条件满足；否则需要校正(图 1-12(a))。

校正：旋下十字丝分划板护罩(图 1-12(b))，用小改锥松开十字丝分划板的固定螺丝，微微转动十字丝分划板，使竖丝端点至点状目标的间隔减小一半，再返转到起始端点。反复上述检验校正，直到无显著误差为止，最后将固定螺丝拧紧。

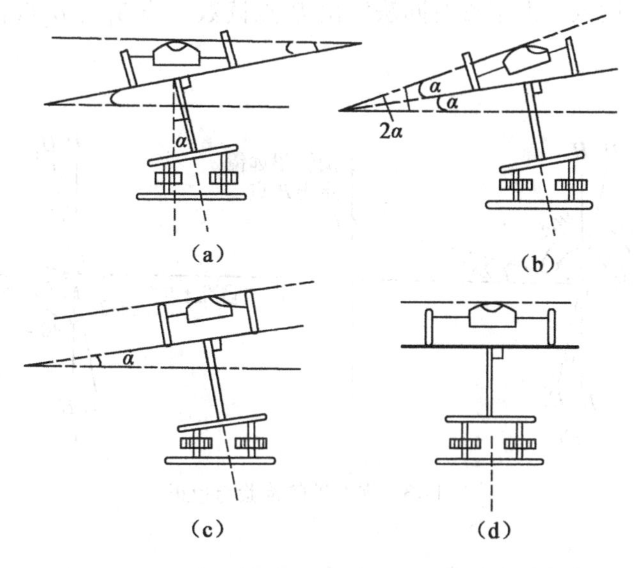

图 1-11　照准部水准管的检验与校正

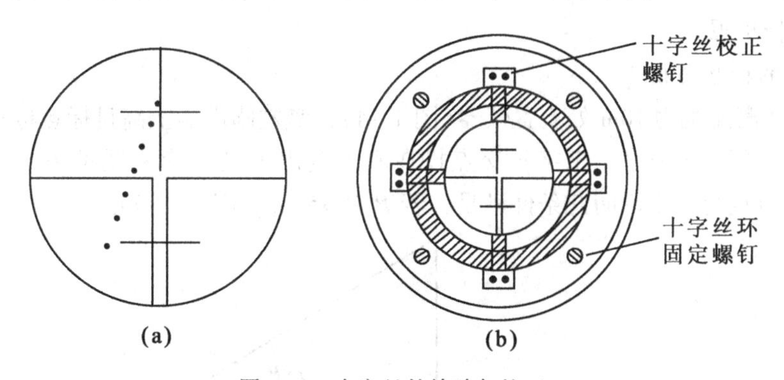

图 1-12　十字丝的检验与校正

3. 视准轴的检验与校正

方法一：

检验：盘左瞄准远处与仪器同高点 A，读取水平度盘读数 $\alpha_{左}$，倒转望远镜盘右再瞄准 A 点，读取水平度盘读数 $\alpha_{右}$。若 $\alpha_{左}=\alpha_{右}\pm180°$，说明此条件已满足；若差值超过 2′，则需要校正(图 1-13)。

校正：计算正确读数 $\alpha'_{右}=[\alpha_{右}+(\alpha_{左}\pm180°)]/2$，转动水平微动螺旋，使水平度盘读数为 $\alpha'_{右}$，此时目标偏离十字丝交点，用校正针拨动十字丝环左、右校正螺旋，使十字丝交点对准 A 点。如此重复检验校正，直到差值在 2′内为止。最后旋上十字丝分划板护罩。

方法二：

检验：在平坦场地选择相距 100m 的 A、B 两点，仪器安置在两点中间的 O 点，在 A 点设置和经纬仪同高的点标志(或在墙上设同高的点标志)，在 B 点设一根水平尺，该尺与仪器同高且与 OB 垂直。检验时用盘左瞄准 A 点标志，固定照准部，倒置望远镜，在 B

点尺上定出B_1点的读数，再用盘右同法定出B_2点读数。若B_1与B_2重合，说明此条件满足；否则需要校正。

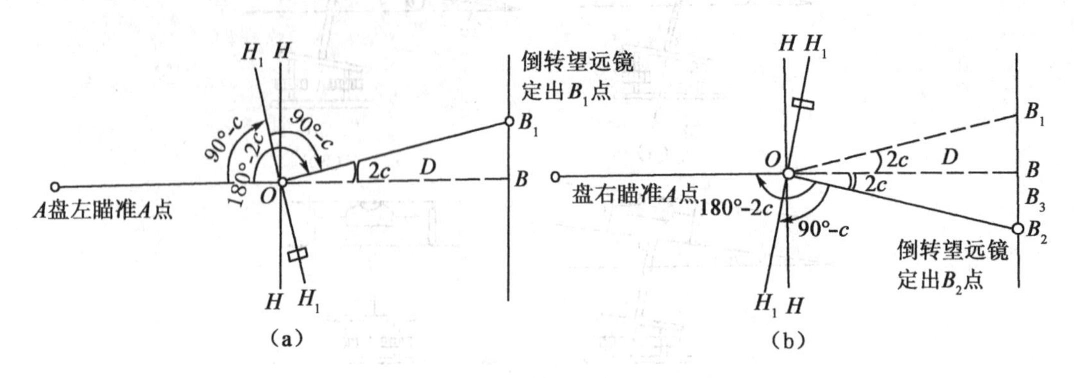

图 1-13　视准轴的检验与校正

校正：在B_1、B_2点间1/4处定出B_3读数，使$B_3=B_2-(B_2-B_1)/4$。拨动十字丝左、右校正螺旋，使十字丝交点与B_3点重合。如此反复检校，直到$B_1B_2 \leqslant 2$cm为止。最后旋上十字丝分划板护罩。

4. 横轴的检验与校正

检验：在离建筑物10m处安置仪器(图1-14)，盘左瞄准墙上高目标点标志P(垂直角大于30°)，将望远镜放平，十字丝交点投在墙上定出P_1点。盘右瞄准P点同法定出P_2点。若P_1P_2点重合，则说明此条件满足，若P_1P_2>5mm，则需要校正。

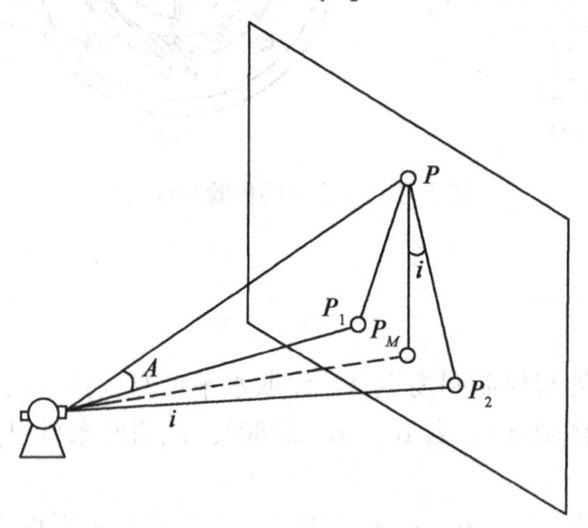

图 1-14　横轴的检验与校正

校正：用水平微动螺旋使十字丝交点瞄准P_M点，然后抬高望远镜，此时十字丝交点必然偏离P点。打开支架处横轴一端的护盖，调整支承横轴的偏心轴环，抬高或降低横轴一端，直至十字丝交点瞄准P点。

经纬仪的横轴是密封的，一般能保证横轴与竖轴的垂直关系，故使用时只需进行检验，如需校正，可由仪器检修人员进行。

5. 竖盘指标差的检验与校正

检验：仪器整平后，以盘左、盘右先后瞄准同一明显目标，在竖盘指标水准管气泡居中的情况下读取竖盘读数 L_0 和 R_0。计算指标差。

校正：校正时先计算盘右的正确读数 $R_0=R-x$，保持望远镜在盘右位置瞄准原目标不变，旋转竖盘指标水准管微动螺旋使竖盘读数为 R_0，这时竖盘指标水准管气泡不再居中，用校正针拨动竖盘指标水准管的校正螺丝使气泡居中。

此项检校需反复进行，直至指标差 X 不超过限差为止。

6. 光学对中器的检验与校正

为使对中器的光轴与竖轴重合，必须要校正对中器(否则当仪器瞄准时，竖轴不是处于真正的定位点上)。

检验：①观测对中器并调整仪器位置，使地面点标记成像于分划板的中心点。

②绕竖轴转动仪器 180°，进行检查，如果中心标记仍在圆的中心，就无需调整，否则应按下列方法进行调整。

校正：①逆时针方向旋转取下校正螺钉保护盖，用校针调整四个螺钉，使中心标记朝中心圆方向移动，移动距离为偏移量的 1/2。

②平移仪器使仪器地面点标记移到中心圆内。

③转动仪器 180°，观测地面点标记，若处于中心圆的中心，则表明校正完毕；否则要重复以上校正步骤。

7. 注意事项

(1)轴线几何关系不满足的误差一般较小，故应仔细检验，以免过大的检验误差掩盖轴线几何关系误差，导致错误的检验结果。

(2)后一项检验结果是以前一项几何关系得以满足为前提条件的，故规定的检验校正顺序不得颠倒。

(3)各项检验校正均应反复进行，直至满足几何关系。对于第三项检校，当第 n 次检验结果 $h_n-h=(a_n-b_n)-(a-b)\leqslant\pm3$mm 时，即认为符合要求，不必再进行校正。

(4)拨动各校正螺丝须使用专用工具，且遵循“先松后紧”的原则，以免损坏校正螺丝。

(5)拨动各校正螺丝时，应轻轻转动且用力均匀，不得用力过猛或强行拨动。

(6)最后一次检校完成后，校正螺丝应处于稍紧的状态，以免在使用或运输过程中轴线几何关系变化。

(7)照准部水准管的检校，应使照准部在任何位置时管水准气泡的偏离量均不超过一格。

(8)望远镜视准轴的检校，直至盘左、盘右所标两点之间距不超过 10mm 即可。

(9)横轴的检校，直至盘左、盘右所标两点之间距不超过 10mm 即可。

(10)竖盘指标差的检校，直至所测算的竖盘指标差 X 不超过±1′即可。

1.4 全站仪的检验与校正

1.4.1 全站仪的一般性检验与校正

1. 外观和键盘功能的检视

(1)仪器表面不得有碰伤、划痕、脱漆和锈蚀；盖板及部件接合整齐、密封性好。

(2)光学部件表面清洁、无擦痕、霉斑、麻点、脱膜等现象；望远镜十字丝成像清晰、粗细均匀、视场明亮、亮度均匀；目镜调焦及物镜调焦转动平稳，不得有分划影像晃动或自行滑动的现象。

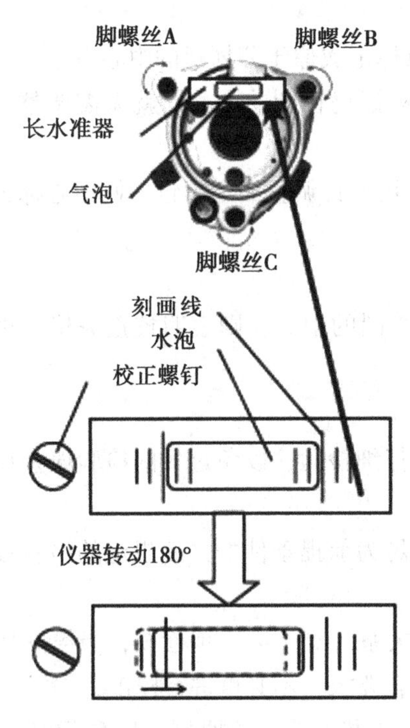

图 1-15 长水准器的检验与校正

(3)仪器管状水准器及圆形水准器不应有松动；脚螺旋转动松紧适度、无晃动；水平及竖直制动及微动机构运转平稳可靠、无跳动现象；当望远镜调焦到无穷远时，放松横轴制动螺旋，望远镜应保持平衡，不应有超过视场 1/4 的自行转动现象；仪器和基座的连接锁紧机构可靠。

(4)仪器操作键盘上各按键反应灵敏，每个键的功能正常。

(5)仪器显示屏显示符号、字母及数字清晰、完整，对比度适度。

(6)仪器观测、数据采集、计算、存储和通讯功能正常。

(7)使用中和修理后的仪器，其外表或某些部件不得有影响仪器准确度和技术功能的一些缺陷。

2. 长水准器的检验与校正(见图 1-15)

(1)检验：

①将仪器安放于较稳定的装置上(如三脚架、仪器校正台)，并固定仪器。

②将仪器粗整平，并使仪器长水准器与基座三个脚螺丝中的两个连线平行，调整该两个脚螺丝使长水准器水泡居中。

③转动仪器 180°，观察长水准器的水泡移动情况，如果水泡处于长水准器中心，则无需校正；如果水泡移出允许范围，则需进行调整。

(2)校正：

①将仪器在一稳定的装置上安放并固定好。

②粗整平仪器。

③转动仪器，使仪器长水准器与基座三个脚螺丝中的两个连线平行，并转动该两个脚螺丝，使长水准器水泡居中。

④仪器转动180°，待水泡稳定，用校针微调校正螺钉，使水泡向长水准器中心移动一半的距离；重复③、④步骤，直至仪器转动到任何位置，水泡都能处于长水准器的中心。

3. 圆水准器的检验与校正(见图1-16)

(1)检验：

①将仪器在一稳定的装置上安放并固定好。

②用长水准器将仪器精确整平。

③观察仪器圆水准器水泡是否居中，如果水泡居中，则无需校正；如果水泡移出范围，则需进行调整。

(2)校正：

①将仪器在一稳定的装置上安放并固定好。

②用长水准器将仪器精确整平。

③用校针微调两个校正螺钉，使水泡居于圆水准器的中心。

注：用校针调整两个校正螺钉时，用力不能过大，两螺钉的松紧程度相当。

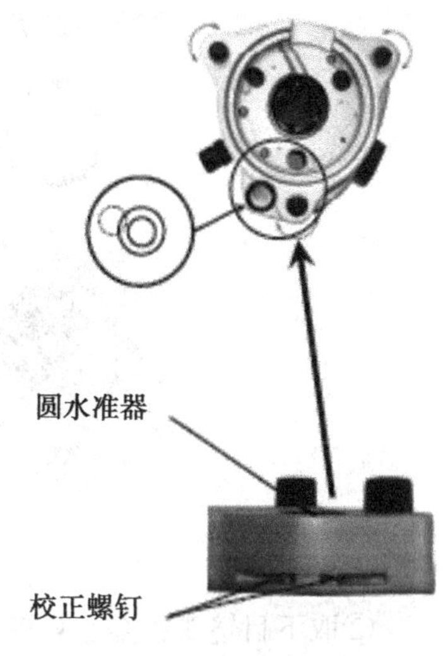

图1-16　圆水准器的校正

4. 光学下对点的检验与校正

(1)检验：

①将仪器安置在三脚架上并固定好。

②在仪器正下方放置一个十字标志。

③转动仪器基座的三个脚螺丝，使对点器分划板中心与地面十字标志重合。

④使仪器转动180°，观察对点器分划板中心与地面十字标志是否重合；如果重合，则无需校正；如果有偏移，则需进行调整。

(2)校正：

①将仪器安置在三脚架上并固定好。

②在仪器正下方放置一个十字标志。

③转动仪器基座的三个脚螺丝，使对点器分划板中心与地面十字标志重合。

④使仪器转动180°，并拧下对点目镜护盖，用校针调整4个调整螺钉，使地面十字标志在分划板上的像向分划板中心移动一半；重复③、④步骤，直至转动仪器，地面十字标志与分划板中心始终重合为止。如图1-17所示。

5. 分划板竖丝垂直度的检验与校正

(1)检验：

①将仪器安置于三脚架上并精密整平。

②在距仪器50m处设置一点A。

③用仪器望远镜照准A点，旋转垂直微动手轮；如果A点沿分划板竖丝移动，则无需调整；如果移动有偏移，则需进行调整。

(2)校正：

①安置仪器并在50m处设置A点。

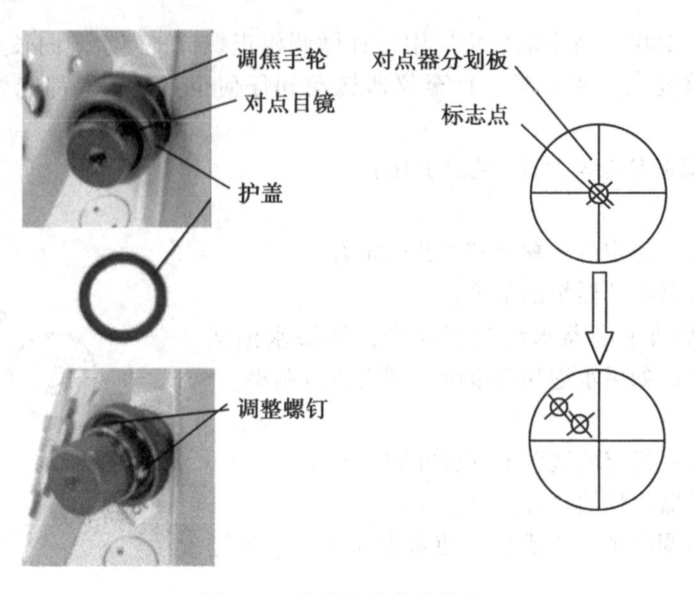

图 1-17　光学下对点的校正

②取下目镜头护盖，旋转垂直微动手轮，用十字螺丝刀将 4 个调整螺钉稍微松动，然后转动目镜头使 A 点与竖丝重合，拧紧 4 个调整螺钉。

③重复检查③、校正②步骤直至无偏差。如图 1-18 所示。

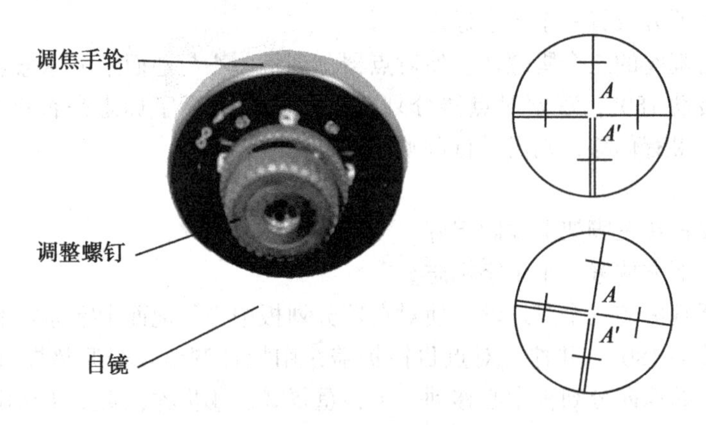

图 1-18　分划板竖丝垂直度的校正

6. 全站仪照准部旋转正确性的检验

机内没有测试垂直轴稳定性的专门指令程序的全站仪，其检验方法和技术要求与光学经纬仪相同。机内配有测试垂直轴倾斜专门指令的全站仪，可从显示的垂直轴倾斜量的变化幅度检验其照准部旋转的正确性。检验步骤如下：

(1)仪器安置于稳定的仪器观测墩上并精确整平，顺时针和逆时针转动照准部几周，设置水平方向读数为零。

(2)输入测试指令，顺时针转动照准部，从显示屏记下 0°位置和每隔 45°各位置上垂直轴倾斜量(带符号)，连续顺时针转两周。

(3)再逆时针转照准部并每隔45°读记一次，连续逆转两周。

(4)计算照准部对应180°位置的两读数之和，测回内的互差值应小于4″，整个过程中各次读数的最大差值应小于15″。

7. 测距轴和视准轴重合性的检验

全站仪的测距轴和视准轴重合条件为发射出的调制光束应以视准轴为轴心，上下左右对称；其不对称偏差应小于或等于1.5′。

在相距50~100m的水平距离两端分别安置仪器与棱镜，检验步骤为：

(1)照准棱镜中心，读取水平方向读数H及垂直角α。

(2)分别向左、右(水平方向)偏移望远镜，直到接收信号减弱到临界值(不能正常测距)为止，分别选取水平读数 H_1 和 H_2。

(3)分别向上、下(竖直方向)偏移望远镜，直到接收信号减弱到临界值，分别读取垂直角 α_1 和 α_2。

(4)计算水平角及垂直角的张角绝对值：

$$\Delta H_1 = |H_1 - H|；\Delta H_2 = |H_2 - H|$$

$$\Delta\alpha_1 = |\alpha_1 - \alpha|；\Delta\alpha_2 = |\alpha_2 - \alpha|$$

若 $(\Delta H_1 - \Delta H_2)$ 及 $(\Delta\alpha_1 - \Delta\alpha_2)$ 均小于等于1.5′，则合格。

1.4.2 常用全站仪的电子校正

1. 南方NTS-350系列全站仪电子校正

操作步骤	屏幕显示
整平仪器，按F1+POWER键开机。	校正模式 F1：垂直角零基准 F2：仪器常数
选择F1键。	请将垂直角过零
转动望远镜过零点。	垂直角零基准校正 〈第一步〉正镜　盘左 V：×°××′××″ 回车

续表

操作步骤	屏幕显示
精确照准一水平方向目标，稍等片刻待补偿器稳定后，按 F4(回车)。	垂直角零基准校正 〈第二步〉正镜　盘右 V：×°××′××″ 回车
倒镜精确照准同一水平方向目标，稍等片刻待补偿器稳定后，按 F4(回车)。即完成视准轴、指标差和补偿器零位误差的电子校正。然后，显示退回正常测量界面。	V：×°××′××″ HAR：×°××′××″ 置零　锁角　置角　P1

2. TOPCON GTS-9000A 系列全站仪电子校正

操作步骤	屏幕显示
在常规测量的主菜单界面，按【检校】键，进入“检校模式”。	【检校模式】 V 角零点调整 仪器常数 三轴补偿 EDM 检查 轴系校正 自检 【退出】
按【三轴补偿】。	【检校模式】 【三轴补偿】 检校 常数显示 【退出】
在“三轴补偿”界面，按【检校】。	

续表

操作步骤	屏幕显示
盘左(正镜)照准 A 点(水平视线：±3°以内)，按【设置】键 10 次。	L(正镜)　　1/10 V：89°38′59″ 水平 0 附近 跳过　设置　退出
同理，盘右(倒镜)照准 A 点(水平视线：±3°以内)，按【设置】键 10 次。	R(倒镜)　　1/10 V：270°20′51″ 水平 10 或更多 设置　退出
盘右(倒镜)照准 B 点(水平视线：±10°以上)，按【设置】键 10 次。	R(倒镜)　　1/10 V：230°40′05″ 水平 10 或更多 设置　退出
再盘左(正镜)照准 B 点，按【设置】键 10 次。	L(正镜)　　1/10 V：76°19′52″ 水平 10 或更多 设置　退出
屏幕显示正在观测的次数。程序返回到“三轴补偿”界面。设置完成。	

3. Leica TPS400 系列电子校正

Leica TPS400 系列全站仪电子校正步骤如下：

(1)用电子水准器精确整平仪器。

(2)按菜单键进入菜单第二页误差校准。仪器提示：

F1 视准差
F2 指标差
F3 查看改正值

(3)正镜瞄准大约 100m 处的目标，垂直角应小于 5°。

(4)按【测量】键启动测量。

(5)倒镜再瞄准目标。

(6)按【测量】键启动测量。

(7)显示新的和旧的结果。【确认】键：新值替代旧值，【退出】键：退出并不保存新值。

(8)指标差步骤相同。

4. NIKON DTM-500 系列全站仪的电子校正

垂直度盘与水平度盘零点误差校正：

(1)精确整平仪器。

(2)在离水平面的角度 45°内，盘左瞄准某一目标 P，读垂直角 VL。

(3)盘右读垂直角 VR。

(4)若垂直角位于"ZENITH"，VR+VL=360°或是垂直角置于"Horizon" VR+VL=180°或 540°时，都不用校正。允许误差±20″，超限需校正。

(5)校正按【MENU】[7]进入检核屏幕。

(6)DTM-352=双轴补偿。用盘左对水平方向的目标进行一次测量，屏幕显示转向 F2，照准同一目标测量。

(7)观测完毕按【OK】键。

5. SOKKIA 10 系列全站仪的电子校正

1)倾斜传感器零点误差检校

当仪器精确整平后，倾角的显示值应接近于率，否则存在倾斜传感器零点误差，会对测量结果造成影响。

(1)照准部水准器检校后，精确整平仪器。

(2)将水平方向值置零。在测量模式第一页菜单下按两次【置零】将水平方向值置零。

(3)进入"配置"屏幕，如图 1-19 所示。

在设置模式下选取"仪器常数"显示 X 和 Y 方向上的当前测量值。

选取"倾斜 XY"后按{ ↵ }显示 X 和 Y 方向上的倾角值。

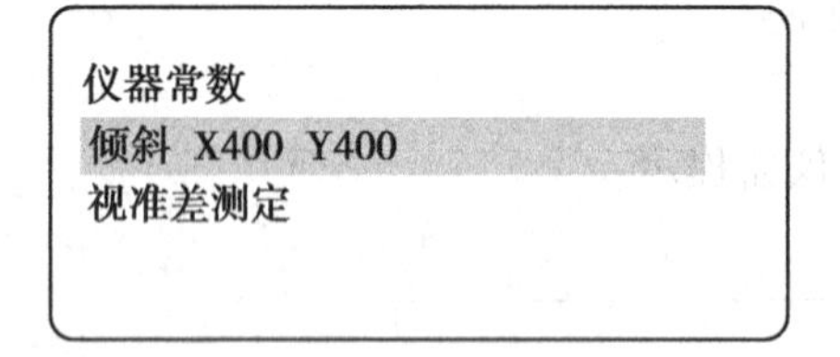

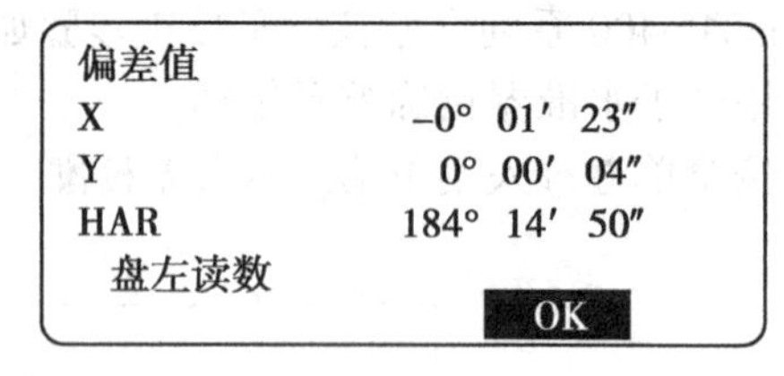

图 1-19 "配置"屏幕

(4)稍后片刻等显示稳定后读取自动补偿倾角值 X1 和 Y1。

(5)松开水平制动将照准部转动 180°，再旋紧水平制动。

(6)稍后片刻等显示稳定后读取自动补偿倾角值 X2 和 Y2。

(7)用下面公式计算倾斜传感器的零点偏差值：

X 方向偏差=(X1+X2)/2

Y 方向偏差=(Y1+Y2)/2

若计算所得偏差值均在±20″以内则不需校正，否则按下述步骤进行校正：

(8)按【OK】存储 X2 值和 Y2 值并将水平角值置零，屏幕显示“盘右读数”。

(9)松开水平制动钮，根据显示的水平值转动照准部 180°，再旋紧水平制动钮。

(10)稍后片刻等显示稳定后按【YES】存储 X1 值和 Y1 值。

屏幕显示出 X 和 Y 方向上原改正值和新改正值。

(11)确认所显示改正值是否在校正范围内。若 X 值和 Y 值均在 400±20 校正范围内，按【NO】对原改正值进行更新后返回<仪器常数>屏幕，执行下一步骤(见图 1-20)。

偏差值
当前 X400 Y400
新值 X408 Y396
NO
YES

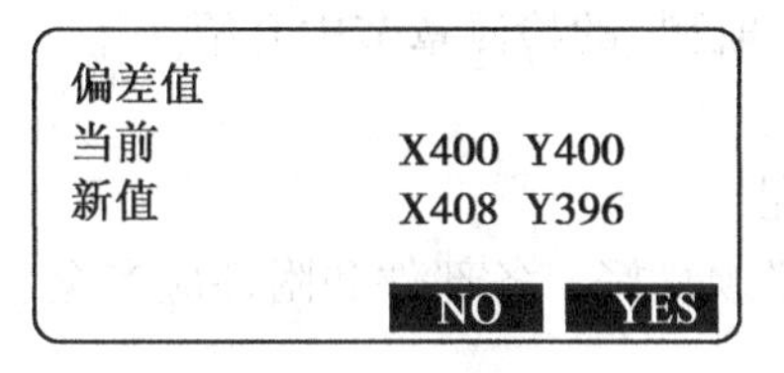

图 1-20　原改正值和新改正值

(12)在<仪器常数>屏幕下按{↵}。

(13)稍后片刻等显示稳定后读取自动补偿倾角值 X3 和 Y3。

(14)松开水平制动钮，根据显示的水平值转动照准部 180°，再旋紧水平制动钮。

(15)稍后片刻等显示稳定后读取自动补偿倾角值 X4 和 Y4。

(16)用下面公式计算倾斜传感器的零点偏差值：

X 方向偏差=(X3+X4)/2

Y 方向偏差=(Y3+Y4)/2

若计算所得偏差值均在±20″以内，说明倾斜传感器的零点偏差已校正好，按【ESC】返回“仪器常数”屏幕。若计算所得偏差值的任一值超出，则需按前述步骤重新检校。

2)视准差检校

通过盘坐盘右观测可以测定仪器的视准差，以便仪器对在单盘位下获得的观测值进行视准差改正(见图 1-21)。

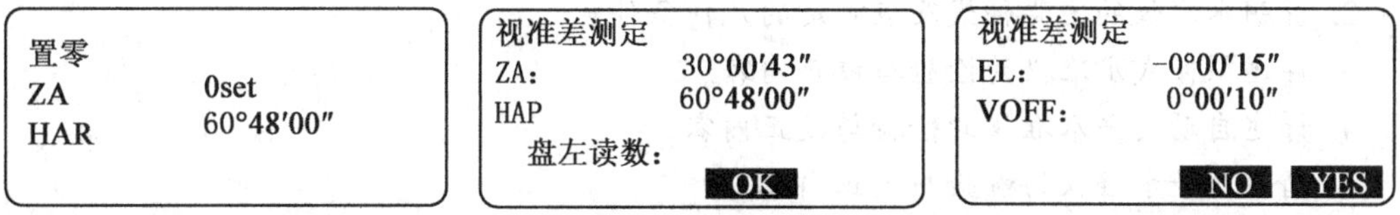

置零
ZA 0set
HAR 60°48′00″
视准差测定
ZA: 30°00′43″
HAP 60°48′00″
盘左读数:
OK
视准差测定
EL: -0°00′15″
VOFF: 0°00′10″
NO
YES

图 1-21　视准差检测

(1)在设置模式下选取“仪器常数”后再选取“视准差测定”进入“视准差测定”屏幕。

(2)纵转望远镜设置垂直度盘指标。

(3)盘左精确照准一参考点后按【OK】。

(4)旋转照准部180°，盘右精确照准同一参考点后按【OK】。

(5)按【YES】设置视准差改正数。

1.5　全球定位系统(GPS)接收机的一般检查

观测中所选用的接收机，必须对其性能与可靠性进行检验，合格后方可用于作业。对新购和经修理后的接收机，应按规定进行全面检验。接收机全面检验的内容包括一般性检查、通电检验和实测检验。这里主要介绍一般性检查和通电检验，实测检验在全球定位系统(GPS)接收机(测地型和导航型)的检测章节中介绍。

1. 接收机一般检视

(1)接收机及天线应匹配；

(2)接收机及天线外观必须良好，各部件和附件应齐全、完好，须紧固的部件不得有松动和脱落；

(3)设备使用手册、后处理软件手册应齐全，软件磁盘必须有效。

2. 接收机通电测试

GPS接收机与电源正确连接后，测试有关信号灯、按键、显示系统、仪器等工作状态必须正常；利用自测试命令检测仪器工作必须正常；接收机锁定卫星的时间快慢、信噪比及信号失锁情况应符合厂家指标。

3. 接收机附件的检查

(1)天线连接件(含天线与基座连接、天线与单杆连接)、各种电缆的型号及接头必须配套完好；

(2)天线基座或单杆的圆水准器、天线高量尺的长度应经常进行检验和校正；

(3)基座光学对点器在作业中应经常进行检验，应确保对中的准确性；

(4)电池、充电器功能必须完好；

(5)接收机数据传输接口配件及软件必须齐全，数据传输功能应正常。

◎ 单元测试

1. 仪器的检视工作包含哪些内容?
2. 说明水准仪的主要轴线及应满足的几何条件。
3. 详述微倾式水准仪的检验与校正内容。
4. 详述自动安平水准仪的检验与校正内容。
5. 简述电子水准仪的检验与校正内容。
6. 水准仪检校的注意事项有哪些?
7. 说明光学经纬仪的主要轴线及应满足的几何条件。
8. 详述光学经纬仪的检验与校正内容。

9. 光学经纬仪检校的注意事项有哪些？

10. 详述光学全站仪的一般性检验与校正内容。

11. 全站仪的电子校正如何进行？(选一种仪器说明)

12. 简述全球定位系统(GPS)接收机的一般检视、通电测试及附件检查的内容。

单元二　水准仪的检测

【教学目标】

学习本单元，使学生了解水准仪的等级及基本参数；掌握水准仪的通用技术要求和性能要求；能够初步具备进行水准仪常规检测项目的检测计算工作。

【教学要求】

知识要点	技能训练	相关知识
水准仪的等级测定	水准仪等级的测定。	(1)熟悉水准仪等级的测定程序； (2)掌握计算与评定方法。
水准仪的通用技术要求	(1)水准仪外观要求； (2)水准仪各部件功能及相互作用。	(1)了解水准仪外观基本要求； (2)熟悉水准仪各部件功能及相互作用。
水准仪的性能要求	水准仪的各项性能要求。	掌握水准仪的各项性能要求。
水准仪常规检测项目的检测计算	水准仪各项常规检测项目的检测计算。	(1)掌握水准仪的检测项目； (2)了解检测条件； (3)熟练检测方法； (4)熟悉检测结果的处理方法及检测周期。

【单元导入】

根据我国计量法的规定，测绘仪器属于计量器具的范畴，各类测绘仪器必须在生产、销售、使用中通过国家相应的计量检定，以保证其计量性能的合格。

水准仪是测绘仪器中重要的一类，各类工程中应用广泛，为了确保水准仪测量结果的准确、可靠，保证工程质量，必须考查水准仪的各类性能是否达到仪器标称的测量精度指标，对新购的、使用中的和修理后的仪器需要进行校准和检测，校准的内容已在第一单元详述，本单元主要将对水准仪检测的内容进行详细介绍。

2.1 水准仪等级的测定方法

水准仪的仪器级别一般用1km往返水准测量标准偏差来表示，故仪器的等级是否达到相应的级别，要通过测定1km往返水准测量标准偏差来确定，下面介绍一下1km往返水准测量标准偏差的测定方法。

1. 测定程序

在地面上固定相距约50m的A、B两点，将仪器大致置于两点中间位置，将水准仪精确整平，首先对两标尺读取r_{a1}和r_{b1}，然后稍微变动三脚架位置与高度，精确整平仪器，再一次对两标尺读数，按此方法进行20次，读取读数(r_{a2}和r_{b2}，…，r_{a20}和r_{b20})；两水准标尺互换位置用上述方法再进行20次观测，读取读数(r_{a21}和r_{b21}，…，r_{a40}和r_{b40})。

2. 计算与评定

观测数值l的计算见公式(1)、(2)：

$$l_i = r_{bi} - r_{ai},\ i = 1,\ \cdots,\ 20 \tag{1}$$

$$l_k = r_{bk} - r_{ak},\ k = 21,\ 22,\ \cdots,\ 40 \tag{2}$$

算术平均值x和y见公式(3)：

$$x = \frac{1}{20} \cdot \sum_{i=1}^{20} l_i \qquad y = \frac{1}{20} \cdot \sum_{k=21}^{40} l_k \tag{3}$$

修正值c见公式(4)、(5)：

$$c_i = x - l_i,\ i = 1,\ 2,\ \cdots,\ 20 \tag{4}$$

$$c_k = y - l_k,\ k = 21,\ 22,\ \cdots,\ 40 \tag{5}$$

验算如下：

$$\sum_{i=1}^{20} c_i = 0$$

$$\sum_{k=21}^{40} c_k = 0$$

自由度f=38的50m有效距离标准偏差s见公式(6)、(7)：

$$cc = \sum_{i=1}^{20} c_i^2 + \sum_{k=21}^{40} c_k^2 \tag{6}$$

$$s = \sqrt{\frac{cc}{f}} = \sqrt{\frac{cc}{38}} \tag{7}$$

1km往返水准测量标准偏差s_{1km}见公式(8)：

$$s_{1km} = \frac{s}{\sqrt{2}} \cdot \sqrt{\frac{1000}{50}} = s\sqrt{10} \tag{8}$$

记录计算见表2-1。

表 2-1　**1km 往返水准测量标准偏差计算**

<table>
<tr><td rowspan="3"></td><td colspan="4">一测回(初始位置)</td><td colspan="4">二测回(标尺互换)</td></tr>
<tr><td colspan="2">读数</td><td colspan="2">计算</td><td colspan="2">读数</td><td colspan="2">计算</td></tr>
<tr><td>前视</td><td>后视</td><td>高差</td><td>偶然误差</td><td>前视</td><td>后视</td><td>高差</td><td>偶然误差</td></tr>
<tr><td rowspan="5">观测值和计算</td><td>r_{a1}</td><td>r_{b1}</td><td>$l_1 = r_{b1} - r_{a1}$</td><td>$c_1 = x - l_1$</td><td>r_{a21}</td><td>r_{b21}</td><td>$l_{21} = r_{b21} - r_{a21}$</td><td>$c_{21} = y - l_{21}$</td></tr>
<tr><td>r_{a2}</td><td>r_{b2}</td><td>$l_2 = r_{b2} - r_{a2}$</td><td>$c_2 = x - l_2$</td><td>r_{a22}</td><td>r_{b22}</td><td>$l_{22} = r_{b22} - r_{a22}$</td><td>$c_{22} = y - l_{22}$</td></tr>
<tr><td colspan="2">⋮</td><td colspan="2">⋮</td><td colspan="2">⋮</td><td colspan="2">⋮</td></tr>
<tr><td>r_{a19}</td><td>r_{b19}</td><td>$l_{19} = r_{b19} - r_{a19}$</td><td>$c_{19} = x - l_{19}$</td><td>$r_{a39}$</td><td>$r_{b39}$</td><td>$l_{39} = r_{b39} - r_{a39}$</td><td>$c_{39} = y - l_{39}$</td></tr>
<tr><td>r_{a20}</td><td>r_{b20}</td><td>$l_{20} = r_{b20} - r_{a20}$</td><td>$c_{20} = x - l_{20}$</td><td>$r_{a40}$</td><td>$r_{b40}$</td><td>$l_{40} = r_{b40} - r_{a40}$</td><td>$c_{40} = y - l_{40}$</td></tr>
<tr><td rowspan="2">表达式验算</td><td colspan="2">r_{ai}　r_{bi}
$(i=1,2,\cdots,20)$</td><td colspan="2">$l_i = r_{bi} - r_{ai}$　$c_i = x - l_i$
$x = \frac{1}{20} \cdot \sum_{i=1}^{20} l_i$</td><td colspan="2">$r_{ak}$　r_{bk}
$K=(21,22,\cdots,40)$</td><td colspan="2">$l_k = r_{bik} - r_{ak}$　$c_k = y - l_k$
$y = \frac{1}{20} \cdot \sum_{k=21}^{40} l_k$</td></tr>
<tr><td colspan="4">$\sum_{i=1}^{20} c_i = 0$</td><td colspan="4">$\sum_{k=21}^{40} c_k = 0$</td></tr>
<tr><td>较差</td><td colspan="8">$d = x - y$</td></tr>
<tr><td>精确度计算</td><td colspan="8">$cc = \sum_{i=21}^{20} c_i^2 + \sum_{k=21}^{40} c_k^2$　$s_{1\text{km}} = \frac{s}{\sqrt{2}} \cdot \sqrt{\frac{1000}{50}} = s\sqrt{10}$
$s = \sqrt{\frac{cc}{f}} = \sqrt{\frac{cc}{38}}$
(50m 有效距离标准偏差)</td></tr>
</table>

2.2　水准仪的通用技术要求

2.2.1　外观

(1)仪器上应标明厂名(或厂标)、仪器型号及出厂编号。国产仪器应有MC标志及计量器具制造许可证编号。

(2)仪器外表无脱漆、锈蚀和碰伤；零件结合处应齐整，仪器密封性能良好；光学部件表面清洁，不得有脱胶、脱膜、油迹、霉点等缺陷。

(3)望远镜视场亮度应均匀、成像清晰，刻线应平直无结节、断线等现象。

(4)像水准器吻合线应均匀细直，成像清晰，气泡两端影像对称并正交于分界线。

(5)带光学测微器的水准仪的分划尺影像应在其读数窗的视场中央，旋转测微手轮，分划尺“-2”格至“102”格分划线应清晰可见。

2.2.2 仪器各部件功能及相互作用

(1)仪器各运动机构转动灵活，不应有松动、卡滞和影响操作的现象，制动机构应有效发生作用。各校正螺丝应校正方便、稳定可靠并有足够校正范围。

(2)水准器安装应牢固，气泡移动应灵活。

(3)有水平度盘的仪器，度盘成像清晰，旋转一周时，各刻度分划线在视场内相对位置应无明显变化。

(4)调节望远镜目镜时，目标成像清晰，视场内十字丝交点无晃动现象。

(5)数字水准仪各种按键应操作舒适、功能有效、显示清晰，其附件和备件齐全。内部软件和操作程序应能适应相应测量的要求，数据通信功能稳定、可靠。

2.3 水准仪的性能要求

计量性能要求见表2-2。

表2-2 **计量性能要求**

<table>
<tr><th>序号</th><th colspan="2">项目</th><th>单位</th><th>DS05</th><th>DSZ05</th><th>DS1</th><th>DSZ1</th><th>DS3</th><th>DSZ3</th></tr>
<tr><td rowspan="2">1</td><td rowspan="2">水准器角值</td><td>圆水泡</td><td>(′)/2mm</td><td colspan="6">≤8±2</td></tr>
<tr><td>吻合式</td><td>(″)/2mm</td><td colspan="4">≤10±2</td><td colspan="2">≤20±5</td></tr>
<tr><td rowspan="2">2</td><td rowspan="2">竖轴运转误差</td><td>水准管式</td><td>(″)</td><td colspan="6">新制造的≤水准管标称角值的1/2
后续检定的≤水准管的标称角值</td></tr>
<tr><td>自动安平式</td><td>(″)</td><td colspan="6">圆水准泡和直交型水准管的偏离均不大于标称角值的1/4</td></tr>
<tr><td>3</td><td colspan="2">望远镜分划板横丝与竖轴垂直度</td><td>(″)</td><td colspan="6">≤3</td></tr>
<tr><td>4</td><td colspan="2">视距乘常数</td><td></td><td colspan="6">视距乘常数误差≤0.4%</td></tr>
<tr><td rowspan="2">5</td><td rowspan="2">测微器行差回程差</td><td>行差</td><td>mm</td><td colspan="4">全程行差≤0.1</td><td colspan="2" rowspan="2"></td></tr>
<tr><td>回程差</td><td>mm</td><td colspan="4">任何一点回程差≤0.05</td></tr>
<tr><td>6</td><td colspan="2">数字水准仪30m视距测量误差</td><td>cm</td><td colspan="4">测量误差≤10
测量标准差≤2</td><td colspan="2">测量误差≤12
测距标准差≤10</td></tr>
<tr><td>7</td><td colspan="2">视准线的安平误差</td><td>(″)</td><td>≤0.40</td><td>≤0.30</td><td>≤0.45</td><td>≤0.35</td><td>≤1.0</td><td>≤0.8</td></tr>
<tr><td>8</td><td colspan="2">交叉误差</td><td>(′)</td><td>≤3</td><td></td><td>≤3</td><td></td><td>≤5</td><td></td></tr>
<tr><td rowspan="2">9</td><td rowspan="2">视准线误差(i)</td><td>光学读数</td><td>(″)</td><td colspan="2">≤8(双摆位4)</td><td colspan="2">≤10</td><td colspan="2">≤12</td></tr>
<tr><td>数字显示</td><td>(″)</td><td colspan="2">≤15</td><td colspan="2">≤20</td><td colspan="2">≤25</td></tr>
</table>

续表

序号	项目		单位	DS05	DSZ05	DSz05	DSZ1	DS3	DSZ3
10	调焦运行误差		mm	≤0.5		≤0.5		≤1.0	
11	自动安平水准仪	补偿误差	(″)/1′		≤0.20		≤0.30		≤0.50
		补偿范围	(′)	≥8					
12	自动安平水准仪	摆差		垂直方向≤25″ 水平方向≤10″					
13	测站单次高差标准差		mm	≤0.08(视距30m) (数字水准仪视距20~30m)				≤0.15(视距50m)	
14	磁致误差(60μT场强)	直流	(″)		≤0.02			≤0.04	
		交流	(″)		≤0.06			≤0.10	

2.4 检测器具控制

2.4.1 检测项目

检定项目见表2-3。

表2-3 **检定项目**

序号	检定项目	检定类别		
		首次检定	后续检定	使用中检验
1	外观及各部件功能相互作用	+	+	+
2	水准器角值	+	-	-
3	竖轴运转误差	+	+	-
4	望远镜分划板横丝与竖轴的垂直度	+	+	+
5	视距乘常数	+	-	-
6	测微器行差与回程差		+	-
7	数字水准仪视线距离测量误差	+	-	-
8	视准线的安平误差	+	+	+
9	望远镜视准轴与管状水准泡轴在水平面内投影的平行度(交叉误差)	+	+	-
10	视准线误差(i角)	+	+	+

续表

<table>
<tr><th rowspan="2">序号</th><th rowspan="2" colspan="2">检定项目</th><th colspan="3">检定类别</th></tr>
<tr><th>首次检定</th><th>后续检定</th><th>使用中检验</th></tr>
<tr><td>11</td><td colspan="2">望远镜调焦运行误差</td><td>+</td><td>+</td><td>-</td></tr>
<tr><td>12</td><td rowspan="2">自动安平水准仪</td><td>补偿误差及补偿工作范围</td><td>+</td><td>+</td><td>-</td></tr>
<tr><td>13</td><td>双摆位误差</td><td>+</td><td>+</td><td>-</td></tr>
<tr><td>14</td><td colspan="2">测站单次高差标准差</td><td>+</td><td>-</td><td>-</td></tr>
<tr><td>15</td><td colspan="2">自动安平水准仪磁致误差</td><td>-</td><td>-</td><td>-</td></tr>
</table>

注：检定类别中"+"为需检项目，"-"为可不检项目，由送检单位需要确定。

2.4.2 检测条件

1. 检定器具

各级水准仪检定用器具见表2-4。

表2-4 **检定用器具**

<table>
<tr><th>序号</th><th>DS05、DSZ05</th><th>DS1、DSZ1</th><th>DS3、DSZ3</th></tr>
<tr><td>1</td><td colspan="3">1″水平仪检定器</td></tr>
<tr><td>2</td><td>f″≥1000mm 测微平行光管</td><td>f″≥1000mm 测微平行光管</td><td>f″≥550mm 平行光管</td></tr>
<tr><td>3</td><td colspan="2">示值误差≤0.2mm 准线仪或可调焦光管</td><td>示值误差≤0.3mm 准线仪</td></tr>
<tr><td>4</td><td colspan="3">精密水准仪</td></tr>
<tr><td>5</td><td colspan="3">0.2″自准直仪</td></tr>
<tr><td>6</td><td colspan="3">两维微倾台</td></tr>
<tr><td>7</td><td colspan="2">0.02mm 刻度尺</td><td></td></tr>
<tr><td>8</td><td colspan="3">专用可调焦光管</td></tr>
<tr><td>9</td><td colspan="3">Ⅱ级钢卷尺</td></tr>
<tr><td>10</td><td colspan="3">检定磁致误差的器具：f″≥1600mm 测微平行光管、ϕ≥1000mm 亥式线圈、$1\times10^{-6}\mu T$ 弱磁场测量仪、0.5级毫安表组成的检定装置</td></tr>
</table>

注：用于数字水准仪检测的可调焦光管应具有条码分划和十字分划的综合分划板。

2. 检定环境条件

检定一般在室内常温下进行，被检仪器在检定前应预置2h。对DS05、DSZ05仪器进行表2-3中的第2、8、10、14单项检定时，环境温度变化每小时应不超过1℃，检定装置及器具应预置30min。

自动安平水准仪磁致误差检定条件见表2-5。

表2-5 **磁致误差检定条件**

条件	要求
检定室内温度(℃)	20±5
检定室内温度变化(℃/h)	≤0.5
检定器具预置时间(min)	≥40
线圈四周1m范围内的空间磁场变化(μT)	≤10
线圈内被检仪器体积空间的磁场不均匀性	≤1.0%

2.4.3 检测方法

1. 外观及各部件功能相互作用

外观及各部件功能相互作用应进行目视和试机(数字水准仪通电试验)。结果应满足水准仪的通用技术要求。

2. 水准器角值

将被检仪器置平在水平仪检定器上，转动望远镜使水准管轴线与水平仪检定器纵向大致平行，固紧仪器。转动检定器上测微手轮，对准零分划线，用仪器微倾螺旋使气泡一端对准水准管一侧的第一条分划线，待气泡稳定后，读取气泡两端格值及检定器起始值。

按被检仪器水准器的标称角值，依次定量正向(旋进方向)转动检定器手轮，待气泡稳定后，读取气泡每一位置的两端格值，直至水准器另一侧末端刻线为止。接着反向转动检定器手轮，同上述操作方法，依次读取另一位置水准器两端格值，直至回到气泡起始位置。水准器无刻线的DS3仪器，应事先将刻有2mm的透明薄膜贴附其上，检定实例见表2-6。

水准器角值按下式计算，其结果应符合表2-2要求。

$$\gamma = \frac{2nd}{\sum_{i=1}^{n} g}\tau_0 \tag{9}$$

$$\Delta = \frac{g_{\max} - g_{\min}}{2d}\tau_0$$

式中：τ——水准器平均角值，(″)/2mm；

τ_0——水准器标称角值，(″)/2mm；

g——气泡移动格数；

n——g的个数；

Δ——水准器均匀性误差，(″)；

d——水准器管轴2mm内刻线格数。

也可用同等准确度的其他方法检定。

【检定计算实例】

表 2-6　　**DS05、DS1 水准仪水准泡角值的检测计算**

仪器型号：Ni004　　检定者：

出厂编号：　年　月　日　　记录者：

测回数	检定器读数(″)	水准泡读数(格)				气泡位置(左-右)(格)			$L_i=L_{i-1}$(格)
		往测		返测		往测	返测	往返平均值 Li	
		左	右	左	右				
Ⅰ	00	03.4	24.4	03.7	24.2	−21.0	−20.5	−20.75	
	10	06.0	21.9	06.0	21.8	−15.9	−15.8	−15.85	4.90
	20	08.2	19.6	08.3	19.6	−11.4	−11.3	−11.35	4.50
	30	10.8	17.2	10.9	17.1	−06.2	−06.2	−06.30	5.05
	40	13.0	14.9	13.0	14.8	−01.8	−01.8	−01.85	4.45
	50	15.2	12.7	15.3	12.6	+02.7	+02.7	+02.60	4.45
	60	17.7	10.2	17.9	10.1	+07.8	+07.8	+07.65	5.05
	70	20.0	07.9	20.0	07.9	+12.1	+12.1	+12.10	4.45
	80	22.3	05.6	22.2	05.7	+16.5	+16.5	+16.60	4.50
Ⅱ	00	04.0	23.8	04.2	23.6	−19.8	−19.4	−19.60	
	10	06.5	21.3	06.7	21.1	−14.8	−14.4	−14.60	5.00
	20	08.9	18.9	09.0	18.8	−10.0	−09.8	−09.90	4.70
	30	11.1	16.6	11.2	16.5	−05.5	−05.3	−05.40	4.50
	40	13.6	14.3	13.6	14.3	−00.7	−00.7	−00.70	4.70
	50	16.0	11.9	16.0	11.9	+04.1	+04.1	+04.10	4.80
	60	18.2	09.6	18.2	09.6	+08.6	+08.6	+08.60	4.50
	70	20.5	07.2	20.6	07.2	+13.3	+13.4	+13.35	4.75
	80	22.9	04.9	22.9	04.9	+18.0	+18.0	+18.00	4.65

$\tau_0=10''$　$d=2.5$ 格　$n=16$　　$\sum g_i = 74.95$

$$\tau = \frac{\tau_0 d}{\sum\limits_{i=1}^{n} \frac{g}{2n}} = \frac{10 \times 2.5}{2.34} = 10.7''$$

$$\delta = \frac{5.05 - 4.45}{2 \times 2.5} \times 10 = 1.2'' \leqslant 1.5''$$

3. 竖轴运转误差

将被检仪器固定在检定台上，使望远镜视轴方向与任意两个脚螺旋位置平行，整置气泡居中(吻合)。将望远镜旋转 180°，若气泡偏离，可分别用微倾螺旋和脚螺旋各调整一半，再将望远镜转至 90°位置，用另一脚螺旋使气泡居中，反复上述操作，直至准确整平仪器。然后每隔约 45°转动望远镜，观察气泡每一位置的偏移量，共转两周，取最大偏移量作为检定结果，其结果应符合表 2-2 的要求。

观察被检仪器上直交型或圆水准泡是否居中，被检仪器旋转任一位置时该水准器的最大偏移量为检定结果。

4. 望远镜分划板横丝与竖轴的垂直度

仪器固定在检定台上并调平，对准测微光管的十字丝交点，转动被检仪器水平微动手轮，使测微光管十字丝交点沿望远镜视场横丝一端移至另一端，并从测微光管中读取偏离量(楔形丝分划板，取横丝部位进行计算)。

按下列计算式计算出望远镜分划板横丝与竖轴的垂直度 u，其结果应符合表 2-2 的要求。

$$\mu = \frac{\varepsilon}{\sin 2\omega} \tag{10}$$

式中：ε——测微光管对横丝两端读数差(″)；

2ω——望远镜视场角(°)。

5. 视距乘常数

将被检仪器固定在检定台上，并调焦至无穷远位置，对准自准直光管，用自准直光管测微手轮使其横丝照准仪器分划板上丝两次，并读数求和。转动光管测微手轮，照准仪器分划板中丝两次并读数，求和。再转动自准直光管底脚螺旋，使其横丝对准仪器分划板中丝，转动光管测微手轮照准仪器分划板中丝两次，并读数求和。然后转动光管测微手轮，照准仪器分划板下丝两次并读数，求和。

以上操作为一个测回，共测两个测回，并取两测回各和值的平均值，按下列公式计算视距乘常数 k，其结果应符合表 2-2 的要求。

计算实例见表 2-7。

$$k = \cot[(d_2 - d_1) + (d_3 - d'_2)] \tag{11}$$

式中：d_1、d_2、d'_2、d_3——视距丝上、中、下三丝两次照准读数的和(″)；

k——视距丝乘常数；

Δk——视距乘常数误差(%)。

【检定计算实例】

表 2-7　　**视距乘常数检定**

仪器型号：　　　　检定者：

出厂编号：　　年　　月　　日　　记录者：

测回数	视距丝	测微光管读数						d_2-d_1 d_3-d_2		$(d_2-d_1)+$ $(d_3-d'_2)$	
		Ⅰ		Ⅱ		和(平均)					
		(′)	(″)	(′)	(″)	(′)	(″)	(′)	(″)	(′)	(″)
Ⅰ	上丝 d_1	0	34.0	0	34.2	01	08.2				
	中 d_2	9	09.0	9	08.9	18	17.9	17	09.7		
	丝 d'_2	0	35.2	0	35.1	01	10.3			34	21.8
	下丝 d_3	9	11.2	9	11.2	18	22.4	17	12.1		

续表

测回数	视距丝	测微光管读数						d_2-d_1 d_3-d_2		$(d_2-d_1)+$ (d_3-d_2')	
		Ⅰ		Ⅱ		和(平均)					
		(′)	(″)	(′)	(″)	(′)	(″)	(′)	(″)	(′)	(″)
Ⅱ	d_1	0	34.0	0	33.8	01	07.8				
	d_2	9	08.9	9	09.1	18	18.0	17	10.2		
	d_2'	0	35.2	0	35.2	01	10.4			34	22.1
	d_3	9	11.1	9	11.2	18	22.3	17	11.9		
平均值	d_2-d_1							17	10.2		
										34	22.0
	d_3-d_2'							17	12.0		
$K=\cot(34'22.0'')=100.03$ $\Delta K=\frac{100.03-100}{100}\times100\%=0.03\%<0.4\%$											

6. 测微器行差与回程差

在距被检仪器约6m处垂直竖立毫米刻度尺(示值误差0.02mm),选取相邻6(或11)根毫米刻线作为量程。仪器整平后,转动测微器到零线附近,准确照准毫米刻度尺第一根分划线作为起点,然后单向旋进测微器,依次瞄准毫米刻度尺上的6(或11)根分划线,每照准一次,读记测微器读数。接着进行反向检定,即测微器应单向旋出,返测到起始刻线。共测2个测回,然后计算出每点往返行程误差均值,其行程误差最大与最小差作为行差,并计算每点回程差,其结果应符合表2-2的要求。计算实例见表2-8。

【检定计算实例】

表2-8　**测微器行差与回程差检定**

仪器型号:DSZ05　　　　检定者:

出厂编号:　　　年　月　日　　　　记录者:

测回数	受检点		0	1	2	3	4	5
			0	20.0	40.0	60.0	80.0	100.0
Ⅰ	读数差	正行差	0.0	0.7	0.3	0.3	0.4	0.5
		反行差	0.1	0.3	0.4	0.4	0.47	0.5
		回程差	0.1	−0.4	0.1	0.1	0.0	0.0
Ⅱ		正行差	0.5	0.9	0.6	0.7	0.8	0.9
		反行差	0.4	0.6	0.8	0.6	0.5	0.7
		回程差	−0.1	−0.3	0.2	−0.1	−0.3	−0.2

续表

测回数	受检点	0	1	2	3	4	5
		0	20.0	40.0	60.0	80.0	100.0
计算	回程差平均值	0.0	-0.4	0.2	0.0	-0.2	-0.1
	行程平均值	0.2	0.6	0.5	0.5	0.5	0.6
	测微器行差 回程差	(0.6-0.2)×0.05=0.02mm |-0.4|×0.05=0.02mm 测微器格值=0.05mm					

7. 数字水准仪视线距离测量误差

在一平坦地方选取距离为10m、30m两个点，各安置一个尺桩或尺台。架设被检仪器后，用Ⅱ级钢卷尺精确量取仪器垂球点到尺桩或尺台点的水平距离 D_0 并记录。

用被检仪器内设置的距离测量模式，分别对设置标尺的两点测量10次，读取并记录标尺距离显示数，分别计算其平均值 $\bar{D}$ 和视距测量标准偏差，并计算测距误差力 $\bar{D}-D_0$ 之值，其结果应符合表2-2的要求。计算实例见表2-9。

【检定计算实例】

表2-9 **数字水准仪视线距离测量误差的检定**

仪器型号： 检定者：

出厂编号： 丈量距离：$D_1=30.00\text{m}$ $D_2=10.00\text{m}$ 记录者：

序号	视距显示数 D_{1i}(m)	V_{1i}(cm)	V_{1i}^2	视距显示数 D_{2i}(m)	V_{2i}(cm)	V_{2i}^2
1	30.010	0.0	0.00	10.009	0.1	0.01
2	30.011	0.1	0.01	10.008	0.0	0.00
3	30.015	0.5	0.25	10.008	0.0	0.00
4	30.000	-1.0	1.00	10.008	0.0	0.00
5	30.011	0.1	0.01	10.008	0.0	0.00
6	30.005	-0.5	0.25	10.008	0.0	0.00
7	30.016	0.6	0.36	10.008	0.0	0.00
8	30.011	0.1	0.01	10.008	0.0	0.00
9	30.012	0.2	0.04	10.008	0.0	0.00
10	30.007	0.3	0.09	10.008	0.0	0.00
$\bar{D}$ 或 $\sum V$、$\sum V^2$	30.010	-0.2	2.02	10.008	0.1	0.01

$\bar{D}_1-D_1=30.010-30.000=1.0\text{cm}$ $\bar{D}_2-D_2=10.008-10.000=0.8\text{cm}$

$\sigma_1=\sqrt{\frac{\sum V_i^2}{n-1}}=0.47\text{cm}$ $\sigma_2=\sqrt{\frac{\sum V_i^2}{n-1}}=0.03\text{cm}$

8. 视准线的安平误差

(1)无测微器水准仪的检定

将被检仪器固定在检定台上，整平仪器，将被检仪器目镜端的光源打开。用平行光管测微器使仪器十字丝与自准直仪分划板的横丝重合。旋出被检仪器倾斜螺旋1/4周，紧接着旋进倾斜螺旋使气泡吻合，再用自准直仪上双丝照准被检仪器的横丝，连续照准4次并读数为一组，如此重复操作10次，按下列公式计算出视准线安平误差，其结果应符合表2-2的要求。计算实例见表2-10。

$$s = \sqrt{\frac{\sum_{i=1}^{n} V_i^2}{n-1}} \tag{12}$$

式中：V_i——观测值残差(″)；

n——安平次数；

s——视准线安平误差(″)。用自准直仪测微器读数时的结果乘2。

【检定计算实例】

表2-10　**无测微器水准管水准仪视准线安平误差检定**

仪器型号：DS03　　检定者：

出厂编号：　　年　月　日　　记录者：

序号	测微光管读数(″)		平均值	V_1	V_1^2
1	9.2	9.1			
	9.2	9.1	9.1	-0.06	0.0036
2	9.5	9.4			
	9.6	9.5	9.5	0.34	0.1156
3	9.4	9.4			
	9.2	9.3	9.3	0.14	0.0196
4	9.3	9.3			
	9.2	9.4	9.3	0.14	0.0196
5	9.2	9.1			
	9.2	9.3	9.2	0.04	0.0016
6	9.1	9.1			
	9.2	9.1	9.1	-0.06	0.0036
7	9.1	9.1			
	9.0	9.0	9.0	-0.16	0.0256

续表

序号	测微光管读数(″)	平均值	V_1	V_1^2
8	9.0 9.0			
	9.0 9.0	9.0	0.16	0.0256
9	9.0 9.2			
	9.0 9.0	9.0	−0.16	0.0256
10	9.3 9.2			
	9.0 9.0	9.1	−0.06	0.0036
平均值与和		9.16	0.00	0.2440
计算	$s = 2 \times \sqrt{\frac{\sum_{i=1}^{n} V_i^2}{n-1}} = 2 \times \sqrt{\frac{0.2440}{9}} = 2 \times 0.16'' = 0.32''$			

(2)有测微器水准仪的检定

将可调焦光管的分划板整置在30m视距位置，将被检仪器安置并整平在两维微倾台上，使被检仪器和光管十字丝重合。然后利用微倾台上纵向与横向两测微螺杆按前倾、后倾、左倾、右倾4个方向变动仪器并恢复置平，用仪器本身的测微器读数，每个方向变动4次读数，按式(4)计算出四个方向变动的测微器格值读数的标准偏差。安平误差按下式计算，其结果应符合表2-2的要求。计算实例见表2-11。

$$s_{安} = \frac{s_{测} \cdot t \cdot \rho}{D} \tag{13}$$

式中：$s_{测}$——水准仪测微器读数标准偏差(格)；

t——测微器格值；

ρ——系数，206265(″)。

【检定计算实例】

表2-11　　**有测微器水准仪视准线安平误差的检定**

仪器型号：DSZ05　　　　检定者：

出厂编号：　　年　月　日　　　　记录者：

位置	次数	仪器测微器读数(格)	V_i	V_i^2
前倾	1	55.9	1.14	1.2996
	2	54.3	−0.46	0.2116
	3	55.3	0.54	0.2916
	4	54.5	−0.26	0.0676

续表

位置	次数	仪器测微器读数(格)	V_i	V_i^2
后倾	1	55.1	0.34	0.1156
	2	55.8	1.04	1.0816
	3	54.0	-0.76	0.5776
	4	55.0	0.24	0.0576
左倾	1	55.2	0.44	0.1936
	2	54.3	-0.46	0.2116
	3	53.7	-1.06	1.1236
	4	55.4	0.64	0.4096
右倾	1	54.7	-0.06	0.0036
	2	55.0	0.24	0.0576
	3	53.2	-1.56	2.4336
	4	54.7	-0.06	0.0036
平均值与和		54.76	-0.06	8.1396

$$s_{测} = \sqrt{\frac{\sum_{i=1}^{n} V_i^2}{n-1}} = \sqrt{\frac{8.1396}{16-1}} = 0.74\ (格)$$

(3)数字水准仪的检定

用自准直仪照准被检仪器分划板横丝，按无测微器水准仪的检定方法检定。

也可按有测微器水准仪的检定方法，此时仪器照准条码目标，按动测量键读记视高值并计算。视距为20~30m。

9. 望远镜视轴与管状水准泡轴在水平面内投影的平行度(交叉误差)

(1)按图2-1安置仪器。

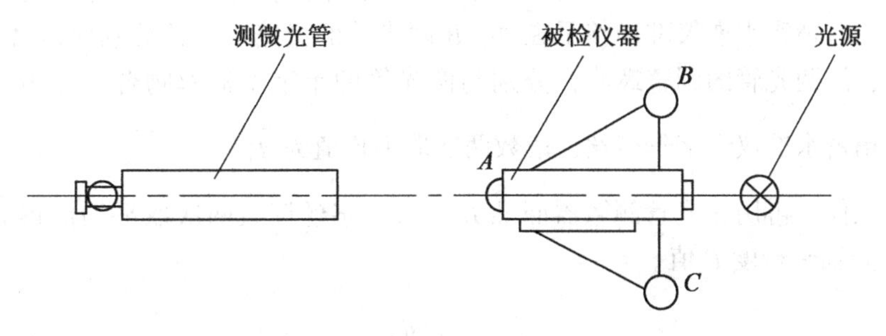

A、B、C—脚螺旋

图2-1　仪器安置示意图

(2)被检仪器置于检定台上，使 B、C 两脚螺旋的连线垂直于视轴，整平并固定仪器，将被检仪器望远镜对准测微光管，再用测微光管照准被检仪器十字丝，读数为 d_1。用 B、C 两脚螺旋以相反方向转动，使整台仪器绕望远镜轴旋转1.5°，从望远镜中观察，被检仪器十字丝交点应保持原来位置。若水准泡偏移，则转动微倾螺旋使水准泡再次吻合，用测微光管重新瞄准十字丝交点，读数为 d_2。

按上述操作方法，使仪器向另一侧旋转1.5°，读数为 d_3 和 d_4。

(3)管状水准泡偏离居中位置 β 与仪器交叉误差 E 的计算式如下，其结果应符合表2-2的要求。

$$\beta = \frac{(d_2 - d_1) - (d_4 - d_3)}{2} \tag{14}$$

$$E = \beta/\sin 1.5° = \beta/0.026 \tag{15}$$

式中：d_1、d_2、d_3、d_4——观测值(″)。

仪器望远镜旋转约1.5°时底脚螺旋的转动周数 n 的计算如下：

$$n = 0.013D/S \tag{16}$$

式中：D——两脚螺旋轴线间距(mm)；

S——脚螺旋的螺距(mm)。

10. 视准线误差(i 角)

1)平行光管法

(1)水平基准的建立。按图2-2安置仪器。

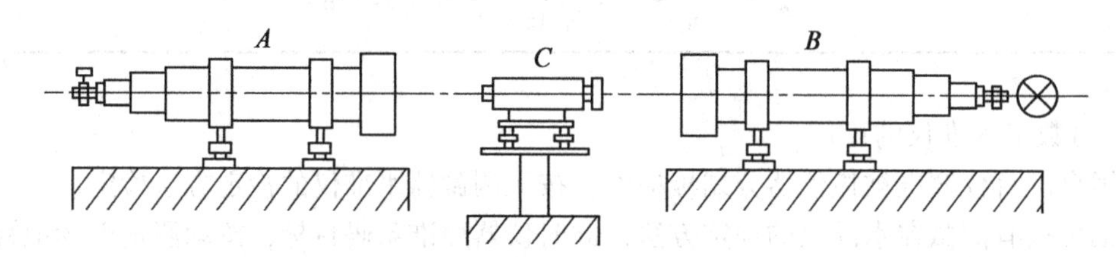

A—测微光管；B—平行光管；C—水准仪

图2-2　仪器安置示意图

将 A、B 两平行光管物镜相对安置，其中 A 光管带测微器，调整 A、B 光管十字丝大致重合。将一台精密水准仪准确整平在 A、B 两光管的光路中，并分别照准 A、B 两光管的十字丝板，用两光管的调整螺旋，分别与两光管的十字丝横丝吻合。并用 A 光管测微器精确照准精密水准仪十字丝横丝，读数两次取平均值为 $\bar{d}_1$。

取出水准仪，再用 A 光管测微器照准 B 光管十字丝读数两次取平均值得 $\bar{d}_2$。求出 A 与 B 光管的光轴平行度 F 值。

$$F = \frac{\bar{d}_1 + \bar{d}_2}{2} \tag{17}$$

式中：$\bar{d}_1$——A 光管照准水准仪两次读数的平均值(″)；

$\bar{d}_2$——A 光管照准 B 光管两次读数的平均值(″)。

将 A 光管测微器调整到 F 值位置，并将 B 光管的十字丝校正至 A 光管已调整的十字丝位置，如此重复调校，使 $F<1''$，A、B 两光管视轴的水平基准线才可建成。

(2)检定方法。

将被检仪器整平于 A、B 光管光路中，准确吻合仪器水准泡，用 A 光管测微器使其照准被检仪器横丝并读数为 d_1，取出被检仪器，再用 A 光管测微器使其照准 B 光管读数为 d_2。i 角计算式如下，其结果应符合表 2-2 的要求。

$$i=d_1-d_2 \tag{18}$$

对 i 角不大于 8″的检定，应测两个测回取平均值作为检定结果。对双摆位 DSZ05 仪器，建立一条小于或等于 1″的水平基准线，测微光管的焦距 f' 应大于或等于 1200mm。检定时，测微平行光管第一次照准仪器的摆Ⅰ位置，第二次照准仪器的摆Ⅱ位置，取两次读数的平均值进行计算。

也可用测量不确定度小于限差 1/3 的其他方法进行检定。仲裁检定时，应使用平行光管法。

2)数字水准仪视准线误差(i 角)的检定。

方法一：专用光管法。

(1)标准的建立：将一台电测和光测视准线误差均小于 1″的数字水准仪精确置平于检定台上，照准有十字丝和条码的综合分划板的专用光管，调整专用光管十字丝与仪器的十字丝重合，然后照准条码按动[测量]键，测量 10 次取平均值为 h_0，以此作为标准视高。测量视距平均值与光管给定视距基本相等。若专用光管已给定标准视高 h_0 和视距 D，检定从(2)开始，只需先将专用光管置平。

(2)被检数字水准仪光学测量的视准线误差按(1)中的检定，并通过校正十字丝，使其视准线误差小于 1″。

(3)将被检数字水准仪安置在检定台上并精确置平，照准专用光管，升降仪器使其十字丝与专用光管的十字丝重合，然后照准条码按动测量键，测 10 次取平均值得视高 h_1，用下列公式计算被检仪器视准线误差的变化值：

$$\Delta i=\frac{h_0-h_1}{D}\times\rho \tag{19}$$

式中：h_0——标准视高(m)；

H_1——被检仪器测量视高(m)；

D——视距的平均值(m)；

ρ——系数 206265″。

如果仪器内原存有 i 角值，仪器电测部分的总 i 角为内存值与 Δi 之和。计算实例见表 2-12。

【检定计算实例】

表 2-12　　数字水准仪视准线误差(i 角)的检定

仪器型号：DiNi12　　检定者：

出厂编号：　　年　　月　　日　　记录者：

序号	视高(m)	视距(m)
1	1.86234	22.091
2	1.86228	22.090
3	1.86229	22.092
4	1.86230	22.089
5	1.86231	22.089
6	1.86227	22.090
7	1.86230	22.086
8	1.86231	22.088
9	1.86229	22.091
10	1.86232	22.093
平均值	1.86230	22.09
计算	$i=\frac{1.86122-1.86230}{22.09}\times 206265=-10.1''$ 1.86122 为标准视高，机内原存 i 角为 0	

方法二：室外法。

调用仪器内部设置的检测程序进行测定，详见仪器说明书，这里不再叙述。

11. 望远镜调焦运行误差

将被检仪器固定在检定台上，整平后使仪器水准泡准确吻合，照准准线仪无穷远目标，并用准线仪调整螺旋使目标横丝与仪器十字丝重合。

将被检仪器调焦螺旋照准准线仪近点目标，若十字丝横丝不重合，升高或降低仪器台，使仪器十字丝与近点目标重合，并保持水准泡位置不变。

重复上述操作，直至准线仪远点与近点目标在被检仪器十字丝交点上为止。

正向(旋进)转动被检仪器调焦手轮，依次照准准线仪上 5m、10m、20m、30m、50m(或 70m)各点位置目标，并读数。接着旋出仪器调焦手轮，照准各点目标并读数，往返为 1 测回，共测两测回，按公式(10)计算调焦运行误差 v，取 v 绝对值的最大值作为检定结果，其结果应符合表 2-2 的要求。计算实例见表 2-13。

$$v=\Delta_i+(\bar{D}-D_i)K \tag{20}$$

$$K = \frac{5\sum_{i=1}^{n}(D_i\Delta_i)}{5\sum D_i^2 - \left(\sum_{i=1}^{n} D_i\right)^2}$$

式中：Δ_i——各点观测值与平均值的差(mm)；各点观测值为被检仪器照准该点时测微器读数值乘以其格值；

$\overline{D}$——各观测点距离的平均值(m)；

D_i——各观测点至仪器的距离(m)。

也可用同等准确度的其他方法进行检定。但以此法为仲裁检定。

【检定计算实例】

表 2-13　**望远镜调焦运行误差检定**

仪器型号：DS03　检定者：

出厂编号：　年　月　日　记录者：

距离 D_1			5m	10m	20m	30m	70m
观测值	Ⅰ(格)	往	62.7	63.3	65.3	63.3	63.7
		返	63.3	63.5	63.2	63.6	63.0
	Ⅱ(格)	往	63.3	63.8	63.5	62.5	62.3
		返	63.4	62.9	62.7	60.5	62.5
h_i=读数平均值×0.05(格值)(mm)			3.16	3.17	3.18	3.12	3.14
平均值			$\overline{h} = \sum h_i/5 = 3.15$				
$\Delta = h_i - \overline{h}$(mm)			+0.01	+0.02	+0.03	−0.03	−0.01
$D_i \cdot \Delta_i$			+0.05	+0.20	+0.60	−0.90	−0.70
$(27-D_i)\cdot k$			−0.006	−0.005	−0.002	+0.001	+0.012
$v=\Delta_i+(27-D_i)\cdot k$			+0.004	+0.015	+0.030	−0.029	0.002

1. 计算公式：$v=\Delta_i+(\overline{D}-D_i)\cdot k$

式中：$k = \frac{5\sum_{i=1}^{n}(D_i\Delta_i)}{5\sum_{i=1}^{n} D_i^2 - (\sum_{i=1}^{n} D_i)^2}$

取 v 绝对值的最大值作为检定结果　$v=0.03\text{mm}$

2. 算例　$k=-0.75/2680=-2.8\times10^{-6}$

12. 自动安平水准仪补偿误差及补偿器工作范围

(1)补偿器工作范围的检定

将被检仪器整平在微倾台上，望远镜视轴与微倾台纵向平行，并对准平行光管上十字丝交点，分别转动微倾台上纵向与横向旋钮，按仪器出厂给出的补偿范围指标，进行前倾、后倾、左倾、右倾，同时观察被检仪器视准线在光管目标上的补偿作用及前、后与左、右的对称性，并记录补偿范围。

(2)无测微器仪器补偿误差的检定

将被检仪器整平在微倾台上，对准测微光管使仪器十字丝与测微光管横丝吻合，旋转微倾台纵向测微器，每次按约等于 2, 角值倾斜，在补偿工作范围内，从+a—-a，再由-a—+a的顺序进行检定。每倾斜一个角值时，用测微光管照准仪器十字丝读数两次，取平均值，求得仪器纵向补偿误差 S_α。同理，用横向测微器按上述操作，求得仪器横向补偿误差 S_β。分别取各方向的最大偏差值作为检定结果，计算式如下，其结果应符合表 2-2 的要求。实例见表 2-14。

$$S_\alpha=\frac{\overline{\gamma}_\alpha-\overline{\gamma}_0}{\alpha} \tag{21}$$

$$S_\beta=\frac{\overline{\gamma}_\beta-\overline{\gamma}_0}{\beta} \tag{22}$$

式中：$\overline{\gamma}_\alpha$——竖轴纵向倾斜时观测的平均值($''$)；

$\overline{\gamma}_0$——竖轴铅垂时观测的平均值($''$)；

$\overline{\gamma}_\beta$——竖轴横向倾斜时观测的平均值($''$)；

α、β——仪器竖轴倾斜的角度($'$)。

$$\Delta\alpha=(S_\alpha)_{\max}l_0 \qquad \Delta\beta=(S_\beta)_{\max}l_0$$

式中：l_0——测微平行光管测微器格值。

(3)有测微器仪器补偿误差的检定

被检仪器整置于微倾台上，照准相对放置的 A、B 两专用可调焦光管(见图 2-3)，两光管间分划板像的间距为 41.2～60m。整平被检仪器气泡，分别交替观测 A、B 两目标，用仪器测微器读数，连续观测 6 次(双摆位仪器，奇次数用摆 Ⅰ 位置，偶次数用摆 Ⅱ 位置)，计算出被检仪器竖轴铅垂时 A、B 两目标的高差 h_0，即

$$h_0-\overline{A}_0-\overline{B}_0 \tag{23}$$

式中：$\overline{A}_0$、$\overline{B}_0$——竖轴垂直时 A、B 目标读数平均值(mm)。

用纵向微倾台手轮，将仪器向 A 目标倾斜一个+α'角后照准 A、B 目标进行读数；然后向 A 目标倾斜一个-α'角后照准 A、B 目标进行读数。倾斜的角度按仪器圆气泡标称角值 8′/2mm 而定，不足 8′的按出厂给出的补偿范围指标而定。则被检仪器竖轴纵向倾斜后 A、B 两目标高差为

【检定计算实例】

表 2-14　　**自动安平水准仪补偿误差检定(无测微器)**

仪器型号：DSZ3　　检定者：

出厂编号：　　年　月　日　　记录者：

倾角 α	方向	往测读数(1/10 格)			返测读数(1/10 格)			$\gamma=\left(\frac{\gamma'+\gamma''}{2}\right)$	$\gamma_i=(\gamma-\gamma_0)$	$\delta=(\gamma_1/\alpha)$
		γ_{I}	γ'_{I}	平均 γ'	γ_{II}	γ'_{II}	平均 γ''			
+8	前倾	482	482	482	484	485	484	483	−21	−2.6
+6		487	487	487	488	488	488	488	−16	−2.7
+4		489	491	490	492	492	492	491	−13	−3.2
+2		495	494	494	502	502	502	498	−06	−3.0
0		500	500	500	508	508	508	504	00	0.0
−2	后倾	508	509	508	512	512	512	510	06	3.0
−4		517	518	518	518	518	518	518	14	3.5
−6		521	521	521	521	521	521	521	17	2.8
−8		532	532	532	529	530	530	531	27	3.4
+8	左倾	525	523	524	521	522	522	523	17	2.1
+6		522	522	522	518	518	518	520	14	2.3
+4		515	513	514	511	512	512	513	07	1.8
+2		512	512	512	509	509	509	510	04	2.6
0		508	507	508	503	503	503	506	00	0.0
−2	右倾	500	501	500	498	499	498	499	−07	−3.5
−4		492	493	492	491	492	492	492	−14	−3.5
−6		488	490	489	488	489	488	488	−18	−3.0
−8		483	485	484	484	483	484	484	−22	−2.8
计算	取每个方向最大偏差量，平行光管测微器格值 0.6″(1/10 格 0.06″) $\Delta+\alpha=-3.2\times0.06''=-0.19''$　$\Delta-\alpha=3.5\times0.06''=0.21''$ $\Delta+\beta=2.3\times0.06''=0.14''$　$\Delta-\beta=-3.5\times0.06''=-0.21''$									

$$h_{\pm\alpha}=\overline{A}_{\pm\alpha}-\overline{B}_{\pm\alpha} \tag{24}$$

式中：$\overline{A}_{\pm\alpha}$、$\overline{B}_{\pm\alpha}$——竖轴纵向倾斜 α 角时 A、B 目标读数平均值(mm)。

将微倾台纵向倾角归零，用横向手轮按上述操作方法，得出仪器竖轴横向倾斜后 A，B 两目标高差为

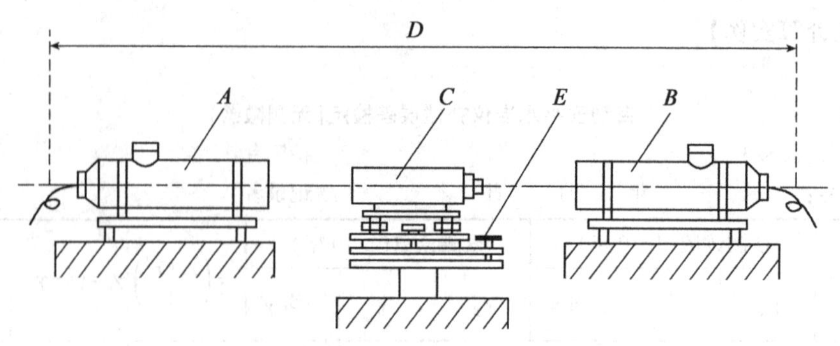

A—可调焦光管；B—被检仪器；C—两维微倾台

图 2-3

$$h_{\pm\beta}=\overline{A}_{\pm\beta}-\overline{B}_{\pm\beta} \tag{25}$$

式中：$\overline{A}_{\pm\beta}$、$\overline{B}_{\pm\beta}$——竖轴横向倾斜 β 角时 A、B 目标读数平均值(mm)。

按下列公式计算仪器的补偿误差，其结果应符合表 2-2 的要求。实例见表 2-15。

$$\Delta h_{\pm\alpha}=h_{\pm\alpha}-h_0 \tag{26}$$

$$\Delta h_{\pm\beta}=h_{\pm\beta}-h_0 \tag{27}$$

$$\Delta_{\pm\alpha}=\frac{\Delta h_{\pm\alpha}}{D_\alpha}\rho \tag{28}$$

$$\Delta_{\pm\beta}=\frac{\Delta h_{\pm\beta}}{D_\beta}\rho \tag{29}$$

式中：$\Delta_{\pm\alpha}$、$\Delta_{\pm\beta}$——仪器补偿误差(″)；

D——A、B 两目标的间距(m)；

ρ——系数 206265″。

【检定计算实例】

表 2-15 **自动安平水准仪补偿误差检定(有测微器)**

仪器型号：Ni002　　两目标相距 $D=60$m　　检定者：

出厂编号：　　年　　月　　日　　记录者：

仪器位置	观察次数	A 目标读数	B 目标读数	仪器位置	观察次数	A 目标读数	B 目标读数
仪器置平	1	378	540	仪器向 A 目标倾斜+α=8″	1	332	528
	2	320	501		2	270	479
	3	380	548		3	332	530
	4	329	498		4	282	480
	5	381	547		5	348	532
	6	320	512		6	290	485
	平均	351. 3	524. 3		平均	309. 0	505. 7

续表

仪器位置	观察次数	A 目标读数	B 目标读数	仪器位置	观察次数	A 目标读数	B 目标读数
A、B 间高差 $h_0=-0.865\text{mm}$				A、B 间高差 $h_{+\alpha}=-0.984\text{mm}$			
仪器向 A 目标倾斜 $+\alpha=8''$	1	438	558	仪器向 B 目标倾斜 $+\beta=8''$	1	422	615
	2	390	530		2	350	542
	3	430	561		3	409	592
	4	365	520		4	357	539
	5	417	565		5	418	580
	6	382	522		6	350	532
	平均	403.7	542.7		平均	348.3	566.7
A、B 间高差 $h_{-\alpha}=-0.695\text{mm}$				A、B 间高差 $h_{+\beta}=-0.912\text{mm}$			
仪器向 B 目标倾斜 $-\beta=8''$	1	357	519	$\Delta h_1=h_{+\alpha}-h_0=-0.119\text{mm}$			
	2	286	450	$\Delta h_2=h_{-\alpha}-h_0=0.170\text{mm}$			
	3	360	520	$\Delta h_3=h_{+\beta}-h_0=-0.047\text{mm}$			
	4	290	459	$\Delta h_4=h_{-\beta}-h_0=0.020\text{mm}$			
	5	350	531	$\Delta+\alpha=-0.05''$			
	6	300	437	$\Delta-\alpha=0.07''$			
	平均	323.8	492.0	$\Delta+\beta=-0.02''$ $\Delta-\beta=0.01''$			
A、B 间高差 $h_{-\beta}=-0.841\text{mm}$				注：将 A、B 读数的平均值相减后根据测微器格值换算成 mm，得出 A、B 的高差 h。			

(4)数字水准仪补偿误差的检定

数字水准仪补偿误差的检定方法同有测微器仪器补偿误差的检定。A、B 两专用可调焦光管分划板为条码分划。

13. 双摆位自动安平水准仪摆差

将被检仪器整置于检定台上，调焦到无穷远位置，用仪器摆Ⅰ位置对准测微光管，再用测微光管照准被检仪器横丝读数两次，得平均值 d_1。然后转到摆Ⅱ位置，同样用测微光管读数两次得 d_2，则垂直方向摆差 C_v：

$$C_v=d_2-d_1 \tag{30}$$

转动测微光管(或测微器)90°位置，照准被检仪器的竖丝，按上述操作，用公式(30)求得仪器水平方向摆差 C_H。C_V、C_H 计算结果应符合表 2-2 的要求。

14. 测站单次高差标准差

被检仪器安置在检定台上，将测微器置于中间位置，并与 A、B 两光管等高，将两光管目标按表 2-2 视距要求调焦，整平仪器，按 A、B 或 B、A 为一组，共测 12 组，每观测一组后，应变动被检仪器高度与脚螺旋方位。对双摆位仪器，按 A、B 和 B、A 目标进行观测为一组读数，A、B 目标读数用摆 I，B、A 目标读数用摆Ⅱ，按下列计算公式计算出检定结果，其结果应符合表 2-2 的要求。实例见表 2-16。

$$S_{单}=\sqrt{\frac{\sum_{i=1}^{n}V_i^2}{n-1}} \tag{31}$$

式中：V_i——每组测量值残差(mm)；

n——观测组数；

$S_{单}$——测站单次高差标准差(mm)。

【检定计算实例】

表 2-16　**测站单次高差标准差检定 1**

仪器型号：Ni007　　检定者：

出厂编号：　　年　月　日　　记录者：

序号	A 目标读数 h_1(格)	B 目标读数 h_2(格)	相对高差 $h_i=h_1-h_2$	V_i	V_i^2
1	82.5	78.5	4.0	0.2	0.04
2	24.8	22.0	2.8	-1.0	1.00
3	45.5	41.5	4.0	0.2	0.02
4	61.0	57.5	3.5	-0.3	0.09
5	74.2	70.7	3.5	-0.3	0.09
6	89.5	85.8	4.0	0.2	0.04
7	25.0	21.8	3.2	-0.6	0.36
8	35.0	31.9	3.1	-0.7	0.49
9	51.5	47.2	4.3	0.5	0.25
10	68.9	65.7	3.2	-0.6	0.36
11	94.5	89.2	5.3	1.5	2.25
12	12.1	07.8	4.3	0.5	0.25
平均值与和			3.8	-0.4	5.24
计算	$S_{单}=\sqrt{\frac{\sum_{i=1}^{n}V_i^2}{n-1}}=\sqrt{\frac{5.24}{12-1}}=0.69$(格)$\times 0.05(mm)=0.03$mm				

表 2-17　　　　　　　　　　　**测站单次高差标准差检定 2**

仪器型号：Ni002　　　　　　　　　　　　　　　　　　　　检定者：

出厂编号：　　　　　　　年　　月　　日　　　　　　　　记录者：

序号	A 目标读数 h_1(格)	B 目标读数 h_2(格)	相对高差 $h_i=h_1-h_2$	平均值	V_i	V_i^2
1	61.8	53.7	8.1	6.4	0.4	0.16
	52.0	47.2	4.8			
2	47.5	43.0	4.5	6.2	0.2	0.04
	58.3	50.4	7.9			
3	54.2	47.0	7.2	6.4	0.4	0.16
	45.3	39.7	5.6			
4	40.0	34.0	6.0	6.0	0.0	0.00
	49.0	43.0	6.0			
5	44.3	37.0	7.3	7.2	1.2	1.44
	36.0	29.0	7.0			
6	20.7	16.0	4.7	5.6	-0.4	0.16
	3.03	23.8	6.5			
7	40.0	33.3	6.7	6.2	0.2	0.04
	31.0	25.3	5.7			
8	33.4	28.0	5.4	5.6	-0.4	0.16
	42.8	37.0	5.8			
9	46.0	40.7	5.3	5.2	-0.8	0.64
	38.5	33.5	5.0			
10	43.0	37.8	5.2	5.5	-0.5	0.25
	52.3	46.5	5.8			
11	58.3	51.0	7.3	5.3	-0.7	0.49
	48.0	44.7	3.3			
12	55.2	49.0	6.2	6.1	0.1	0.01
	65.0	59.0	6.0			
平均值与和				6.0	-0.3	3.55
计算	$S_{单}=\sqrt{\dfrac{\sum_{i=1}^{n}V_i^2}{n-1}}=\sqrt{\dfrac{3.55}{12-1}}=0.55$(格)$\times 0.05(mm)=0.03$mm					

15. 自动安平水准仪的磁致误差

用于一、二等水准测量的自动安平水准仪，应进行磁致误差检定。数字水准仪此项检定应在通电状态下进行。

(1)按图 2-4 安置仪器(适用两维亥氏线圈)。

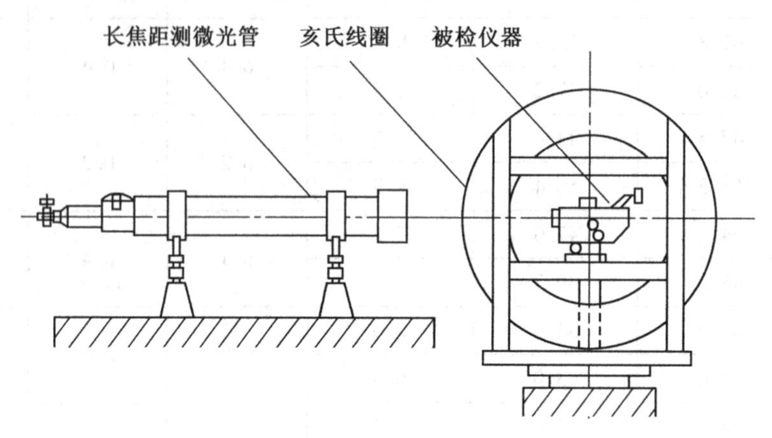

图 2-4 仪器安置示意图

(2)用罗盘仪标定测微光管的磁方位角，并测定当地地球磁场强度的水平与垂直分量，求出测微光管位置的磁场强度，从亥氏线圈磁场测定中，求出相当 60μT 场强所加入的电流值 A_i 与 10 倍场强(600μT)所对应的电流值 A_{10}，以控制仪器在线圈的强磁场中不得超过地球磁场的 10 倍(约 600μT)。测微光管视准方向地磁场强 T 的计算：

$$T' = \sqrt{T_1^2 + T_2^2}$$
$$T = T'\cos\alpha \tag{32}$$

式中：T_1、T_2——当地水平磁场、垂直磁场的分量(μT)；

α——测微光管视准方向与磁方位的夹角(°)。

(3)全方位直流(交流)水平磁场最大磁致误差方位角 $\phi_1(\phi_1')$ 的检定。

将被检仪器固定在线圈中心并整平，仪器物镜对准测微光管，用光源照明仪器目镜，转动线圈架，使线圈水平磁场方向与测微光管视轴平行，作为零度起始方向，观测程序如下：

①切断电源，用测微光管照准仪器横丝两次，读数为 d_1；

②接通电源，加入 A_{10} 的水平磁场电流量，照准仪器横丝两次，读数为 d_2；

③继续通电，第 3 次照准仪器横丝两次，读数为 d_3；

④切断电源，第 4 次照准仪器横丝两次，读数为 d_4。

以上为正向电流观测，接着用反向电流按上述操作读数。然后顺时针转动线圈到分布的各点进行上述观测，直到 360°为止，全周不得少于 8 个检测点。紧接着从 360°开始逆时针方向转动线圈，进行反向观测，返回 0°为一测回，共测两测回。双摆位仪器第一测回用摆Ⅰ位置，第二测回用摆Ⅱ位置。交流水平磁场 ϕ_1' 的检测与此相同，但采用交流电流，实例见表 2-18，计算公式如下：

$$y' = \frac{(\bar{d}_2 + \bar{d}_3) - (\bar{d}_1 + \bar{d}_4)}{2} \tag{33}$$

$$y = \frac{y'g}{f'}\rho \tag{34}$$

式中：$\bar{d}_1$、$\bar{d}_2$、$\bar{d}_3$、$\bar{d}_4$——测微器读数平均值(格)；

y'——电流磁场影响幅值(格)；

y——电流磁场的磁致误差值(″)；

g——测微器格值(mm)；

f'——测微光管焦距。

全方位直(交)流水平磁场最大磁致误差方位角 $\phi_1(\phi_1')$ 的计算：

$$Y = f(\alpha) = a_0 + b\cos(\alpha - \varphi_1) = a_0 + a_1\sin a + a_2\cos a \tag{35}$$

$$b = \sqrt{a_1^2 + a_2^2}$$

$$\phi_1(\phi'_1) = \arctan\left(\frac{a_1}{a_2}\right) \tag{36}$$

式中：Y——全方位直(交)流最大磁致误差在水平磁场方位上的值；

b——磁场影响幅值(格)；

α——线圈磁场方向相对视准线方位角(°)；

$\phi_1(\phi_1')$——水平方向直(交)流磁致误差最大磁场方位角(°)；

a_0、a_1、a_2为未知数，度盘圆周对称取点读数，可按最小二乘法求解：

$$a_0 = \frac{\sum_{i=1}^{n} y_i}{n} \tag{37}$$

$$a_2 = \frac{\sum (y_i\cos\alpha_i)}{\sum_{i=1}^{n} \cos^2\alpha_i} \tag{38}$$

$$a_1 = \frac{\sum_{i=1}^{n} (y_i\sin\alpha_i)}{\sum_{i=1}^{n} \sin^2\alpha_i} \tag{39}$$

$$R = \sqrt{1 - \frac{\sum_{i=1}^{n} (Y_i - y_i)^2}{\sum_{i=1}^{n} (y_i - \bar{y}_i)^2}} \tag{40}$$

$$m = \sqrt{\frac{\sum_{i=1}^{n} V_i^2}{n - 3}} \tag{41}$$

式中：y_i——磁场强度观测值(格)；

R——相关系数；

m——回归精度（格）；

Y_i——公式（45）的归算值；

$\bar{y}_i$——y_i的平均值（格）；

n——观测次数；

V_i——观测值残差（格）。

【检定计算实例】

表 2-18　　**全方位交流水平磁场磁致误差最大方位 Φ_1' 的检定**

（交流合成磁场）

$I_H = 0.45\text{A}$　$I_V = 0.45\text{A}$

仪器型号：　　摆位：　　温度：　　检定者：

出厂编号：　　年　　月　　日　　记录者：

方位角 α(°)	正向直流读数		通-断 γ 1/10(格)	反向电流读数		通-断 γ 1/10(格)	均值 1/10(格)
	断电 1/10(格)	通电 1/10(格)		断电 1/10(格)	通电 1/10(格)		
0	409　410	439　438	28.5	410　409	385　386	-24.8	26.6
	409　409	437　438		410　410	384　385		
	409.2	438.0		409.8	385.0		
40	410　409	428　430	20.3	410　410	390　391	-19.6	20.0
	409　409	430　430		409　410	390　390		
	409.2	429.5		409.8	390.2		
90	409　409	409　410	00.5	410　409	409　410	-00.2	00.4
	409　409	410　409		411　410	409　410		
	409.0	409.5		410.0	409.8		
140	410　409	391　390	-18.4	409　410	438　438	28.8	-25.8
	409　410	391　391		409　410	430　431		
	409.2	390.8		409.5	430.2		
180	410　409	387　388	-22.8	410　409	438　438	28.8	-25.8
	411　409	386　387		409　409	438　438		
	409.8	387.0		409.2	438.0		
220	410　409	390　389	-20.2	409　409	431　430	21.0	-20.6
	409　409	389　388		410　410	430　431		
	409.2	389.0		409.5	430.5		

续表

方位角 α(°)	正向直流读数		通-断 y 1/10(格)	反向电流读数		通-断 y 1/10(格)	均值 1/10(格)
	断电 1/10(格)	通电 1/10(格)		断电 1/10(格)	通电 1/10(格)		
270	409　409	410　411	01.0	410　409	410　411	01.0	01.0
	410　409	410　410		409　409	410　410		
	409.2	410.2		409.2	410.2		
320	411　412	431　431	19.2	411　410	391　392	-19.3	19.2
	412　412	431　431		411　411	391　392		
	411.8	431.0		410.8	391.5		
360	409　409	438　438	28.5	409　409	384　385	-24.5	26.5
	409　409	437　437		411　409	386　385		
	409.0	437.5		409.5	385.0		

全方位交流水平磁场磁致误差最大方位角 Φ_1'的计算

a_i	方位(°)	0	40	90	140	180	220	270	320	360
y_i	往返平均值	27	20	00	-20	-26	-21	01	19	26

$$a_0 = \frac{\sum_{i=1}^{n} y_i}{n} = 0$$

$$a_2 = \frac{\sum_{i=1}^{n} y_i \cos\alpha_i}{\sum_{i=1}^{n} \cos^2\alpha_i} = \frac{140.284}{5.347} = 26.290$$

$$a_1 = \frac{\sum_{i=1}^{n} y_i \sin\alpha_i}{\sum_{i=1}^{n} \sin^2\alpha_i} = \frac{0.286}{3.653} = 0.078$$

$$\Phi'_1 = \arctan(a_1/a_2) \approx 0°$$

(4)全方位直(交)流竖直磁场最大磁致误差方位角 $\phi_2(\phi_2')$的检定。

将线圈置于全方位直流(交流)水平磁场最大磁致误差方位角 $\phi_1(\phi_1')$的检定所得 $\phi_1(\phi_1')$位置，分别接通竖直与水平线圈电源，以电流值 A_{10}为矢径，沿垂直方向向上(仰角)变换角度，即0°，22.5°，45°，67.5°，90°，112.5°，…，180°，在每一角度位置，按公式(29)、(30)算出水平磁场分量电流值 A_H，竖直磁场分量电流值 A_V，即

$$A_H = A_{10}\sin(90° - \alpha_i) \quad (42)$$

$$A_v = A_{10}\sin\alpha_i \quad (43)$$

式中：α_i——所测竖直方向各点角度(°)；

A_{10}——线圈产生600μT磁场时加入的电流值(A)。

将求出的A_H和A_V分别加入水平与竖直线圈，按全方位直流(交流)水平磁场最大磁致误差方位角$\phi_1(\phi'_1)$的检定操作并计算。注意，计算中因其竖直分量表现为双周期函数，应用公式(36)、(38)、(3)时，其中的α_i和$\phi_1(\phi'_1)$角时均为$2\alpha_i$和$\phi_2(\phi'_2)$。

根据a_1和a_2的符号判断$2\phi'_2$所在象限：

$$2\phi'_2=\begin{cases}\arctan(a_1/a_2) & a_1>0 \quad a_2>0\\ 180°+\arctan(a_1/a_2) & a_1>0 \quad a_2<0 \quad 或 \quad a_1<0 \quad a_2<0\\ 360°+\arctan(a_1/a_2) & a_1<0 \quad a_2>0\end{cases}$$

求得竖直磁场直(交)流最大磁致误差方位角$\phi_2(\phi'_2)$，计算实例见表2-19。

【检定计算实例】

表2-19　**全方位交流竖直磁场磁致误差最大方位角Φ'_2的检定**

仪器型号：　　　　　　　　　　　　检定者：

出厂编号：　　　　年　　月　　日　　记录者：

方位角(°)	电流值	磁致误差读数值1/10(格)		y_i(格)	方位角(°)	电流值	磁致误差读数值1/10(格)		y_i(格)
		断电	通电				断电	通电	
00.0	Ah0.62	410	410	0.00	112.5	Ah0.24	409	394	-1.60
	Ai0.00	410	410			Ai0.57	410	393	
22.5	Ah0.57	409	428	1.80	135.0	Ah0.44	411	388	-2.30
	Ai0.24	411	428			Ai0.44	410	387	
45.0	Ah0.44	411	432	2.15	157.5	Ah0.57	409	390	-1.90
	Ai0.44	410	432			Ai0.24	410	391	
67.5	Ah0.24	411	427	1.65	180.0	Ah0.62	409	409	0.00
	Ai0.57	411	428			Ai0.00	409	409	
90.0	Ah0.00	409	409	0.05					
	Ai0.62	409	410						

全方位交流竖直磁场磁致误差最大方位角ϕ'_2的计算：

$$2\phi'_2=\begin{cases}\arctan(a_1/a_2) & a_1>0 \quad a_2>0\\ 180°+\arctan(a_1/a_2) & a_1>0 \quad a_2<0 \quad 或 \quad a_1<0 \quad a_2<0\\ 360°+\arctan(a_1/a_2) & a_1<0 \quad a_2>0\end{cases}$$

$$a_2=\frac{\sum_{i=1}^{n}(y_i\cos 2\alpha_i)}{\sum_{i=1}^{n}\cos^2 2\alpha_i}=\frac{-0.156}{4}=-0.039$$

$$a_1=\frac{\sum_{i=1}^{n}(y_i\sin 2\alpha_i)}{\sum_{i=1}^{n}\sin^2 2\alpha_i}=\frac{9.364}{4}=2.341$$

$$2\phi'_2=180°+\arctan(a_1/a_2)=180°-89.05°=90.95°$$

$$\phi'_2=45.5°$$

(5)最大磁致误差方位上的特性曲线检定。

根据所得的磁致误差最大方位角 $\phi_1(\phi'_1)$、$\phi_2(\phi'_2)$ 作为仪器在此方位上受磁场影响的最大方位，将被检仪器固定在最大水平方位角 $\phi_1(\phi'_1)$ 位置，按竖直磁场最大方位角 $\phi_2(\phi'_2)$，用 A_{10} 电流计算出 A_H 与 A_V 作为加入磁场的极限电流值。电流从零开始，将 A_H 和 A_V 分成 n 挡，每挡递增 0.1A(0.06A)。电流为零开始检定，依次从+0.1A(+0.06A)直检到 n 点，再由 n 点返回到零位后，同理用反向电流从-0.1A(-0.06A)再检定 n 点，返回到零点，为一测回，共测两个测回，读数方法与全方位直流(交流)水平磁场最大磁致误差方位角 $\phi_1(\phi'_1)$ 的检定相同。最后取平均值计算 60μT(约1倍地磁场强)磁致误差估值 Y_i 及两个测回磁场影响的标准差 M_f，其结果应符合表2-2的要求。实例见表2-20，计算公式如下：

适用于点对称公式：

$$Y=a_0+a_1x+a_2x|x| \tag{44}$$

适用于轴对称公式：

$$Y=a_0+a_1x+a_2x^2 \tag{45}$$

$a_0=0$，过原点抛物线：

$$a_2=\frac{\sum_{i=1}^{n}(x_i|x_i|y_i)-\frac{\sum_{i=1}^{n}(x_i^2|x_i|)\sum_{i=1}^{n}(x_iy_i)}{\sum_{i=1}^{n}x_i^2}}{\sum_{i=1}^{n}x_i^4-\frac{(\sum_{i=1}^{n}x_i^2|x_i|)^2}{\sum_{i=1}^{n}x_i^2}} \tag{46}$$

$$a_1=\frac{\sum_{i=1}^{n}(x_iy_i)-a_2\sum_{i=1}^{n}(x_i^2|x_i|)}{\sum_{i=1}^{n}x_i^2} \tag{47}$$

$$R = \sqrt{1 - \frac{\sum_{i=1}^{n}(Y_i - y_i)^2}{\sum_{i=1}^{n}(y_i - \bar{y}_i)^2}} \tag{48}$$

$$m = \sqrt{\frac{\sum_{i=1}^{n}(Y_i - y_i)^2}{n-2}} \tag{49}$$

式中：a_0、a_1、a_2——回归系数；

x_i——电流值(A)；

y_i——磁场强度观测值(格)。

两测回磁场影响的标准差 M_i 计算：

$$M_i = m\sqrt{\frac{(A_1^2\sum_{i=1}^{n}x_i^4 - 2A_1^3\sum_{i=1}^{n}x_i^2|x_i| + A_1^4\sum_{i=1}^{n}x_i^2)}{H}} \tag{50}$$

式中：$H = \sum_{i=1}^{n}x_i^2 \cdot \sum_{i=1}^{n}x_i^4 - (\sum_{i=1}^{n}x_i^2|x_i|)^2$。

60μT(1 倍地磁)地磁场磁致误差估值 Y_f 计算如下：

$$Y_f = a_1A_1 + a_2A_1|A_1| \tag{51}$$

式中：A_1——60μT(1 倍地磁)磁场电流值，加反向电流时为 $-A_1$。

【检定计算实例】

表 2-20　**最大磁致误差方位上特性曲线检定**

$\phi_1' = 0°$　$\phi_2' = 45°$

仪器型号：　　　　　　　　　　　　　　检定者：

出厂编号：　　　年　月　日　　　　　　记录者：

测回数	电流(A)	往测 断电 1/10 格	往测 通电 1/10 格	y	返测 断电 1/10 格	返测 通电 1/10 格	y^1	均值 y^1 1/10 格
第一测回	0.0	475	475	0.00	475	475	00.0	00.0
		475	475		475	475		
		475.0	475.0		475.0	475.0		
	0.1	475	478	+02.0	476	478	+02.0	+02.0
		476	477		476	478		
		475.5	477.5		476.0	478.0		
	0.2	474	481	+06.5	475	481	+05.5	+06.0
		475	481		476	481		
		474.5	481.0		475.5	481.0		

续表

测回数	电流(A)	往测		y	返测		y'	均值 y' 1/10 格
		断电 1/10 格	通电 1/10 格		断电 1/10 格	通电 1/10 格		
第一测回	0.3	475	491	+15.0	476	488	+13.0	+14.0
		476	490		474	488		
		475.5	490.5		475.0	488.0		
	0.4	476	502	+26.5	476	502	+26.5	+26.5
		475	502		475	502		
		475.5	502.0		475.5	502.0		
	0.5	475	512	+37.5	475	512	+37.5	+37.5
		475	513		475	513		
		475.0	512.5		475.0	512.5		
	0.6	475	532	+56.0	476	532	+56.5	+56.2
		475	532		475	532		
		475.0	532.0		475.5	532.0		
	0.0	475	475	0.00	473	473	00.0	00.0
		475	475		473	473		
		475.0	475.0		473.0	473.0		
	−0.1	475	473	−02.5	474	471	−02.0	−02.2
		475	472		472	471		
		475.0	472.5		473.0	471.0		
	−0.2	476	468	−07.5	472	468	−04.5	−06.0
		475	468		472	467		
		475.5	468.0		472.0	467.5		
	−0.3	474	459	−14.5	472	459	−12.0	−13.2
		474	460		472	461		
		474.0	459.5		472.0	460.0		
	−0.4	474	449	−25.0	472	449	−22.5	−23.8
		474	449		473	451		
		474.0	449.0		472.5	450.0		
	−0.5	473	437	−36.0	472	437	−35.5	−35.8
		473	437		473	437		
		473.0	437.0		472.5	437.0		
	−0.6	472	420	−54.0	473	421	−53.0	−53.5
		475	419		474	420		
		473.5	419.5		473.5	420.5		

最大磁致误差方位上特性曲线计算：

序号	x_1(A)	y_1(格)	求解	Y_i	(Y_i-Y_1)	$(Y_i-Y_1)^2$	$y_1-\bar{y}$	$(y_1-\bar{y})^2$
1	0. 6	5. 62	$\sum_{i=1}^{n} x_i^2 = 10820$	5. 435	−0. 185	0. 0342	5. 56	30. 9136
2	0. 5	3. 75	$\sum_{i=1}^{n} x_i^2 \mid x_i \mid = 0.882$	3. 784	0. 034	0. 0012	3. 69	13. 6161
3	0. 4	2. 65	$\sum_{i=1}^{n} x_i^4 = 0.455$	2. 431	−0. 219	0. 0480	2. 59	06. 7081
4	0. 3	1. 40	$\sum_{i=1}^{n} x_i \cdot y_i = 13.357$	1. 376	−0. 024	0. 0006	1. 34	01. 7956
5	0. 2	0. 60	$\sum_{i=1}^{n} (x_i \mid x_i \mid \cdot y_i) = 6.884$	0. 619	0. 019	0. 0004	0. 54	00. 2916
6	0. 1	0. 20	$a_2 = 14.908$	0. 160	−0. 040	0. 0016	0. 14	00. 0196
7	0. 0	0. 00	$a_1 = 0.114$					
8	−0. 1	−0. 22		−0. 160	0. 060	0. 0036	−0. 28	00. 0784
9	−0. 2	−0. 60		−0. 619	−0. 019	0. 0004	−0. 66	00. 4356
10	−0. 3	−1. 32		−1. 376	−0. 056	0. 0031	−1. 38	01. 9044
11	−0. 4	−2. 38		−2. 431	−0. 026	0. 0026	−2. 44	05. 9536
12	−0. 5	−3. 58		−3. 784	−0. 204	0. 0416	−3. 64	13. 2496
13	−0. 6	−5. 35		−5. 534	−0. 085	0. 0073	−5. 41	29. 2681
	$\bar{y}$	0. 06			$\sum$	0. 1446		104. 2343

$$Y = 0.114x + 14.908x \mid x \mid$$

$$m = \sqrt{\frac{0.1446}{13 - 2}} = 0.1147$$

$$R = \sqrt{1 - \frac{0.1446}{104.2343}} = 0.9993$$

$$H = 1.82 \times 0.455 - 0.882^2 = 0.050$$

$$M_f = 0.1447\sqrt{\frac{0.06^2 \times 0.455 - 2 \times 0.06^2 \times 0.882 + 0.06^4 \times 1.82}{0.05}}$$

$$= 0.0184 \text{ 格} = 0.011''$$

$$Y_f = 0.114 \times 0.06 + 14.908 \times 0.06^2 = 0.060(\text{格})$$

结果 $0.064 \times 0.6'' = 0.036''(0.18\text{mm/km}) < 0.06''$

注：0. 06 为线圈 1 倍地磁场强度磁致交流电流值。

2.4.4 检测结果处理

经检定符合本规程要求的仪器，发给检定证书，并注明相应等级。检定不合格的仪器发给检定结果通知书，并注明不合格项目。其检定证书和检定结果通知书的内页格式见表 2-21。

表 2-21　　　　　　　　**检定证书和检定结果通知书内页格式**

(一)检定证书的内页格式

<table>
<tr><th rowspan="2">序号</th><th rowspan="2" colspan="3">检定项目</th><th rowspan="2">单位</th><th colspan="2">检定结果</th></tr>
<tr><th>首次检定</th><th>后续检定</th></tr>
<tr><td>1</td><td colspan="3">外观及功能</td><td></td><td></td><td></td></tr>
<tr><td>2</td><td colspan="3">水准泡角值</td><td>(″)</td><td></td><td></td></tr>
<tr><td>3</td><td colspan="3">竖轴运转误差</td><td>(″)、(′)</td><td></td><td></td></tr>
<tr><td>4</td><td colspan="3">望远镜分划板横丝与竖轴的垂直度</td><td>(′)</td><td></td><td></td></tr>
<tr><td>5</td><td colspan="3">视距乘常数</td><td></td><td></td><td></td></tr>
<tr><td>6</td><td colspan="3">测微器行差与回程差</td><td>mm</td><td></td><td></td></tr>
<tr><td>7</td><td colspan="3">数字水准仪视线距离测量误差</td><td>cm</td><td></td><td></td></tr>
<tr><td>8</td><td colspan="3">视准线的安平误差</td><td>(″)</td><td></td><td></td></tr>
<tr><td>9</td><td colspan="3">望远镜视轴与管状水准泡轴在水平面内投影的平行度(交叉误差)</td><td>(′)</td><td></td><td></td></tr>
<tr><td>10</td><td colspan="3">视准线误差(i 角)</td><td>(″)</td><td></td><td></td></tr>
<tr><td>11</td><td colspan="3">望远镜调焦运行误差</td><td>mm</td><td></td><td></td></tr>
<tr><td>12</td><td rowspan="6">自动安平水准仪</td><td colspan="2">补偿器工作范围</td><td>(′)</td><td></td><td></td></tr>
<tr><td rowspan="4">13</td><td rowspan="4">补偿误差</td><td>前倾</td><td>(″)/1′</td><td></td><td></td></tr>
<tr><td>后倾</td><td>(″)/1′</td><td></td><td></td></tr>
<tr><td>左倾</td><td>(″)/1′</td><td></td><td></td></tr>
<tr><td>右倾</td><td>(″)/1′</td><td></td><td></td></tr>
<tr><td>14</td><td colspan="2">双摆位误差 C_v、C_m</td><td>(″)、(′)</td><td></td><td></td></tr>
<tr><td>15</td><td colspan="3">测站单次高差标准差</td><td>mm</td><td></td><td></td></tr>
<tr><td>16</td><td colspan="3">自动安平水准仪磁误差</td><td>(″)</td><td></td><td></td></tr>
<tr><td></td><td colspan="3"></td><td></td><td></td><td></td></tr>
<tr><td></td><td colspan="3"></td><td></td><td></td><td></td></tr>
<tr><td>备注</td><td colspan="3"></td><td></td><td></td><td></td></tr>
</table>

（二）检定结果通知书的内页格式

检定结果通知书内页应注明以下内容：

1. 按照本规程检定的不合格项目及具体数据。

2. 处理意见和建议。

2.4.5 检测周期

水准仪检测周期，根据使用环境条件和使用频率而定，一般不超过1年。

◎ 单元测试

1. 水准仪的1km往返水准测量标准偏差如何测定？
2. 说明水准仪外观通用要求和仪器各部件功能及相互作用。
3. 详述水准仪的计量性能要求。
4. 详述水准仪的检定项目。
5. 简述水准仪的检定用器具。
6. 详细说明水准仪各常规检定项目的检测及计算方法。
7. 水准仪的检测结果如何处理？
8. 水准仪的检测周期是怎么规定的？

单元三　光学经纬仪的检测

【教学目标】

学习本单元，使学生了解光学经纬仪的等级及基本参数；掌握光学经纬仪的通用技术要求和性能要求；能够初步进行光学经纬仪常规检测项目的检测计算工作。

【教学要求】

知识要点	技能训练	相关知识
光学经纬仪的等级测定	光学经纬仪等级的测定。	(1)熟悉光学经纬仪等级的测定程序； (2)掌握计算与评定方法。
光学经纬仪的通用技术要求	(1)光学经纬仪外观要求； (2)水准仪各部件功能及相互作用。	(1)了解光学经纬仪外观基本要求； (2)熟悉光学经纬仪各部件功能及相互作用。
光学经纬仪的性能要求	光学经纬仪的各项性能要求。	掌握光学经纬仪的各项性能要求。
光学经纬仪常规检测项目的检测计算	光学经纬仪各项常规检测项目的检测计算。	(1)掌握光学经纬仪的检测项目； (2)了解检测条件； (3)熟练检测方法； (4)熟悉检测结果的处理方法及检测周期。

【单元导入】

光学经纬仪是测绘仪器中重要的一类，虽然很多单位已经逐渐淘汰使用，但其很多原理是电子经纬仪及全站仪的学习基础，为了使学生能够深入地了解电子经纬仪及全站仪，掌握光学经纬仪的相关知识还是很重要的，鉴于此，本单元对光学经纬仪检测的内容进行介绍，以便为后续电子经纬仪及全站仪的学习打下基础。

3.1 光学经纬仪等级的测定方法

水平方向的标准差反映了光学经纬仪的精度及性能，是评定该仪器的重要指标，光学经纬仪的仪器级别一般用(室外)一测回水平方向标准偏差来表示，故仪器的等级是否达到相应的级别，要通过测定(室外)一测回水平方向标准偏差来确定，下面介绍一下(室外)一测回水平方向标准偏差的测定方法。

进行测定的光学经纬仪，必须经过校正。光学经纬仪等级的测定应在环境温度为5~30℃，相对湿度为45%~85%的条件下进行。

1. 测定程序

将经纬仪安置在三脚架上，仔细整平，在仪器周围尽可能均匀地放置五个标板，与仪器的距离为100~250m，高度与仪器大约处于一个水平面的位置(见图3-1)。

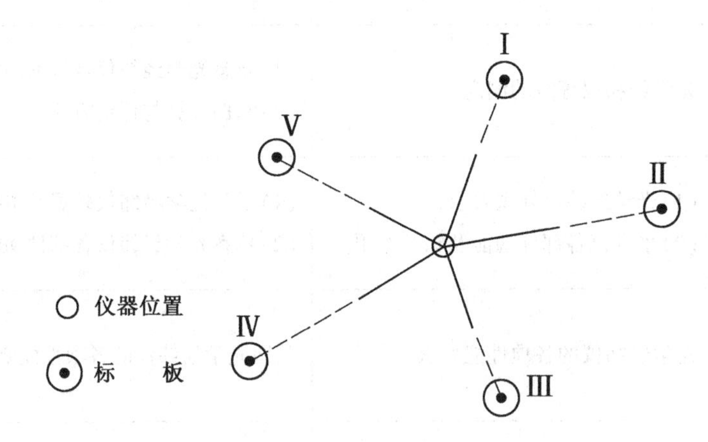

图3-1 仪器、标板安置位置示意图

共需进行四组测量，每组测量应进行三个测回(设j为测回号)，每个测回应包含五个方向(设i为方向号)。

每组测量时，以望远镜正镜位置按顺时针方向旋转照准部1~2周后，依次精确瞄准五个标板，读取水平度盘读数L_{ij}。组成上半测回。

以望远镜倒镜位置逆时针方向旋转照准部1~2周后，按上半测回方向号的相反顺序操作，读取水平度盘读数R_{ij}，组成下半测回。

2. 计算与评定

一测回方向值按公式(1)计算：

$$(i)_j = \frac{L_{ij} + R_{ij} \pm 180^\circ}{2} \tag{1}$$

式中：$(i)_j$——j测回的i方向的方向值，单位为度(°)、分(′)、秒(″)；

L_{ij}——j 测回的 i 方向的水平度盘正镜位置的读数，单位为(°)、分(′)、秒(″)；

R_{ij}——j 测回的 i 方向的水平度盘倒镜位置的读数，单位为度(°)、分(′)、秒(″)。

以标板Ⅰ为起始方向的方向值按公式(2)计算：

$$(i)_j' = (i)_j - (\text{Ⅰ})_j \tag{2}$$

式中：$(i)_j'$——j 测回的以标板Ⅰ为起始方向的方向值，单位为度(°)、分(′)、秒(″)；

$(\text{Ⅰ})_j$——j 测回的标板 I 的方向值，单位为度(°)、分(′)、秒(″)。

三个方向值的平均值 $\overline{(i)'}$ 按公式(3)计算：

$$\overline{(i)'} = \frac{(i)'_1 + (i)'_2 + (i)'_3}{3} \tag{3}$$

各测回中各方向值的误差 Δ_{ij} 按公式(4)计算：

$$\Delta_{ij} = \overline{(i)'} - (i)_j \tag{4}$$

各测回中各方向值误差的算术平均值 $\overline{(\Delta)}_j$ 按公式(5)计算：

$$\overline{\Delta_j} = \frac{\Delta_{1j} + \Delta_{2j} + \Delta_{3j} + \Delta_{4j} + \Delta_{5j}}{5} \tag{5}$$

方向值的校正值 C_{ij} 按公式(6)计算：

$$C_{ij} = \Delta_{ij} - \overline{\Delta_j} \tag{6}$$

除去旋转误差，每个测回必须符合公式(7)的要求：

$$\sum_{i=1}^{5} C_{ij} = 0 \tag{7}$$

各组测量校正值的平方和 CC_k 按公式(8)计算：

$$CC_k = \sum_{j=1}^{3} \sum_{i=1}^{5} C_{ij}^2 \tag{8}$$

三个测回五个方向中每一状态的自由度 f_k 按公式(9)计算：

$$f_k = (3-1)(5-1) = 8 \tag{9}$$

一组测量的方向值 $(i)_j$，的标准偏差 m_k 按公式(10)计算：

$$m_k = \sqrt{\frac{CC_k}{f_k}} = \sqrt{\frac{CC_k}{8}} \tag{10}$$

四组测量的自由度 f 按公式(11)计算：

$$f = 4 \cdot f_k = 32 \tag{11}$$

一测回水平方向标准偏差 m_H：

$$m_H = \sqrt{\frac{\sum_{k=1}^{4} CC_k}{f}} = \sqrt{\frac{\sum_{k=1}^{4} CC_k}{32}} \tag{12}$$

以 1 组测量为例的试验记录及计算表 3-1。

表 3-1　　　　　　　　**一测回水平方向标准偏差(室外)试验记录计算表**

仪器号：　　　　时间：　时　　分~　　时　分　　　　　　　　　　　观察者：

观察日期：　　　年　月　日　　温度：　℃~　　℃　　湿度：　　　　　　　记录者：

校核者：

测回号 j	方向号 i	正镜位置 L_{ij}				倒镜位置 R_{ij}				$\frac{L_{ij}+R_{ij}\pm180°}{2}$	$(i)_j$	$\overline{(i)'}$	Δ_{ij}	C_{ij}	C_{ij}^2
		水平度盘读数			平均值	水平度盘读数			平均值						
		(°)(′)	(″)	(″)		(°)(′)	(″)	(″)		(°)(′)(″)	(°)(′)(″)	(°)(′)(″)	(″)	(″)	(″)
1	(1)														
	(2)														
	(3)														
	(4)														
	(5)														
	$\sum$														
3	(1)														
	(2)														
	(3)														
	(4)														
	(5)														
	$\sum$														

$$CC_k = \sum_{j=1}^{3}\sum_{i=1}^{5} C_{ij}^2$$

$$m_H = \sqrt{\frac{\sum_{k=1}^{4} CC_k}{f}} = \sqrt{\frac{\sum_{i=1}^{4} CC_k}{32}}$$

3.2　光学经纬仪的通用技术要求

3.2.1　外观

(1)光学经纬仪应标注制造厂名(或厂标)、仪器型号及出厂编号。国产光学经纬仪应有MC标志及计量器具制造许可证编号。

(2)光学经纬仪外表无脱漆、锈蚀和碰伤；零件结合处应齐整，仪器密封性能良好；光学部件表面清洁，不应有水迹、油迹及灰尘、擦伤、霉点和麻点，胶合面不得有脱胶、镀膜面应无脱膜腐蚀现象。

3.2.2　仪器各部件功能及相互作用

(1)望远镜十字分划线、度盘、游标或测微尺分划线应成像清晰，不应有刻线粗细不均、断线等现象；望远镜和读数显微镜视场内应有足够的亮度，且亮度均匀。

(2)圆形及管状水准器无松动现象；经纬仪整平后，圆形水准器的气泡不得超出水准器的分划圈。

(3)转动机构及微动机构运转平滑，无跳动和阻滞现象，制动机构的作用平稳可靠。

(4)调节望远镜的目镜时，望远镜分划板影像应无明显晃动。

(5)当望远镜调焦到无穷远时，松开横轴制动螺旋，望远镜应保持平衡，不应有超过视场1/4的自行转动现象。

3.3　光学经纬仪的性能要求

计量性能要求见表3-2。

表3-2　**计量性能要求**

序号	计量性能项目	性能要求				
		DJ05级	DJ1级	DJ2级	DJ6级	DJ10级
1	照准部旋转正确性(格)	0.8				
2	光学测微器(带尺显微镜)行差(″)	0.5	1	1	3	10
3	光学测微器隙动差(″)	1	1	2	6	—
4	视准轴与横轴的垂直度(″)	5	6	8	10	16
5	竖轴与横轴的垂直度(″)	10	10	15	20	60
6	竖盘指标差(″)	10	12	16	20	32
7	望远镜调焦运行误差(″)	8	6	10	15	40
8	照准部偏心差和竖盘偏心差(″)	80		—		
9	光学对中器视轴与竖轴的同轴度(mm)	1.0				
10	竖盘指标自动补偿(″)	3		6	12	—
11	一测回水平方向标准偏差(″)	0.6	0.8	1.6	4.0	20.0
12	一测回竖直角标准偏差(″)	2.0	2.0	6.0	10.0	45.0

3.4　检测器具控制

3.4.1　检测项目

检定项目见表3-3。

表 3-3　　　　　　　　　　　　　　　　**检定项目**

序号	检定项目	检定类别		
		首次检定	后续检定	使用中检验
1	外观及各部件的相互作用	+	+	+
2	水准器轴与竖轴的垂直度	+	+	+
3	照准部旋转正确性	+	−	−
4	望远镜分划板竖丝的铅垂度	+	+	+
5	光学测微器(带尺显微镜)行差	+	+	−
6	光学测微器隙动差	+	−	−
7	视准轴与横轴的垂直度	+	+	−
8	竖轴与横轴的垂直度	+	+	−
9	竖盘指标差	+	+	−
10	望远镜调焦运行误差	+	−	−
11	照准部偏心差和水平度盘偏心差	+	−	−
12	光学对中器视轴与竖轴的同轴度	+	+	−
13	竖盘指标自动补偿误差	+	+	−
14	一测回水平方向标准偏差	+	+	+
15	一测回竖直角标准偏差	+	+	−

注：检定类别中“+”为需检项目，“−”为不可检项目，依用户需求定。

3.4.2　检测条件

1. 检定器具

检定光学经纬仪的检定用器具及技术要求见表 3-4。

表 3-4　　　　　　　　　　　　　　　　**检定用器具**

序号	主要检定器具(指标)	技术要求	
		$\mu \leqslant 1''$	$\mu > 1''$
1	准线仪、准线光管(直线度)	≤2.0″	≤3.0″
2	多齿分度台(分度误差)	≤0.3″	≤0.5″
3	水平角检定装置(稳定性)	≤0.2″	≤0.4″
4	竖直角检定装置(稳定性)	≤0.5″	≤1.0″

注：μ 为被检经纬仪一测回水平方向标准偏差出厂标称值。

2. 检定环境条件

检定一般在室内常温下进行，被检仪器在检定前应预置 2 小时。检定室应保持干燥、清洁；检定装置稳定可靠，不受振动影响。

3.4.3 检测方法

1. 外观及各部件功能相互作用

目视观察和试验，结果应满足光学经纬仪的通用技术要求。

2. 水准器轴与竖轴的垂直度

将被检光学经纬仪安装在检定台上并精确整平，旋转照准部使其管状水准器与任意两脚螺旋连线平行，调整脚螺旋使水准气泡精确居中，旋转照准部 180°，观测气泡位置，取气泡位置偏移量的一半为垂直度偏差。

其垂直度偏差不得超过水准器格值的 1/2。

3. 照准部旋转正确性

精确整平光学经纬仪，使竖轴铅垂，读取照准部上的管状水准器水准气泡两端读数；顺时针方向旋转照准部，每隔 45°读取水准气泡一次，顺时针方向进行两周检定。

逆时针方向旋转照准部，每隔 45°读取水准气泡一次，进行两周检定。

取每一周中对径位置读数的平均值，取四周检定中最大值与最小值之差为照准部旋转的正确性。其结果应符合表 3-2 的要求。计算实例见表 3-5。

【检定计算实例】

表 3-5 照准部旋转正确性

仪器型号： 年 月 日

照准部位置	水准器气泡两端读数		水准器轴之倾斜	水准器气泡两端读数		水准器轴之倾斜	水准器气泡两端读数		水准器轴之倾斜	水准器气泡两端读数		水准器轴之倾斜
	第一周 正转			第二周 正转			第二周 反转			第一周 反转		
	左	右	和	左	右	和	左	右	和	左	右	和
0	6.8	13.3	20.1	7.1	13.6	20.7	7.0	13.2	20.2	7.2	13.2	20.4
45	7.0	13.4	20.4	7.2	13.6	20.8	7.1	13.5	20.6	7.1	13.5	20.6
90	6.9	13.3	20.2	7.0	13.3	20.3	6.7	13.1	19.8	6.9	13.3	20.2
135	7.0	13.3	20.3	6.8	13.2	20.0	6.5	12.9	19.4	6.8	13.2	20.0
180	7.0	13.4	20.4	6.8	13.1	19.9	6.5	12.9	19.4	6.5	12.9	19.4
225	6.9	13.3	20.2	6.8	13.1	19.9	6.8	13.2	20.0	6.8	13.2	20.0
270	7.0	13.4	20.4	6.8	13.2	20.0	7.2	13.6	20.8	7.2	13.1	20.1
315	7.1	13.5	20.6	7.0	13.3	20.3	7.2	13.6	20.8	7.0	13.5	20.5

照准部位置	正转对径读数平均值(格)		反转对径读数平均值(格)	
	1	2	1	2
0	20.2	20.3	19.9	19.8
45	20.3	20.4	20.3	20.3
90	20.3	20.2	20.2	20.3
135	20.4	20.2	20.2	20.1

照准部旋转正确性误差 20.4−19.8=0.6(格)。

4. 望远镜分划板竖丝的铅垂度

在距离被检光学经纬仪 4m 左右处悬挂一垂球，其悬丝必须细直，垂球浸在油或水内，以防摆动。

精确整平光学经纬仪，观察分划板竖丝是否与垂球悬丝平行，使竖丝上端与垂线影像重合。观察竖丝下端，不应有目力可见的不重合现象。

望远镜分划板竖丝的铅垂度也可用校正过的平行光管内的十字丝进行上述检定。

5. 光学测微器行差

1) DJ07、DJ1、DJ2 级经纬仪

DJ07、DJ1 级经纬仪水平度盘以 0°0′起始，每隔 30°20′进行检定；竖直度盘在 60°~120°和 240°~300°范围，每隔 30°进行检定。DJ2 级经纬仪水平度盘从 0°0′起始，每隔 45°进行检定。

(1) 将测微器指标线对正零分划线，转动度盘变换按钮将度盘置于整置位置，用微动螺旋使整置位置的分划线 A 与对径分划线($A\pm180°$)符合，见图 3-2。旋转测微器使 A 线与 $A\pm180°$线精确符合并在测微器刻度尺零端读数，重复两次取平均值记作 a_1。

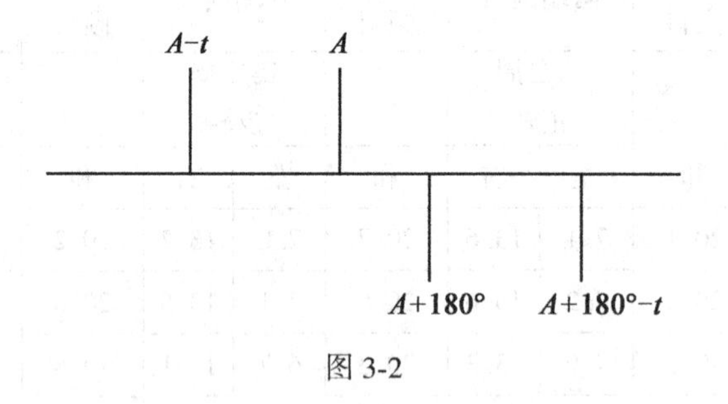

图 3-2

(2) 旋转测微器，使分划线 $A-t$(t 为度盘分划线格值)与($A\pm180°$)刻划精确符合并在测微器刻度尺末端读数，重复两次取平均值记作 b_1。

(3) 旋转测微器，使度盘分划线 A 与($A\pm180°-t$)刻划线精确符合并在测微器刻度尺末端读数，重复两次取平均值 c_1。

以上读数大于零端刻划时，读数值为正；小于零端刻划线时，读数值为负。

测微器行差 r 按下列公式计算：

$$r_{上} = \frac{1}{n}\sum_{i=1}^{n}(a_i - b_i) \tag{13}$$

$$r_{下} = \frac{1}{n}\sum_{i=1}^{n}(a_i - c_i) \tag{14}$$

$$r = \frac{r_{上} + r_{下}}{2} \tag{15}$$

式中：n—检定位置数。

其结果应符合表 3-2 的要求，检定结果实例计算见表 3-6。

【检定计算实例】

表 3-6　　　　**水平度盘光学测微器行差**

仪器型号：　　　　　　　　　　　　　年　月　日

度盘位置	a	b	c	$(a-b)('')$	$(a-c)('')$
0°0′	0.2 0.1	-0.3 -0.3	-0.6 -0.6	0.5	0.8
	0.2	-0.3	-0.6		
30°20′	-1.1 -1.3	-1.9 -1.4	-2.0 -1.7	0.4	0.6
	-1.2	-1.6	-1.8		
60°40′	1.0 1.2	0.5 0.2	0.5 0.2	0.7	0.7
	1.1	0.4	0.4		
90°00′	-1.1 -0.9	-1.6 -1.7	-1.5 -1.0	0.6	0.2
	-1.0	-1.6	-1.2		
120°20′	0.3 0.0	-0.6 -0.8	-0.2 -0.4	0.9	0.5
	0.2	-0.7	-0.3		
150°40′	-0.9 -0.7	-1.4 -1.6	-1.5 -1.3	0.7	0.6
	-0.8	-1.5	-1.4		
180°0′	-1.1 -0.9	-1.6 -1.6	-1.1 -1.3	0.6	0.2
	-1.0	-1.6	-1.2		

续表

度盘位置	a	b	c	$(a-b)('')$	$(a-c)('')$
210°20′	0.3 0.2	−0.1 −0.3	−0.5 −0.5	0.4	0.7
	0.2	−0.2	−0.5		
240°40′	−0.6 −0.9	−1.3 −1.1	−1.8 −1.4	0.4	0.8
	−0.8	−1.2	−1.6		
270°0′	0.8 0.6	0.0 0.1	−1.0 0.4	0.7	1.0
	0.7	0.0	−0.3		
300°20′	−0.9 −0.5	−1.1 −1.3	−1.4 −1.4	0.5	0.7
	−0.7	−1.2	−1.4		
330°40′	0.2 0.5	0.0 0.1	0.0 −0.2	0.4	0.5
	0.4	0.0	−0.1		

$$r = \frac{r_{上} + r_{下}}{2} = \frac{0.57 + 0.61}{2} = 0.6 \quad r_{上} = 0.57'' \quad r_{下} = 0.61''$$

2)带光学测微器的 DJ6 级经纬仪

水平度盘每隔 45°进行检定。

(1)转动度盘变换按钮，将水平度盘置于整置位置，测微器指标线对正零分划线，用微动螺旋将度盘分划线精确对准指标线。

(2)旋转测微器，使相邻度盘分划线对准指标线并读取测微器末端读数，重复两次取平均值记作 m_1。

行差 r 用下式计算：

$$r = \frac{1}{n}\sum_{i=1}^{n}(t - m_i) \tag{16}$$

式中：t——度盘分划线格值；

n——检定位置数。

3)带尺显微镜 DJ6 级经纬仪

水平度盘每隔 45°进行检定。

将带尺的零分划线与度盘零分划线重合，转动微动螺旋，使相邻度盘分划与带尺的零分划线重合并在带尺末端读数，重复两次取平均值记作 m_1。

行差仍按式(16)计算。

6. 光学测微器隙动差

将测微器旋转至起始位置，旋转水平微动螺旋使对径分划线符合或使度盘分划线与指标线重合。

测微器旋出少许，然后旋进使水平度盘对径分划线符合或使度盘分划线与指标线重合并读数，重复两次取平均值记作 a。

测微器旋进少许，然后旋出使水平度盘对径分划线符合或使度盘分划线与指标线重合并读数，重复两次取平均值记作 b。

计算每一次旋进与旋出值之差，按下式求出该受检点位置的隙动差 d：

$$d = a - b \tag{17}$$

将测微器置于中间和终了位置，重复上述检定，取 3 个位置上的最大隙动差为检定结果，其结果应符合表 3-2 的要求。

7. 视准轴与横轴的垂直度

在室内布置两支光轴在同一水平线、相差 180°的平行光管，其中一支须装有格值不大于 30″的分划板，检定装置见图 3-3。

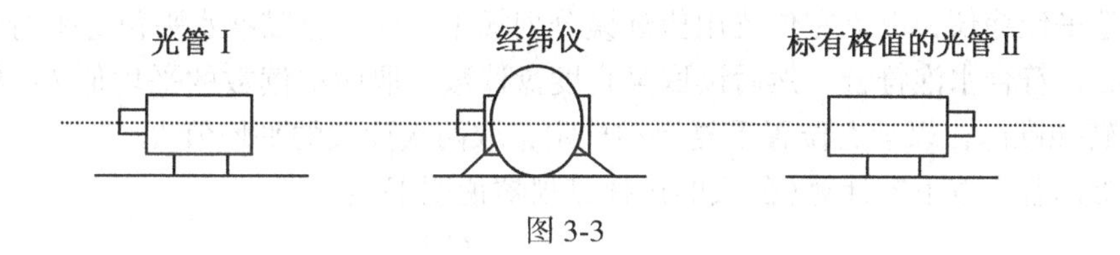

图 3-3

精确整平经纬仪，以盘左位置瞄准平行光管 I 的十字丝分划板中心，固定照准部，纵转望远镜 180°，用竖丝中心位置，在平行光管 II 的分划板横丝上读取格值 b_1。

旋转照准部 180°，以盘右位置重复上述检定并读取格值 b_2。

视准轴与横轴的垂直度按下式计算：

$$c = \frac{1}{4}(b_2 - b_1)t \tag{18}$$

式中：t——平行光管 II 分划板横丝格值(″)。

其结果应符合表 3-2 的要求。

视准轴与横轴的垂直度也可用多齿分度台加一个平行光管检定。

8. 横轴与竖轴的垂直度

将带有十字丝分划板的平行光管按图 3-4 布置，平行光管 I 和平行光管 II 大致处于同一铅垂直面内。高、低两光管相对水平方向的夹角约为 30°，两夹角对称度小于 30′。

精确整平经纬仪，以盘左位置瞄准平行光管 I 的十字丝分划板中心，向下旋转望远镜，在平行光管 II 的横丝上读取望远镜十字丝竖丝所在位置的格值 A(以实际刻划为准)；以盘右位置重复上述操作并读取格值 B。此为一测回。

横轴与竖轴垂直度按下式计算：

$$i = \frac{(A - B)t}{4}\cot\beta \tag{19}$$

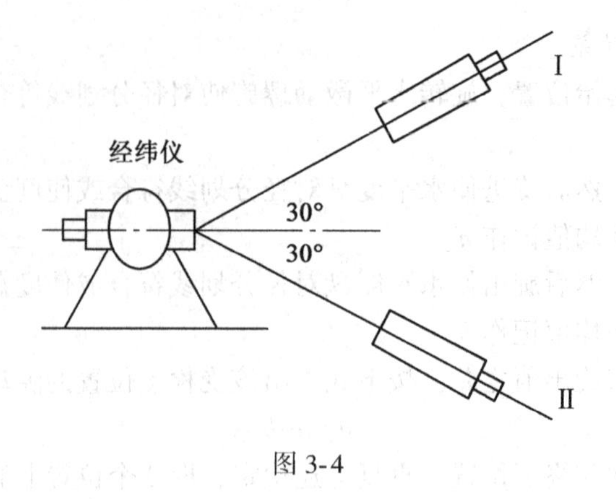

图 3-4

式中：t——平行光管Ⅱ分划板横丝格值(″)；

β——平行光管与水平方向的夹角。

这一检定应不少于 3 个测回，取平均值为最后结果。其结果应符合表 3-2 的要求。

9. 竖盘指标差

精确整平经纬仪，以盘左位置用望远镜分划板十字丝横丝瞄准水平位置平行光管十字丝分划中心，符合水泡符合，然后读取竖直度盘读数，取两次读数的平均值 L；望远镜翻转 180°旋转照准部，以盘右位置重复上述检定，取两次读数的平均值 R。

竖直指标差 I 按下式计算(公式的选择见仪器说明书)：

$$I=\frac{(L+R)-360°}{2} \tag{20}$$

或

$$I=(L+R)-180° \tag{21}$$

其结果应符合表 3-2 的要求。

10. 望远镜调焦运行误差

将经纬仪安置在检定台上，照准管内安置不少于 5 块分划板的准线仪(或准线光管)，各分划板十字丝中心应严格在一条直线上(或有微小误差但有其修正值)，如图 3-5 所示。

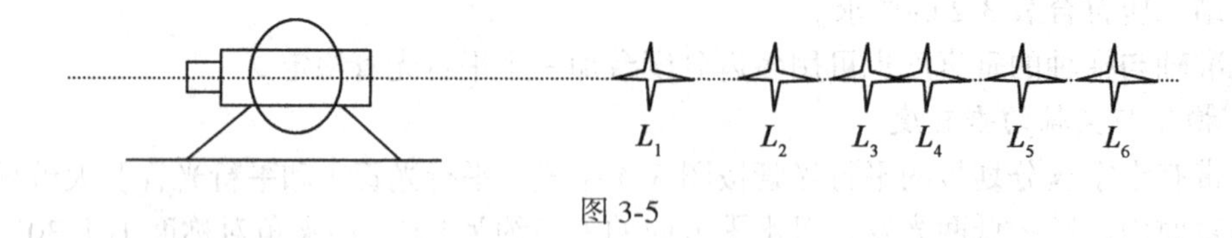

图 3-5

调节经纬仪照准部和准线仪微调螺丝，使经纬仪与准线仪无穷远和最短视距十字丝中心重合。

以盘左位置从最短视距到无穷远对各目标逐个瞄准，并读取水平角读数，再从无穷远到最短视距进行上述检定作为返测，取各点往返测读数的平均值为 L_i。

以望远镜盘右位置重复上述检定，取平均值 R_i。

视轴各点的找准差按下式求得：

$$C_i = \frac{L_i - R_i \pm 180°}{2} \tag{22}$$

望远镜调焦运行误差按下式计算：

$$\Delta C_i = C_\infty - C_i \tag{23}$$

取ΔC_i绝对值最大值为检定结果，其结果应符合表3-2的要求。计算实例见表3-7。

当准线仪(或准线光管)中各目标分划板严格准直后，可通过直接比对检出调焦运行误差。

【检定计算实例】

表3-7　　**望远镜调焦运行误差**

仪器型号：　　　　　　　　　　　　　　　　　　年　月　日

	准线点距离(m)		2	4	10	15	∞
读数	正镜 L_i	往测	0°00′00″	0°00′01″	0°0′04″	0°0′02″	0°0′02″
		返测	00″	00″	03″	02″	03″
		平均	0°00°00″	0°0′0.5″	0°0′3.5″	0°0′02″	0°0′02″
	倒镜 R_i	往测	180°0′05″	180°0′05″	180°0′03″	180°0′01″	180°0′02″
		返测	05″	04″	05″	02″	02″
		平均	180°0′00″	180°0′4.5″	180°0′04″	180°0′1.5″	180°0′02″
	$C_i = \frac{L_i - R_i \pm 180°}{2}$		-2.5″	-2.0″	-0.2″	0.2″	0.2″
	$\Delta C_i = C_\infty - C_i$		2.7″	2.2″	0.4″	0.0″	

最大值 $C_i = 2.7″$

11. 照准部偏心差和水平度盘偏心差

1)照准部偏心误差

精确整平经纬仪，照准部顺时针方向空转一周，从0°开始每转45°固定照准部，读记水平度盘测微器。首先使对径分划线重合，读数t，然后用指标线同边的分划线与指标线重合，读数t'。连续进行3周(每周为一组)称为往测。

往测完成后进行返测，逆时针方向空转照准部一周，从315°开始，每转45°在水平度盘测微器上读数t和t'，连续进行3周。

整个检定过程连续进行，禁止使用水平微动螺丝，往测时，照准部只许顺时针方向旋转；返测时，照准部只许逆时针方向旋转，因此水平度盘位置不必严格要求，准确到度即可。

检定结果的计算如下：

每一位置V_i按下式计算：

$$V_i = 2(t - t') \tag{24}$$

式中：V_i——受检位置对径分划线至指标线2倍距离的角值表示。

在每一受检位置取其往返测 V_i 得平均值为其检定结果，记作 V_i。根据所得 V_i 值进行下列计算：

$$d = \frac{1}{n}\sum_{i=1}^{n} V_i \tag{25}$$

式中：n——检定位置个数；

d——横轴到对称轴的距离。

按下式求出偏心方向与度盘零刻线的夹角 P（正弦曲线第一次上升时与对称轴的交点的横坐标值，所在象限按表3-8规则给出）：

$$p = \arctan \frac{-\sum_{i=1}^{n} V_i \cos M_{\Delta i}}{\sum_{i=1}^{n} V_i \sin M_{\Delta i}} \tag{26}$$

式中：$M_{\Delta i}$——检定位置的度盘读数。

表3-8　　**象限位置表**

$\sum_{i=1}^{n} V_i \cos M_{\Delta i}$	$\sum_{i=1}^{n} V_i \sin M_{\Delta i}$	所在象限位置
−	+	Ⅰ
−	−	Ⅱ
+	−	Ⅲ
+	+	Ⅳ

按下式给出偏心差的幅值：

$$f = \frac{-2\sum_{i=1}^{n} V_i \cos M_{\Delta i}}{n\sin P} = \frac{2\sum_{i=1}^{n} V_i \sin M_{\Delta i}}{n\cos P} \tag{27}$$

或

$$f = \frac{\sum_{i=1}^{n} V_i \sin(M_{\Delta i} - P)}{\sum_{i=1}^{n} V_i \sin^2(M_{\Delta i} - P)} \tag{28}$$

按下式求得计算值 V_0：

$$V_0 = f\sin(M_{\Delta i} - P) + d \tag{29}$$

检定结果实例计算见表3-9、表3-10。

以度盘位置为横坐标，以 V_i 为纵坐标画出折线图，再将 V_0 的值按其相应度盘位置标在图上，并把它们连成一条光滑的正弦曲线，根据计算结果得到 V_i 最大变化和 V_i 与光滑曲线的差值。

【检定计算实例】

表 3-9　　**照准部偏心差**

仪器型号：　　　　　　　　　　年　月　日

测回数	度盘位置(°)	水准器读数(格)	对径分划线重合时的读数 t			分划线与指标重合时的读数 t'			$V=2(t-t')$
			1(″)	2(″)	和(″)	1(″)	2(″)	和(″)	(″)
Ⅰ	0	5. 5	12. 6	12. 7	25. 0	2. 1	2. 5	4. 6	40. 8
	45	5. 3	14. 1	14. 7	28. 8	4. 0	5. 0	9. 0	39. 6
	90	5. 0	14. 8	14. 2	29. 0	4. 3	4. 7	9. 0	40. 0
	135	5. 0	15. 0	15. 2	30. 2	3. 7	3. 8	7. 5	45. 4
Ⅱ	0	4. 3	17. 7	17. 8	35. 5	7. 4	7. 7	15. 1	40. 8
	45	4. 2	29. 6	29. 0	58. 6	20. 5	20. 6	14. 1	35. 0
	90	4. 6	25. 6	25. 3	50. 9	15. 3	15. 1	30. 4	41. 0
	135	4. 0	33. 3	33. 0	66. 3	22. 1	22. 4	44. 5	43. 6
Ⅰ	180	4. 8	17. 2	17. 4	34. 6	3. 5	3. 8	7. 3	54. 6
	225	5. 0	40. 5	40. 5	81. 0	26. 3	26. 4	52. 7	56. 6
	270	5. 1	14. 8	14. 7	29. 5	2. 3	2. 0	4. 3	50. 4
	315	5. 2	27. 5	27. 6	55. 1	15. 8	16. 0	31. 8	46. 6
Ⅱ	180	4. 0	22. 5	22. 5	45	10. 0	10. 4	20. 4	49. 2
	225	4. 2	31. 8	32. 0	63. 8	18. 6	19. 0	37. 6	52. 4
	270	4. 5	16. 8	16. 7	33. 5	4. 0	4. 3	8. 3	50. 4
	315	4. 8	30. 4	30. 2	60. 6	19. 2	19. 6	38. 8	43. 6

注：返测未列表格，计算方法相同。

表 3-10　　　　　　　　　　　　**照准部偏心差 v 值计算实例**

仪器型号：　　　　　　　　　　　　　　　　　　　　　　　　　　年　　月　　日

照准部位置 $M_A(°)$	观测值					$\sin M_A$	$\cos M_A$	$V\sin M_A$	$V\cos M_A$	$(M_A-P)(°)$	$\sin(M_A-P)$	$f\sin(M_A-P)$	$d=\frac{\sum_{i=1}^{n}V_i}{n}$	$V_0=f\sin(M_A-P)+d$
	往测 $v('')$		反测 $v('')$		平均 $V('')$									
	Ⅰ	Ⅱ	Ⅰ	Ⅱ										
0	40.8	40.8	37.2	36.4	38.8	0.000	1.000	0.0	38.8	227	−0.73	−5.8	44.3	38.5
45	39.6	35.0	36.8	38.4	37.4	0.707	0.707	26.4	26.4	272	−1.00	−8.0		36.3
90	40.0	41.0	34.2	36.8	38.0	1.000	0.000	38.0	0.0	317	−0.68	−5.4		38.9
135	45.4	43.6	42.6	41.6	43.3	0.707	−0.707	30.6	−30.6	2	0.03	0.2		44.5
180	54.6	49.2	51.0	53.8	52.2	0.000	−1.000	0.0	−52.2	47	0.73	5.8		50.1
225	56.6	52.4	49.8	49.4	52.0	−0.707	−0.707	−36.8	−36.8	92	1.00	8.0		52.3
270	50.4	50.4	49.2	45.8	49.0	−1.000	0.000	−49.0	0.0	137	0.68	5.4		49.7
315	46.6	43.6	43.0	42.6	44.0	−0.707	0.707	−31.1	31.1	182	−0.03	−0.2		44.1

$$\sum_{i=1}^{n} V_i = 354.7''$$

$$d = \frac{1}{n}\sum_{i=1}^{n} V_i = \frac{354.7}{8} = 44.3''$$

$$P = \arctan\frac{-\sum_{i=1}^{n} V_i\cos M_{Ai}}{\sum_{i=1}^{n} V_i\sin M_{Ai}} = \arctan\left(\frac{23.3}{-21.9}\right) = -47° = 133°$$

$$\sum_{i=1}^{n} V_i\sin M_{Ai} = -21.9''$$

$$\sum_{i=1}^{n} V_i\cos M_{Ai} = -23.3''$$

$$f = \frac{-2\sum_{i=1}^{n} V_i\cos M_{Ai}}{n\sin P} = \frac{46.6''}{8\times 0.7} = 8.3''$$

$$f' = \frac{2\sum_{i=1}^{n} V_i\sin M_{Ai}}{n\cos P} = \frac{-43.8''}{-(8\times 0.7)} = 7.8''$$

$$f_{平均} = 8.0''$$

2)水平度盘偏心差

在照准部偏心差检定结束后，紧接着按上述方法进行度盘偏心差的检定，并且要保证照准部不动。每隔45°进行检定，检定方法与检定照准部偏心差相同，只是每一整置位置是由转动度盘变换钮进行的。

检定结果的计算如下：

设正弦曲线上的点距离对称轴的最大距离f_1(偏心差幅值)，偏心方向与度盘零刻线的夹角为P_1，根据所得的V_i值进行下式计算。

按下式求出P_i值：

$$P_1 = \arctan \frac{-\sum_{i=1}^{n} V_i \cos M_{\Delta i}}{\sum_{i=1}^{n} V_i \sin M_{\Delta i}} \tag{30}$$

按下式给出偏心差的幅值：

$$f_1 = \frac{-2\sum_{i=1}^{n} V_i \cos M_{\Delta i}}{n \sin P_1} = \frac{2\sum_{i=1}^{n} V_i \sin M_{\Delta i}}{n \cos P_1} \tag{31}$$

或

$$f_1 = \frac{\sum_{i=1}^{n} V_i \sin(M_{\Delta i} - P_1)}{\sum_{i=1}^{n} V_i \sin^2(M_{\Delta i} - P_1)} \tag{32}$$

按下式求得计算值V'_0：

$$V'_0 = f_1 \sin(M_{\Delta i} - P_1) + d \tag{33}$$

设A为照准部旋转中心，B为水平度盘旋转中心，C为水平度盘分划中心，有上述检定知$AC=f$，$BC=f_1$，$\angle ACB=P-P_1$，则$f_2 = AB = \sqrt{f^2+f_1^2-2f \cdot f_1\cos(P-P_1)}$，因此：

$$F = f_1 + f_2$$

照准部偏心差和水平度盘偏心差V_i的最大变化量不得超过60″，V_i值对正弦曲线的最大偏差值不得超过60″，$2F$应符合表3-2的要求。

12. 光学对中器视准轴与竖轴的同轴度

对于光学对中器安置在仪器基座上的经纬仪，固定照准部，转动基座，观测距经纬仪0.6m和1.5m处分划板上的最大变化量；对于光学对中器安置在仪器照准部上的经纬仪，固定基座，转动照准部，观测距经纬仪0.6m和1.5m处分划板上的最大变化量。取上述检定所得的最大变化量绝对值的平均值的一半为检定结果，其结果应符合表3-2的要求。

同轴度也可以用光学对点器检定仪进行检定。

13. 竖盘指标自动补偿误差

将经纬仪安置在带微倾工作台上，使经纬仪望远镜与平行光管物镜相对排列，其视轴大致水平并基本重合，整平经纬仪。

以平行光管分划板十字丝为目标，调整微倾装置，使经纬仪先后处于 5 个状态(经纬仪竖轴位于铅垂、前倾、后倾、左倾、右倾 2′的整置状态为 $i=1, 2, 3, 4, 5$)。每个状态进行 2 个测回(测回号 $j=1, 2$)。读取竖直度盘读数 L_{ij}、R_{ij}，得各状态正、倒镜读数平均值 L_{ij}、R_{ij}。计算各状态的天顶距或竖盘指标差：

$$Z_i = \frac{1}{2}(L_i - R_i + 360°) \tag{34}$$

$$I_i = \frac{1}{2}(L_i - R_i - 360°) \tag{35}$$

或

$$I_i = (L_i + R_i) - 180° \tag{36}$$

式中：Z_i——第 i 状态的天顶距；

I_i——第 i 状态的竖盘指标差。

以竖轴铅垂时天顶距和竖盘指标差读数为基准，按下式计算天顶距和竖盘指标差变化量：

$$\Delta Z_i = Z_i - Z_1 \quad (i=2, 3, 4, 5) \tag{37}$$

$$\Delta I_i = I_i - I_1 \quad (i=2, 3, 4, 5) \tag{38}$$

式中：ΔZ_i——第 i 状态的天顶距的变化量；

ΔI_i——第 i 状态的竖盘指标差变化量。

取 ΔZ_i(或 ΔI_i)的绝对值最大值为检定结果，其结果应符合表 2-2 的要求。

14. 一测回水平方向标准偏差(室内方法)

在仪器墩周围放置四台平行光管($f \geq 550$mm)，其视轴均须通过仪器墩中心轴线，各平行光管方向的安排以能反映尽量多的水平度盘直径数为原则。

将经纬仪安置在仪器墩上(见图 3-6)，仔细整平后，对四台平行光管在一个时间段内作方向观测，其测回数及各测回的水平度盘整置位置按表 3-11 规定。

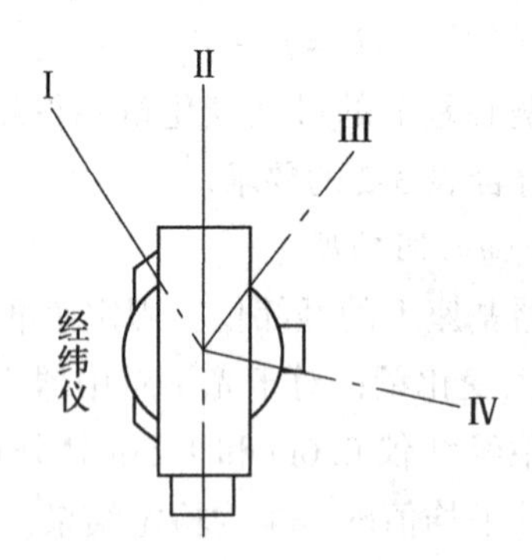

图 3-6　Ⅰ－Ⅳ平行光管方向目标

正镜位置时将经纬仪瞄准平行光管Ⅰ，按表 3-11 规定整置水平度盘位置。

表 3-11 **水平度盘位置整置规定**

经纬仪等级	DJ07	DJ1	DJ2	DJ6	DJ30
测回数(n)	12	9	6	6	4
整置位置	0°0′	0°0′	0°0′	0°0′	0°0′
	15°5′	20°7′	30°11′	30°11′	45°15′
	30°10′	40°14′	60°22′	60°22′	90°30′
	45°15′	60°21′	90°33′	90°33′	135°45′
	60°20′	80°28′	120°44′	120°44′	
	75°25′	100°35′	150°55′	150°55′	
	90°30′	120°42′			
	105°35′	140°49′			
	120°40′	160°56′			
	135°45′				
	150°50′				
	165°55′				

将照准部顺时针方向旋转 1~2 周后精确瞄准平行光管Ⅰ，设 i 为方向号、j 为测回号，读水平度盘读数 L_{ij}，并依次对平行光管Ⅱ、Ⅲ、Ⅳ进行水平度盘读数，得 L_{ij}(对 DJ07、DJ1、DJ2 级仪器需读数两次取平均值)，以上试验组成上半测回。

DJ07、DJ1、DJ2 级仪器须作归零方向观测。

以倒镜位置逆时针方向旋转照准部 1~2 周后，按上半测回方向号的相反顺序操作，读取水平度盘读数 R_{ij}，组成下半测回。

一测回方向值按公式(39)计算：

$$(i)_i = \frac{L_{ij} + R_{ij} \pm 180°}{2} \tag{39}$$

式中：$(i)_j$——j 测回的 i 方向的方向值，单位为度(°)、分(′)、秒(″)；

L_{ij}——j 测回的 i 方向的水平度盘正镜位置读数，单位为度(°)、分(′)、秒(″)；

R_{ij}——j 测回的 i 方向的水平度盘倒镜位置读数，单位为度(°)、分(′)、秒(″)。

以平行光管Ⅰ为起始方向的方向值按公式(40)计算：

$$(i)_j' \equiv (i)_j - \text{I}_j \tag{40}$$

式中：$(i)_j'$——j 测回的以平行光管Ⅰ为起始方向的方向值，单位为度(°)、分(′)、秒(″)；

$(\text{I})_j$——j 测回的平行光管Ⅰ的方向值，单位为度(°)、分(′)、秒(″)。

各方向平均值$\overline{(i)'}$按公式(41)计算：

$$\overline{(i)'} = \frac{1}{n}\sum_{j=1}^{n}(i)_j' \tag{41}$$

各测回中各方向值的最或然误差 Δ_{ij} 按公式(42)计算：

$$\Delta_{ij} = (i)_j - \overline{(i)'} \tag{42}$$

消除起始方向系统误差的所有方向值的最或然误差平方和[VV]按公式(43)计算：

$$[VV] = \sum_{i=1}^{4}\sum_{j=1}^{n}(\Delta_{ij})^2 - \frac{1}{4}\sum_{j=1}^{n}\left(\sum_{i=1}^{4}\Delta_{ij}\right)^2 \quad (43)$$

一测回水平方向标准偏差 m_H 按公式(44)计算：

$$m_H = \pm\sqrt{\frac{[VV]}{3(n-1)}} \quad (44)$$

以6测回为例的试验记录及计算表格见表3-12。

表3-12　　**一测回水平方向标准偏差试验记录及计算表格**

仪器号：　　时间：　时　分~　时　分　　观察者：

观察日期：　年　月　日　温度：　℃~　℃　湿度：　　记录者：

校核者：

测回号 j	方向号 i	正镜位置 L_{ij}				倒镜位置 R_{ij}				$2C = L_{ij} - R_{ij}$	$\frac{L_{ij} + R_{ij} - 180°}{2}$	$(i)'_j = (i)_j - (\mathrm{I})_j$	备注
		(°)(′)	(″)	(″)	平均值	(°)(′)	(″)	(″)	平均值				
1	(1)												
	(2)												
	(3)												
	(4)												
	(1)												
6	(1)												
	(2)												
	(3)												
	(4)												
	(1)												

各测回的方向值 $(i)_j$					$\Delta_{ij} = (i)_j - \overline{(i)'}$					
方向 / 测回	(1)	(2)	(3)	(4)	误差 / 测回	Δ_{ij}	Δ_{ij}	Δ_{ij}	Δ_{ij}	$[\Delta_{ij}]$
	0°0′	(°)(′)	(°)(′)	(°)(′)						
1	0″				1					
2	0″				2					
3	0″				3					
4	0″				4					
5	0″				5					
6	0″				6					
$\overline{(i)'}$	0″				$[\Delta_{ij}^2]$					

$$[VV] = \sum_{i=1}^{4}\sum_{j=1}^{n}(\Delta_0)^2 - \frac{1}{4}\sum_{j=1}^{n}\left[\sum_{i=1}^{4}\Delta_{ij}\right]^2$$

$$m_H = \pm\sqrt{\frac{[VV]}{3(n-1)}}$$

15. 一测回竖直角标准偏差

对于 DJ07、DJ1 级经纬仪，以测回竖直角标准偏差必须检定；对于其他级经纬仪，根据用户需求确定是否检定。

在一测回观测过程中，竖盘指标差的变化不得超过表 3-13 规定：

表 3-13　　**竖盘指标差的变化**

经纬仪型号	DJ07	DJ1	DJ2	DJ6	DJ30
要求(″)	8	10	12	15	30

一测回竖直角标准偏差用竖直角检定装置检定，检定装置如图 3-7 所示。该装置在 ±30°范围内不少于 5 个目标，每个目标的方向值应为非整读数，它们与水平方向的夹角构成标准竖直角 $\alpha_{标i}$。

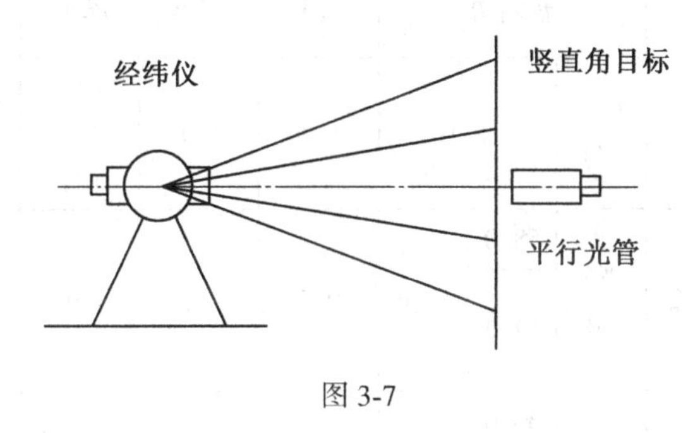

图 3-7

检定时，将经纬仪安置在检定台上并精确整平，依次对各目标进行盘左和盘右观测，得观测值 L_{ij}和 R_{ij}。在每一位置观测时，读数两次取平均值。

竖盘指标差 I_{ij}按式(20)或式(21)计算，则可求出各目标观测值 a_{ij}：

$$a_{ij}=L_{ij}-I_{ij} \tag{45}$$

上述操作为一测回，共进行 2~4 测回。

竖直度盘各点的分度误差 ϕ_{ij}按下式求得：

$$\phi_{ij} = a_{ij} - a_{i0} - a_{标} \tag{46}$$

式中：a_{ij}——各测回各目标观测值；

a_{i0}——各测回水平方向观测值；

$a_{标}$——各目标与水平方向夹角标准值。

竖直度盘各点的方向误差：

$$\phi_{ij} = \varphi_{ij} - \frac{1}{n}\sum_{i=1}^{n}\varphi_{ij} \tag{47}$$

一测回竖直标准偏差按下式求得：

$$\mu_{v} = \sqrt{\frac{\sum_{i=1}^{n}\sum_{j=1}^{n}\varphi_{ij}^{2}}{m(n-1)}} \tag{48}$$

式中：m——测回数；

n——受检目标数。

一测回竖直角测角标准偏差检定结果的数据处理见表 3-14(以两测回为例)，其结果应符合表 3-2 的要求。

取 ϕ_{ij} 中最大值和最小值之差为测角示值误差：

$$\Delta = \phi_{\max} - \phi_{\min} \tag{49}$$

一测回竖直角标准偏差作为判定经纬仪合格与否的主要指标，测角示值误差只给出实测数据。

表 3-14　　一测回竖直角标准偏差及测角示值误差

仪器型号：　　年　月　日

<table>
<tr><th rowspan="3">测回数</th><th rowspan="3">目标</th><th colspan="6">读数</th><th rowspan="2">指标差 I</th><th rowspan="2">竖直角 α</th><th rowspan="2">测量角度值</th><th rowspan="2">标准角度值 α 标</th><th rowspan="2">分度误差 ϕ_{ij}</th><th rowspan="2">方向误差 ϕ_{ij}</th></tr>
<tr><th colspan="3">盘左 L</th><th colspan="3">盘右 R</th></tr>
<tr><th>(°)
(′)</th><th colspan="2">(″)</th><th>(°)
(′)</th><th colspan="2">(″)</th><th>(″)</th><th>(″)</th><th>(°)
(′)
(″)</th><th>(°)
(′)
(″)</th><th>(″)</th><th>(″)</th></tr>
<tr><td rowspan="10">第一测回</td><td rowspan="2">1</td><td rowspan="2">60
29</td><td>3.6</td><td rowspan="2">4.2</td><td rowspan="2">299
30</td><td>58.0</td><td rowspan="2">57.6</td><td rowspan="2">0.9</td><td rowspan="2">3.3</td><td rowspan="2">29
30
43.4</td><td rowspan="2">29
30
44.5</td><td rowspan="2">−1.1</td><td rowspan="2">−1.2</td></tr>
<tr><td>4.8</td><td>57.2</td></tr>
<tr><td rowspan="2">2</td><td rowspan="2">74
39</td><td>34.5</td><td rowspan="2">33.8</td><td rowspan="2">285
20</td><td>30.0</td><td rowspan="2">29.6</td><td rowspan="2">1.7</td><td rowspan="2">32.1</td><td rowspan="2">15
20
14.6</td><td rowspan="2">15
20
15.2</td><td rowspan="2">−0.6</td><td rowspan="2">−0.7</td></tr>
<tr><td>33.0</td><td>29.2</td></tr>
<tr><td rowspan="2">3</td><td rowspan="2">89
59</td><td>50.0</td><td rowspan="2">49.1</td><td rowspan="2">270
00</td><td>16.0</td><td rowspan="2">15.8</td><td rowspan="2">2.4</td><td rowspan="2">46.7</td><td rowspan="2">0
0
00.0</td><td rowspan="2">0
0
00.0</td><td rowspan="2">0.0</td><td rowspan="2">−0.1</td></tr>
<tr><td>48.2</td><td>15.5</td></tr>
<tr><td rowspan="2">4</td><td rowspan="2">105
10</td><td>14.9</td><td rowspan="2">14.2</td><td rowspan="2">254
49</td><td>47.6</td><td rowspan="2">47.3</td><td rowspan="2">0.8</td><td rowspan="2">13.4</td><td rowspan="2">−15
10
26.7</td><td rowspan="2">−15
10
25.8</td><td rowspan="2">0.9</td><td rowspan="2">0.8</td></tr>
<tr><td>13.5</td><td>47.0</td></tr>
<tr><td rowspan="2">5</td><td rowspan="2">119
40</td><td>24.0</td><td rowspan="2">23.6</td><td rowspan="2">240
19</td><td>38.1</td><td rowspan="2">37.3</td><td rowspan="2">0.4</td><td rowspan="2">23.2</td><td rowspan="2">−29
40
36.5</td><td rowspan="2">−29
40
35.2</td><td rowspan="2">1.3</td><td rowspan="2">1.2</td></tr>
<tr><td>23.2</td><td>36.5</td></tr>
<tr><td colspan="14">$\frac{1}{n}\sum_{j=1}^{n}\phi_{ij}^2 = 0.1$</td></tr>
</table>

续表

测回数	目标	读数 盘左 L (°)(′)	盘左 L (″)		盘右 R (°)(′)	盘右 R (″)		指标差 I (″)	竖直角 α (″)	测量角度值 (°)(′)(″)	标准角度值 α 标 (°)(′)(″)	分度误差 ϕ_{ij} (″)	方向误差 ϕ_{ij} (″)
第二测回	1	60 29	4.2 5.0	4.6	299 30	57.0 57.6	57.3	1.0	3.6	29 30 43.8	29 30 44.5	−0.7	−1.0
	2	74 39	32.5 34.2	33.4	285 20	32.0 30.4	31.2	2.3	31.1	15 20 16.3	15 20 15.2	1.1	0.8
	3	89 59	50.2 49.8	50.0	270 00	14.5 15.8	15.2	2.6	47.4	0 0 00.0	0 0 00.0	0.0	−0.3
	4	105 10	14.0 13.0	13.5	254 49	48.6 46.9	47.8	0.6	12.9	−15 10 25.5	−15 10 25.8	−0.3	−0.6
	5	119 40	25.0 25.6	25.3	240 19	36.8 38.0	37.4	1.4	23.9	−29 40 36.5	−29 40 35.2	1.3	1.0
													$\frac{1}{n}\sum_{j=1}^{n}\phi_{ij}^2=0.3$

一测回竖直角标准偏差：

$$\mu=\sqrt{\frac{\sum_{i=1}^{n}\sum_{j=1}^{n}\phi_{ij}^2}{m(n-1)}}=\sqrt{\frac{4.02+3.09}{2\times 4}}=\sqrt{\frac{7.11}{8}}=0.94''$$

测角示值误差：$\Delta=\phi_{\max}-\phi_{\min}=1.3-(-1.1)=2.4''$

3.4.4 检测结果处理

经检定符合要求的经纬仪，发给检定证书；不符合要求的经纬仪，发给检定结果通知书，并注明其不合格项目。内页格式见表 3-15。

表 3-15　　　　　　　　　　　　　检定证书内页格式

序号	检定项目	检定结果
1	外观及各部件作用	
2	水准器轴与竖轴的垂直度	
3	照准部旋转的正确性	
4	望远镜分划板竖丝的铅垂度	
5	光学测微器行差	
6	视准轴与横轴的垂直度	
7	横轴与竖轴的垂直度	
8	竖盘指标差	
9	光学对中器视轴与竖轴同轴度	
10	竖盘指标自动补偿误差	
11	一测回水平方向标准偏差	
12	一测回竖直角标准偏差及测角示值误差	

3.4.5 检测周期

光学经纬仪的检定周期根据使用情况而定,一般不超过 1 年。

◎ 单元测试

1. 光学经纬仪的一测回水平方向标准偏差用室外法如何测定?
2. 说明光学经纬仪外观通用要求和仪器各部件功能及相互作用。
3. 详述光学经纬仪的计量性能要求。
4. 详述光学经纬仪的检定项目。
5. 简述光学经纬仪的检定用器具。
6. 详细说明光学经纬仪各常规检定项目的检测及计算方法。
7. 光学经纬仪的检测结果如何处理?
8. 光学经纬仪的检测周期是怎么规定的?

单元四　全站仪的检测

【教学目标】

学习本单元，使学生了解全站仪、电子经纬仪、光电测距仪的等级及基本参数；掌握全站仪、电子经纬仪、光电测距仪的通用技术要求和性能要求；能够初步进行全站仪、电子经纬仪、光电测距仪常规检测项目的检测计算工作。

【教学要求】

知识要点	技能训练	相关知识
全站仪的等级测定	全站仪、电子经纬仪、光电测距仪等级的测定。	(1)熟悉全站仪、电子经纬仪、光电测距仪等级的测定程序； (2)掌握计算与评定方法。
全站仪的通用技术要求	(1)全站仪外观要求； (2)全站仪各部件功能及相互作用。	(1)了解全站仪外观基本要求； (2)熟悉全站仪各部件功能及相互作用。
全站仪的性能要求	全站仪、电子经纬仪、光电测距仪的各项性能要求。	掌握全站仪、电子经纬仪、光电测距仪的各项性能要求。
全站仪常规检测项目的检测计算	全站仪、电子经纬仪、光电测距仪各项常规检测项目的检测计算。	(1)掌握全站仪、电子经纬仪、光电测距仪的检测项目； (2)了解检测条件； (3)熟练检测方法； (4)熟悉检测结果的处理方法及检测周期。

【单元导入】

全站仪是当今地面测量工作走向自动化、数字化的核心测量仪器，具有自动化程度高、操作简便、精度高等优点，包含了电子经纬仪和光电测距仪两大类仪器，在各类测绘工作中有着十分广泛的应用。但是由于仪器经常在野外使用，加上在运输途中的振动和缺乏保养措施，使仪器的结构发生变化，加上电子元器件的自然老化，容易造成技术指标的降低。为了掌握仪器的性能，合理使用，测出合格成果，必须定期对全站仪进行检定，本单元将主要对全站仪检测的内容进行详细介绍。

4.1 全站仪等级的测定方法

全站仪等级的测定除了需要对仪器的一测回水平方向标准偏差进行测定外，同时还需要测定仪器的测距标准偏差。

1. 一测回水平方向标准偏差的测定方法

水平方向的标准差，反映全站仪电子测角系统的精度及性能，是评定该仪器的重要指标，也是仪器制造者和使用者最关心的问题，其标准偏差一定要测定。一测回水平方向标准偏差的测定方法同光学经纬仪。要求见表 4-1。

表 4-1 **一测回水平方向标准偏差**

等级及限差	Ⅰ		Ⅱ	Ⅲ	Ⅳ
	0.5″	1.0″	2.0″	5.0″	10.0″
一测回水平方向标准偏差(″)	0.5	0.7	1.6	3.6	7.0

2. 测距标准偏差的测定方法

测距标准偏差需要在相应准确度的已知长度的标准基线试验场进行。选用的组合基线段应不少于 15 段，且其长度应大致均匀分布在仪器的测程内。已知长度可用检定过的高精度测距仪测定，其长度的不确定度应不大于 10^{-6}，如图 4-1 所示。

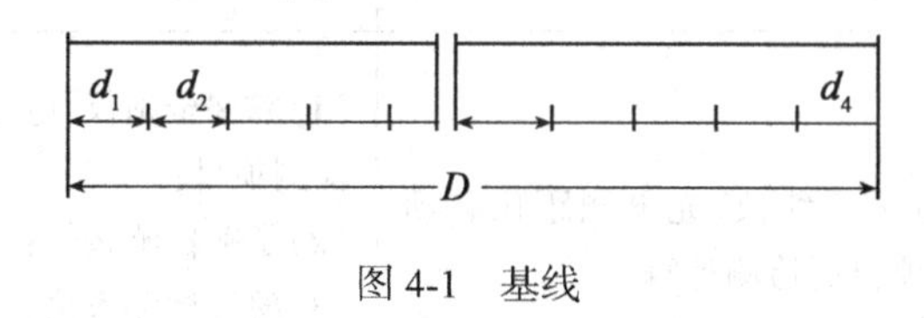

图 4-1 基线

对每段基线的观测均采用一次照准取 10 次读数平均值作为观测值。在测距的同时测定温度、气压等数据，并对各观测值进行气象、倾斜、仪器加常数、乘常数改正等修正。

3. 实验结果的计算

用进行修正过后的距离观测值与相应的基线或已知长度值比较，用一元线性回归法进计算。

计算测距标准偏差 m_d 的表达式为 $\pm(a+bD)$，其中 a 值和 b 值分别按公式(1)和(2)计算：

$$a=\frac{\sum_{i=1}^{n}D_i\sum_{i=1}^{n}(D_iL_i)-\sum_{i=1}^{n}D_i^2\sum_{i=1}^{n}L_i}{\left(\sum_{i=1}^{n}D_i\right)^2-n\sum_{i=1}^{n}D_i^2} \tag{1}$$

$$b = \frac{\sum_{i=1}^{n} D_i \sum_{i=1}^{n} L_i - n\sum_{i=1}^{n}(D_i L_i)}{\left(\sum_{i=1}^{n} D_i\right)^2 - n\sum_{i=1}^{n} D_i^2} \tag{2}$$

式中：$L_i = |D_{0i} - D_i|$

a——测距标准偏差表达式固定误差部分，单位为毫米(mm)；

b——测距标准偏差表达式比例误差系数，单位为毫米每千米(mm/km)；

D_{0i}——基线或已知长度值，单位为毫米(mm)；

D_i——经过气象、倾斜、仪器加常数、乘常数等修正后的距离观测值，单位为毫米(mm)；

n——比测边的段数(取样数)；

i——1，2，…，n。

计算出的 a、b 值应符合 a、b 值的要求。

4.2 全站仪的通用技术要求

4.2.1 仪器表面质量

仪器表面不应有碰伤、划痕、脱漆和锈蚀，盖板及部件接合整齐，密封性好。

4.2.2 光学零件质量

仪器光学零件表面清洁，应无擦痕、霉斑和麻点及脱膜的现象，望远镜十字丝成像清晰、粗细均匀、视场明亮、亮度均匀；目镜调焦及物镜调焦转动平稳，不应有分划影像晃动及自行滑动现象。

4.2.3 水准器、脚螺旋、望远镜旋转性能

仪器管状水准器及圆形水准器不应有松动；脚螺旋转动松紧适度、无晃动；水平及竖直制动及微动机构运转平稳可靠、无跳动现象；当望远镜调焦到无穷远时，放松横轴制动螺旋，望远镜应保持平衡，不应有超过视场 1/4 的自行转动现象；仪器和基座的连接锁紧机构可靠。

4.2.4 操作键盘质量

仪器操作键盘上各按键反应灵敏，每个键的功能正常。

4.2.5 显示屏质量

仪器显示屏显示符号、字母及数字清晰、完整，对比度适度。

4.2.6 通信、数据采集质量

仪器观测、数据采集、计算、存储和通信功能正常。

4.2.7 工作温度

仪器在-20℃～+50℃温度下工作。

4.2.8 运输、环境试验

仪器在带有内包装箱的条件下，应能承受频率60～100次/分，加速度98m/s^2，连续冲击次数1000次的冲击试验。

仪器在运输包装条件下，应符合高温+55℃，低温-40℃，自由跌落高度250mm的要求。

4.3 全站仪的性能要求

4.3.1 电子测角部分要求

1. 一测回水平方向标准偏差

一测回水平方向标准偏差应不大于表4-1的规定。

2. 一测回竖直角标准偏差

一测回竖直角标准偏差应不大于表4-2的规定。

表4-2 一测回竖直方向标准偏差

等级及限差	I		II	III	IV
	0.5″	1.0″	2.0″	5.0″	10.0″
一测回竖直方向标准偏差(″)	0.5	1.0	2.0	5.0	10.0

3. 一测回水平方向二倍照准差变化

一测回水平方向二倍照准差变化应不大于表4-3的规定。

表4-3 一测回水平方向二倍照准差变化

等级及限差	I	II	III	IV
	1.0″	2.0″	5.0″	10.0″
一测回水平方向二倍照准差变化(″)	5	8	10	16

4. 竖直度盘指标差

竖直度盘指标差应不大于表4-4的规定。

表 4-4 竖直度盘指标差

等级及限差	Ⅰ	Ⅱ	Ⅲ	Ⅳ
	1.0″	2.0″	5.0″	10.0″
竖直度盘指标差(″)	10	16	20	30

5. 竖直度盘指标差变化

竖直度盘指标差变化应不大于表 4-5 的规定。

表 4-5 竖直度盘指标差变化

等级及限差	Ⅰ	Ⅱ	Ⅲ	Ⅳ
	1.0″	2.0″	5.0″	10.0″
竖直度盘指标差变化(″)	5	8	15	30

6. 横轴相对于竖轴的垂直度误差

横轴相对于竖轴的垂直度误差应不大于表 4-6 的规定。

表 4-6 横轴相对于竖轴的垂直度误差

等级及限差	Ⅰ	Ⅱ	Ⅲ	Ⅳ
	1.0″	2.0″	5.0″	10.0″
横轴相对于竖轴的垂直误差(″)	10	15	20	30

7. 照准误差

照准误差应不大于表 4-7 的规定。

表 4-7 照准误差

等级及限差	Ⅰ	Ⅱ	Ⅲ	Ⅳ
	1.0″	2.0″	5.0″	10.0″
照准误差(″)	5	8	10	16

8. 倾斜补偿器的补偿照准度

倾斜补偿器的补偿准确度见表 4-8 的规定。

表 4-8 **倾斜补偿器的补偿准确度**

等级及限差	Ⅰ	Ⅱ	Ⅲ	Ⅳ
	1.0″	2.0″	5.0″	10.0″
纵向和横向补偿范围应不小于(′)	3			
纵向和横向零位误差应不大于(″)	10	20	20	30
竖直方向补偿误差应不大于(″)	3	6	12	20
水平方向补偿误差应不大于(″)	3	6	12	20

注:对此项中的水平方向补偿,并不强制使用,如遇仪器中存在此项补偿时,推荐按本标准检测此项误差。

9. 望远镜调焦时视轴的变化

望远镜从无穷远调焦到最短视距时,其视轴在水平方向的变化应不大于表 4-9 的规定。

表 4-9 **视轴在水平方向的变化**

等级及限差	Ⅰ	Ⅱ	Ⅲ	Ⅳ
	1.0″	2.0″	5.0″	10.0″
视轴在水平方向的变化(″)	5	8	10	15

10. 望远镜十字丝中心附近的分辨率

望远镜十字丝中心附近的分辨率 α 应不低于 $180/D$(″),D 为望远镜物镜的有效孔径,单位为 mm。

11. 仪器照准部每旋转一周,基座方向移动

仪器照准部每旋转一周,基座方位移动应不大于表 4-10 的规定。

表 4-10 **基座方位移动**

等级及限差	Ⅰ		Ⅱ	Ⅲ	Ⅳ
	0.5″	1.0″	2.0″	5.0″	10.0″
基座方位移动(″)	0.2	0.3	1	2	3

12. 对点器视轴相对于竖轴的同轴度误差

对点器的视轴相对于竖轴在 0.8~1.5m 高度内的同轴度误差应不大于 1.0mm。

13. 水准器轴与竖轴的垂直度

水准器轴与竖轴的垂直度应不大于管状水准器的分划值的一半,此时圆形水准器气泡应居中。

14. 望远镜竖丝相对于横轴的垂直度

望远镜竖丝相对于横轴应垂直,望远镜竖丝应在铅垂面内,不得有目视可见的倾斜。

4.3.2 电子测距部分要求

1. 调制光相位均匀性(适用于棱镜目标)

测距时仪器照准反射棱镜的标志后偏调 1′,因调制光相位不均匀而引起的测距误差应不大于测距标称标准偏差固定误差的 1/2。

2. 幅相误差(适用于棱镜目标)

在不同的回光信号强度下,对同一距离重复测距,其最大值与最小值之差应不大于测距标称标准偏差固定误差的 1/2。

3. 周期误差(适用于相位法测距原理的仪器)

周期误差的振幅应不大于测距标称标准偏差的固定误差的 3/5,同时计算加常数测量的标准偏差应不大于测距标称标准偏差的 1/2。

4. 测尺频率(适用于相位法测距原理的仪器)

仪器开机以后,测尺频率的变化范围[$(f_1-f_0)/f_0$](f_1为室温下 t 时刻的瞬时频率,f_0为仪器标称测尺频率)应不大于测距标称标准偏差的比例误差的 2/3。

5. 测量重复性

仪器的测量重复性(一次照准读数标准偏差)应不大于测距标称标准偏差的 1/4。

6. 测程

仪器能够测出的最短和最长视距,所测得观测值(进行气象、倾斜、仪器常数修正后)与极限已知值的差值的绝对值应小于仪器在该距离上的标称标准差的 1.5 倍。

7. 测距标准偏差

测距标准偏差应不大于表 4-11 的规定。

表 4-11 **测距标准偏差**

等级及限差	Ⅰ	Ⅱ	Ⅲ	Ⅳ
	1.0″	2.0″	5.0″	10.0″
视距标准偏差 m_d(mm)	$\pm(1+1\times10^{-6}D)$	$\pm(3+2\times10^{-6}D)$	$\pm(5+5\times10^{-6}D)$	

8. 激光光源发光功率

激光光源发光功率 3 类激光以内,且应不大于 1.2P_0,P_0为激光光源发光功率的标称值,激光等级划分按 GB7247.1—2001 划分,采用红外光源的仪器不检验此项。

4.4 检测器具控制

4.4.1 检测项目

电子测角系统检定项目见表 4-12;光电测距系统检定项目见表 4-13。

表 4-12 **电子测角系统的检定项目**

序号	检定项目	检定类型		
		首次检定	后续检定	使用中检定
1	外观及一般功能检查	+	+	+
2	基础性调整与校准	+	+	+
3	水准器轴与竖轴的垂直度	+	+	+
4	望远镜竖丝铅垂度	+	+	−
5	照准部旋转的正确性	+	+/−	−
6	望远镜视准轴对横轴的垂直度	+	+	−
7	照准误差 c、横轴误差 i、水平指标差 I	+	+	+
8	倾斜补偿器的零位误差、补偿范围	+	+	−
9	补偿准确度	+	+	+
10	光学对中器视轴与竖轴重合度	+	+	−
11	望远镜调焦时视轴变动误差	+	+/−	−
12	一测回水平方向标准偏差	+	+	−
13	一测回竖直角测角标准偏差	+	+/−	−

注:“+”为应检项目,“−”为不检项目:“+/−”为可检可不检项目,根据需求确定。

表 4-13 **光电测距系统检定项目**

<table>
<tr><th rowspan="3">序号</th><th rowspan="3" colspan="2">检定项目</th><th colspan="4">检定类别</th></tr>
<tr><th rowspan="2">首次检定</th><th rowspan="2">后续检定</th><th colspan="2">使用中检验</th></tr>
<tr><th>中、短程</th><th>长程</th></tr>
<tr><td>1</td><td colspan="2">外观及功能</td><td>+</td><td>+</td><td>±</td><td>+</td></tr>
<tr><td>2</td><td colspan="2">光学对中器</td><td>+</td><td>+</td><td>−</td><td>−</td></tr>
<tr><td>3</td><td colspan="2">发射、接收、照准三轴关系的正确性</td><td>+</td><td>+</td><td>−</td><td>−</td></tr>
<tr><td>4</td><td colspan="2">反射棱镜常数的一致性</td><td>+</td><td>±</td><td>−</td><td>−</td></tr>
<tr><td>5</td><td colspan="2">调制相位均匀性</td><td>+</td><td>+</td><td>−</td><td>−</td></tr>
<tr><td>6</td><td colspan="2">幅相误差</td><td>+</td><td>±</td><td>−</td><td>−</td></tr>
<tr><td>7</td><td colspan="2">分辨力</td><td>+</td><td>+</td><td>−</td><td>−</td></tr>
<tr><td>8</td><td colspan="2">周期误差</td><td>+</td><td>±</td><td>−</td><td></td></tr>
<tr><td rowspan="2">9</td><td rowspan="2">测尺频率</td><td>开机特性</td><td rowspan="2">±</td><td rowspan="2">±</td><td rowspan="2">−</td><td rowspan="2">−</td></tr>
<tr><td>温漂特性</td></tr>
<tr><td>10</td><td colspan="2">加常数标准差、乘常数标准差</td><td>+</td><td>+</td><td>−</td><td>−</td></tr>
<tr><td>11</td><td colspan="2">测量的重复性</td><td>+</td><td>+</td><td>−</td><td>−</td></tr>
<tr><td>12</td><td colspan="2">测程</td><td>±</td><td>±</td><td>−</td><td>−</td></tr>
<tr><td>13</td><td colspan="2">测距综合标准差</td><td>+</td><td>+</td><td>±</td><td>±</td></tr>
</table>

4.4.2 检测条件

1. 检定器具

各级全站仪电子测角系统检定用器具见表 4-14，光电测距系统检定用器具见表 4-15。

表 4-14 **电子测角系统的检定器具**

序号	主要检定器具(指标)	技术要求	
		Ⅰ级	Ⅱ Ⅲ Ⅳ级
1	准线仪、准线光管(直线度)	≤2.0″	≤3.0″
2	多齿分度台(分度误差)	≤0.3″	≤0.5″
3	水平角检定装置(稳定性)	≤0.2″	≤0.4″
4	竖直角检定装置(稳定性)	≤0.5″	≤1.0″

表 4-15 **光电测距系统的检定器具**

序号	设备名称	技术要求
1	基线	相对误差≤1×10^{-6}
2	测距仪	Ⅰ级
3	温度计、气压表	见表 4
4	频率检测装置	时基频率准确度≤1×10^{-6}，测量不确定度≤1×10^{-7}
5	分辨力检测台	0.01mm
6	周期误差检验台	精确度≤2×10^{-5}，平直度≤1×10^{-5}
7	减光板	连续减光

2. 检定环境条件

检定工作在实验室内常温下进行，检定时气象条件相对稳定，气压与温度变化对测距的影响应小于 1mm/km。在检定中仪器不应受到震动、强磁场、电场、障碍物、反光物等干扰。与测距仪配套使用的其他计量仪，应按相应检定规程检定，检定中使用长度基线检定场，全长精度应优于 1×10^{-6}。

4.4.3 检测方法

1. 外观及各部件功能相互作用

目视和整机通电操作试验，其各功能应正常，结果满足全站仪的通用技术要求。

2. 水准器轴与竖轴垂直度

精密的全站仪及电子经纬仪($m_\beta \leqslant 2''$)，机内设置有测定竖轴的倾斜装置，按规定的操作程序及输入测倾指令，就能从显示器中读得竖轴在望远镜方向和垂直于望远镜方向上的倾斜量；然后调整三个脚螺旋，使两个方向的倾斜量不超过±1.0″，此时仪器竖轴达到铅垂状态，若水准管气泡不居中，其偏离量应小于半格，圆水准器气泡应居中。

$m_\beta>2''$级全站仪的检定同光学经纬仪，将仪器调平，直至照准部旋转过程中，水准泡的位置无明显变化，读取气泡两端最大值为检定结果，其结果应符合"偏差不大于长水准器的分划值的一半，圆气泡应居中"的要求。

3. 望远镜竖丝的铅垂度

检定方法同光学经纬仪，将望远镜十字丝照准某一目标点，然后纵向微动望远镜，目标应在竖丝上移动，不得有目力可见的偏差。

4. 照准部旋转的正确性

具有长气泡的仪器检定方法同光学经纬仪，应调整仪器使竖轴垂直，照准部顺、逆旋转各两周，以每隔30°或45°时水准气泡两端的最大变化量为检定结果，其结果应符合要求。计算实例见表4-16。

【检定计算实例】

表4-16　　**照准部旋转的正确性检定记录**

（带长气泡的仪器）

仪器型号：SET2B　No　15107　　　　观测：

日期：　年　月　日　　　　记录：

照准部位置（°）	气泡读数（格）			照准部位置（°）	气泡读数（格）		
	左	右	和		左	右	和
顺转第一周							
0	5.0	15.1	20.1	225	5.0	15.4	20.4
45	5.0	15.6	20.6	270	4.9	14.8	19.7
90	5.3	15.4	20.7	315	5.0	15.1	20.1
135	5.2	15.3	20.5	0	5.0	15.1	20.1
180	5.1	15.2	20.3				
顺转第二周							
0	5.0	15.1	20.1	225	4.9	14.8	19.7
45	5.0	15.3	20.3	270	4.8	14.6	19.4
90	5.0	15.1	20.1	315	4.8	14.9	19.7
135	5.3	15.3	20.6	0	4.9	15.1	20.0
180	5.4	15.0	20.4				
逆转第一周							
0	4.8	14.9	19.7	135	4.7	14.9	19.6
315	5.0	15.2	20.2	90	5.2	15.3	20.5
270	4.9	15.0	19.9	45	5.1	15.1	20.2
225	4.6	14.9	19.5	0	4.7	14.8	19.5
180	4.7	15.1	19.8				

续表

照准部位置(°)	气泡读数(格)			照准部位置(°)	气泡读数(格)		
	左	右	和		左	右	和
逆转第二周							
0	4.7	14.8	19.5	135	5.2	15.2	20.4
315	4.9	15.0	19.9	90	5.1	15.1	20.2
270	4.9	15.1	20.0	45	4.9	15.0	19.9
225	4.9	15.0	19.9	0	4.8	14.9	19.7
180	5.0	15.1	20.1				

最大变动 1.3 格

中心位置变化 0.6 格

具有电子气泡的仪器,可从显示屏直接读得竖轴的倾斜量。当旋转照准部时,可从显示的竖轴倾斜量的变化幅度判别其照准部旋转的正确性,其检定步骤如下:

(1)仪器安置于稳定的仪器基座或脚架上,整平后转动照准部数周。

(2)输入测试指令,从显示屏上记下 0°位置时竖轴的倾斜量(带符号)。

(3)顺时针转动照准部,在每次变动 45°位置及其对径的位置上,分别读记显示的垂直倾斜值,连续顺转两周。

(4)再逆转照准部,并每转 45°读记一次,连续逆转两周。

(5)计算照准部对应 180°的两读数之和,其值在同一测回中互差应小于 4″;而整个过程中,各次读数的最大变动应小于 15″。计算实例见表 4-17。

【检定计算实例】

表 4-17 **照准部旋转的正确性检定记录**

(带电子气泡的仪器)

仪器型号:T2000 No 311492

日期: 年 月 日

照准部位置(°)	竖轴倾斜读数(″)			照准部位置(°)	竖轴倾斜读数(″)			(x_1+x_2)(″)
	I_1	II_2	$x_1=\frac{\mathrm{I}_1+\mathrm{II}_2}{2}$		I_1	II_2	$x_2=\frac{\mathrm{I}_1+\mathrm{II}_2}{2}$	
顺转第一周								
0	1.6	1.5	1.6	180	−0.9	−0.9	−0.9	0.7
45	1.5	1.5	1.5	225	0.7	0.7	0.7	2.2
90	0.2	0.3	0.2	270	1.1	1.1	1.1	1.3
135	−0.6	−0.6	−0.6	315	1.7	1.7	1.7	1.1

续表

照准部位置(°)	竖轴倾斜读数(″)			照准部位置(°)	竖轴倾斜读数(″)			(x_1+x_2)(″)
	Ⅰ$_1$	Ⅱ$_2$	$x_1=\frac{Ⅰ_1+Ⅱ_2}{2}$		Ⅰ$_1$	Ⅱ$_2$	$x_2=\frac{Ⅰ_1+Ⅱ_2}{2}$	
顺转第二周								
0	1.7	1.9	1.8	180	-0.9	-0.9	-0.9	0.9
45	1.7	1.6	1.6	225	1.1	1.1	1.1	2.7
90	1.6	1.5	1.6	270	1.6	1.3	1.6	3.2
135	1.6	1.7	1.6	315	1.4	1.3	1.4	3.0
逆转第一周								
315	1.8	1.7	1.8	135	-1.1	-1.1	-1.1	0.7
270	1.0	1.1	1.0	90	-1.6	-1.6	-1.6	-0.6
225	0.8	0.9	0.8	45	-0.8	-0.7	-0.8	0
180	0.4	0.3	0.4	0	-0.4	-0.3	-0.4	0
逆转第二周								
315	1.8	1.7	1.8	135	-1.1	-1.1	-1.1	0.7
270	1.7	1.7	1.7	90	-0.9	-0.9	-0.9	0.8
225	1.9	1.9	1.9	45	0.3	0.2	0.2	2.1
180	1.4	1.3	1.4	0	1.3	1.3	1.3	2.7

最大变动:3.8″<1.5″

一测回中互差:2.3″<4″

5. 望远镜视准轴与横轴的垂直度

被检仪器安置在升降工作台上,选用相差180°的两个平行光管 A 和 B,其视准轴应在同一水平线上,精确整平被检仪器,以正镜位置瞄准 A 光管的十字线中心,固定照准部,纵转望远镜照准 B 光管的水平线,光管读数 b_1。再旋转望远镜以倒镜位置照准 A 光管重复上述检定,读数 b_2 值。

按公式(1)计算望远镜视准轴对横轴的垂直度 C'

$$C' = \frac{1}{4}(b_2 - b_1)t \tag{3}$$

式中:t——分划板横线格值。

按上述方法检定求得 C'值,应符合要求,否则应进行校准。

6. 照准误差 C、横轴误差 i 及竖盘指标差 I

与光学经纬仪一样,全站仪电子测角系统主要轴线是视准轴 C、横轴(水平轴)H、竖轴(垂直轴)V,由于仪器本身制作的残余误差及其在使用中的变化,从而产生照准误差 C、横

轴误差 i 及竖盘指标差 I。

仪器在检定前,应对具有按一定程序测定并存储视准误差、横轴误差和输盘指标差的全站仪先进行此项检定及预置存储,然后再检定其残剩的误差;对具有倾斜补偿显示的全站仪,在检定这几项误差时,则利用显示器显示竖轴在 x 和 y 方向的倾斜显示,精确整平仪器,以便自动对方向值进行改正。

检定步骤如下:

(1)以平行光管的十字丝作为照准目标,按“高—平—低点法”同时进行照准误差 C、横轴误差 i 以及竖盘指标差 I 的检定。

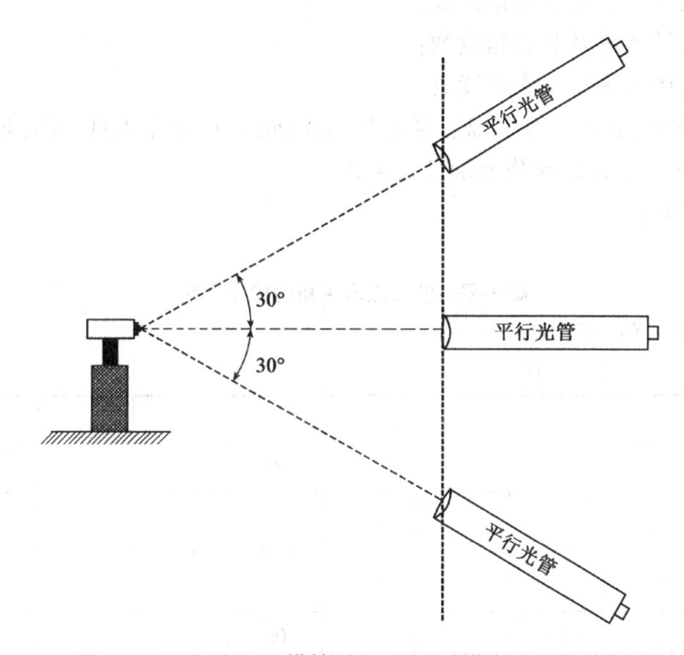

图 4-2 照准误差 C、横轴误差 i 及竖盘指标差 I 的检定

如图 4-2 所示,调整仪器升降台高度,使仪器视准轴尽量与平行光管的中心重合。另两台平行光管分别安置在平点平行光管的上方及下方,作为高点及低点,其倾角超过±25°,高低两点的对称差小于 30′。

(2)横轴误差 i 的检定:将全站仪按上述的方法安置,精确整平。正镜位置瞄准高点平行光管的十字线分划板中心,向下旋转望远镜,在低点平行光管的横丝刻度分划板读取格数 A;以倒镜位置重复上述操作,并读取格数 B,其横轴误差

$$i' = \frac{(B - A)t}{4}\cot\beta \tag{4}$$

式中:t——低点平行光管分划板格值(″);

β——平行光管与水平方向的夹角(°)。

(3)对具有倾斜补偿显示的全站仪及电子经纬仪,在检定这几项偏差量时,应用倾斜补偿器装置,安置仪器竖轴到铅垂状态(利用显示器的竖轴在 X 和 Y 方向的倾斜量,用脚螺旋

整平仪器,直到 X 和 Y 值分别为 0°和±1″)。

(4)按水平角与竖直角观测方法,对高点和低点,作 2~4 个测回的水平角和竖直角观测,测回间应变换度盘,观测程序如下:

盘左 L:

a. 照准高点,读水平及竖直角读数;

b. 照准平点,读水平及竖直角读数;

c. 照准低点,读水平及竖直角读数。

盘右 R:

a. 照准低点,读水平及竖直角读数;

b. 照准平点,读水平及竖直角读数;

c. 照准高点,读水平及竖直角读数。

以上为一个测回,在盘左变到盘右观测时,应沿同一方向转动照准部,观测记录见表 4-18。高—平—低三点竖直角观测记录见表 4-19。

【检定计算实例】

表 4-18　　**高—平—低三点水平角的检定记录**

仪器型号:SET2B　No　15107　　观测:

日期:　年　月　日　　记录:

测回	照准点	读数						2C	(L+R)/2	方向值
		L			R					
		(°)(′)	(″)	(″)	(°)(′)	(″)	(″)	(″)	(″)	(°)(′)(″)
1(顺转)	高	0 00	06	06	180 00	06	06	0	06	0 00 00
			05			07				
	平	0 01	08	08	180 01	03	02	6	05	00 00 59
			08			02				
	低	0 01	14	14	180 01	08	08	6	11	0 01 05
			15			07				
2(逆转)	高	0 00	05	04	180 00	04	04	0	04	0 00 00
			03			05				
	平	0 01	08	08	180 01	00	00	8	04	0 01 00
			07			00				
	低	0 01	16	15	180 01	06	06	9	10	0 01 06
			14			05				

$$C_{高} = \frac{1}{2n}\sum_{i=1}^{n}(L-R)_{高} = 0 \quad C_{低} = \frac{1}{2n}\sum_{i=1}^{n}(L-R)_{低} = 3.75 \quad \frac{1}{2}(C_{高} - C_{低}) = 1.88''$$

表 4-19　　　　　　**高—平—低三点竖直角的检定记录**

仪器型号:SET2B　No　15107　　　　　　　　　　　　　　观测:

日期:　　　年　　　月　　　日　　　　　　　　　　　　　　记录:

测回	照准点	读数						指标差	竖直值
		L			R				
		(°)(′)	(″)	(″)	(°)(′)	(″)	(″)	(″)	(°) (′)(″)
1(顺转)	高	70　35	01 01	01	289　25	08 10	09	5	70　34 56
	平	90　00	16 16	16	269　59	57 55	56	6	90　00 10
	低	110　45	37 38	38	249　14	38 37	38	8	110　45 30
2(逆转)	高	70　35	00 02	01	289　25	09 10	10	6	70　34 55
	平	90　00	12 14	13	269　59	58 56	57	5	90　00 08
	低	110　45	35 34	34	249　14	38 37	38	6	110　45 28

$$i = \frac{1}{2}(C_{高} - C_{低})\cot\alpha = 5.14'' \qquad \alpha = (C_{高} - C_{低})/2 = 80°05'17''$$

(5)检定结果的计算:

a. 照准误差 C

$$C = \frac{1}{2n}\sum_{i=1}^{n}(L-R)_{平} \pm 180 \tag{5}$$

b. 横轴误差 i

$$i = \left[\frac{1}{4n}\sum_{i=1}^{n}(L-R)_{高} - \frac{1}{4n}\sum_{i=1}^{n}(L-R)_{低}\right]\cot\alpha \tag{6}$$

式中:n——测回数;

L——盘左水平度盘读数;

R——盘右水平度盘读数。

$$\alpha = \frac{1}{2}(\alpha_{高} - \alpha_{低}) \tag{7}$$

式中：$\alpha_{低}$——低点与平点的夹角；

$\alpha_{高}$——高点与平点的夹角。

c. 竖盘指标差 I

$$I = \frac{1}{2n}\sum_{i=1}^{n}[(L_V + R_V) - 360°] \tag{8}$$

式中：n——测回数；

L_V——盘左竖盘读数；

R_V——盘右竖盘读数。

计算实例见表 4-20。

【检定计算实例】

表 4-20　　**照准误差 C、横轴误差 i 及竖盘指标差 I 检定计算表**

仪器型号：SET2B　　No：15107　　观测：

日期：　年　月　日　　记录：

照准误差 C	$C_{高} = \frac{1}{2n}\sum_{i=1}^{n}(L-R)_{平}$ $C = \frac{1}{4} \times 14 = 3.5''$
横轴误差 i	$i = \left[\frac{1}{4n}\sum_{i=1}^{n}(L-R)_{高} - \frac{1}{4n}(L-R)_{低}\right]\cot\alpha$ $i = 1.88 \times \cot\alpha = 5.14''$
竖盘指标差 I	$I = \frac{1}{2n}\sum_{i=1}^{n}(L+R-360)$ $I = \frac{1}{4} \times 22 = 5.5''$
注：	

7. 倾斜补偿器零位误差及补偿范围

补偿器的零位误差是补偿器与铅垂方向不一致的误差（也称补偿器指标差），将检定值预置存储器中以保证补偿器正常工作。

全站仪通常设有仪器竖轴的倾斜补偿系统，这种补偿如果仅能自动改正由于竖轴倾斜对竖盘读数的影响，称为单轴补偿，实测算例见表 4-21。如果还能同时改正对水平度盘读数的影响，则为双轴补偿，实测算例见表 4-22。检定仪器的补偿器在出厂标定的（通常在 2′30″左右）范围内，其单轴补偿和双轴补偿是否有效。其零位误差、补偿范围应符合要求。

1）倾斜补偿器零位误差

在升降台上安置被检仪器，让一个脚螺旋 A 安置在平行光管的视准线方向上，另两个脚螺旋 B 和 C 的连线垂直于平行光管的视准线。见图 4-3 检定设备布置。

对于单轴补偿的仪器，整平仪器后，在一个方向上读竖轴倾斜的显示值 L，再旋转照准

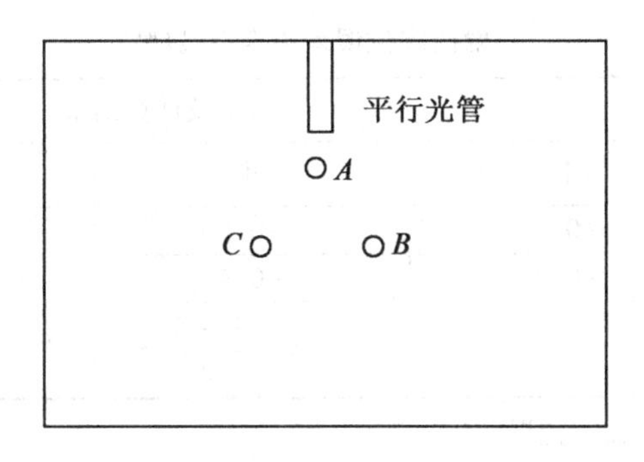

图 4-3　倾斜补偿器测试示意图

部 180°,读竖轴倾斜的显示值 R,取$(L-R)/2$ 即为补偿器零位误差,其结果应符合要求。对于具有补偿器零位误差校准程序的仪器,应按照说明书上的方法进行检定。

2)补偿范围

补偿范围分为纵向和横向两个量。

a. 纵向补偿范围。对无显示横轴倾斜值的仪器,按图 4-1 所示安置整平仪器,使望远镜大致处于水平位置,顺时针转动脚螺旋 A,使仪器上倾,直到天顶读数停止变化为止,记下最后一个读数 M_1。再逆时针转动脚螺旋 A,使仪器下倾,直到天顶读数停止变化为止,记下最后一个读数 M_2,$(M_2-M_1)/2$ 即为纵向补偿范围。

b. 横向补偿范围。对具有竖轴双向倾斜显示的仪器,使纵向的显示值为 0″左右,调整脚螺旋 B 或 C 使仪器倾向一侧直到横向显示值停止变化为止,记下最后一个读数 Y_1。再使仪器倾向另一侧直到横向显示值停止变化为止,记下最后一个读数 Y_2,$(Y_2-Y_1)/2$ 即为横向补偿范围。对于双轴补偿仪器取纵向和横向补偿范围中的较小值作为仪器的补偿范围,仪器的补偿范围应不小于其标称值。

【检定计算实例】

表 4-21　**具有“单向倾斜显示”仪器倾斜补偿器的检定记录**

(以 TOPCON GTS-301 NoECO113 全站仪为例)

补偿范围检定记录

次序	显示及计算结果
1	$x_1=+3'00''$
2	$x_2=-3'00''$
3	补偿范围 $A=\dfrac{x_1-x_2}{2}=3'$

注:按仪器出厂指标,其补偿范围为±3′。

补偿器零位误差检定记录(″)

次序	显示及计算结果		
	Ⅰ	Ⅱ	平均
1	-0.4	-0.5	$L=-0.45$
2	-0.2	-0.3	$R=-0.25$
3	$\delta=\frac{L-R}{2}=-0.1''$		

注:按仪器出厂指标,补偿器零位误差为±1″。

表 4-22　　　　**具有"双向倾斜显示"仪器倾斜补偿器的检定**

仪器型号:SET-2C　Ⅱ　　No 16695

补偿范围检定记录

次序	显示及计算结果
1	$y=0$ $x_1=-0°03'08''$ $x_2=+0°03'06''$
2	$x=0$ $y_1=-0°03'04''$ $y_2=+0°03'04''$
3	$A=0°03'04''$

注:按仪器出厂指标,其补偿范围为±3′。

补偿器零位误差检定记录计算(″)

次序	显示及计算结果			
		Ⅰ	Ⅱ	平均
1	x_L	00	00	00.0
	y_L	00	02	01.0
2	x_R	-02	-02	-02
	y_R	-01	-01	-01
3	$\delta x=(x_L-x_R)/2=+1.0''$ $\delta y=(y_L-y_R)/2=+1.0''$ $\delta=(\delta_x-\delta_y)/2=+1.0''$			

注:补偿器零位误差限为±1.0″。

8. 倾斜补偿器补偿误差

1)竖直度盘的补偿误差(多目标平行光管法)

a. 盘左位置整置好仪器，用望远镜横丝精确照准平点平行光管水平丝，读取天顶距

M_1(照准、读数各3次取平均)。

b. 转动脚螺旋A，使仪器上仰(仰角略小于以上测定的仪器补偿范围)后，再用竖直微动螺旋，使望远镜重新照准平点平行光管水平丝，读取天顶距M_2(照准、读数各3次取平均值)。

c. 反方向旋转脚螺旋，使仪器恢复水平后再下倾(倾角略小于仪器补偿范围)，再用竖直微动螺旋，使望远镜重新照准平点平行光管水平丝，读取天顶距M_3(照准、读数各3次取平均值)。

d. 转动脚螺旋A，使仪器恢复水平，再微动望远镜精确照准平点平行光管水平丝，读取天顶距M_4(照准、读数各3次取平均值)。

e. 计算纵向补偿误差，取$\Delta_1=M_2-M_1$，$\Delta_2=M_3-M_1$，$\Delta_3=M_4-M_1$，取其中绝对值最大者作为检定结果，其结果应符合要求。

2)水平度盘的补偿误差(多目标平行光管法)

a. 盘左位置，望远镜竖丝照准平点平行光管的垂直丝，水平度盘置零。

b. 纵转望远镜使竖丝照准高点或低点(高点与平点之间的夹角约为30°)平行光管的垂直丝，读取水平方向读数N_2(照准、读数各3次取平均)。

c. 转动脚螺旋B和C，使仪器左倾1′30″后，用望远镜竖丝照准平点平行光管垂直丝，度盘置零，然后再用望远镜竖丝照准高点平行光管垂直丝，读取水平方向读数N_2(照准、读数各3次取平均)。

d. 反向转动脚螺旋B和C，使仪器水平后向右倾1′30″，用望远镜竖丝照准高点平行光管垂直丝，读水平方向值N_3(照准、读数各3次取平均)。

e. 转动脚螺旋，使仪器恢复水平，再用望远镜竖丝照准高点平行光管垂直丝，读水平方向读数N_4(照准、读数各3次取平均)。

f. 计算横向补偿误差，取$\Delta_1=N_2-N_1$，$\Delta_2=N_3-N_1$，$\Delta_3=N_4-N_1$取其中绝对值最大者为检定结果。其结果应符合的要求，实例见表4-23。

【检定计算实例】

表4-23 **补偿器误差检定**

补偿器误差检定记录与计算

仪器型号：GTS-301　　　　观测：

No　ECO113　　　　记录：

时间：

竖直角补偿	读数值				计算
	Ⅰ	Ⅱ	Ⅲ	平均	
	(°)(′)(″)	(″)	(″)	(″)	
M1(水平)	89 59 49	51	51	50.3	Δ1=M2−M1=−0.3″ Δ2=M3−M1=−2.6″ Δ3=M4−M1=+1.0″ Δmax=2.6″
M2(上倾)	50	50	50	50.0	
M3(下倾)	47	48	48	47.7	
M4(再水平)	50	52	52	51.3	

注：2″级仪器，要求纵向补偿的最大误差，即|Δmax|≤6″。

倾斜补偿器误差检定

仪器型号：SET-2C Ⅱ　　　　　　　　　　观测：

No 16695　　　　　　　　　　　　　　　记录：

时间：

补偿		秒值				计算
		Ⅰ	Ⅱ	Ⅲ	平均	
		(°)(′)(″)	(″)	(″)	(″)	
竖直角补偿	M1(水平)	89 59 44	43	43	43.3	Δ1=M2−M1=−1.6″
	M2(上倾)	42	41	42	41.7	Δ2=M3−M1=+2.0″
	M3(下倾)	45	45	46	45.3	Δ3=M4−M1=0.0″
	M4(再水平)	43	43	44	43.3	Δmax=+2.0″
水平角补偿	N1(水平)	20 34 44	45	43	44.0	Δ1=N2−N1=−0.7″
	N2(上倾)	43	43	44	43.3	Δ2=N3−N1=+1.7″
	N3(下倾)	45	46	46	45.7	Δ3=N4−N1=−0.3″
	N4(再水平)	43	44	44	43.7	Δmax=+1.7″

注：对2″级仪器，要求纵向及横向Δmax≤6″。

3)补偿器对竖直度盘的补偿误差(多齿分度台法)

竖直角的补偿误差取决于所提供的铅垂线的可靠性，通过改变仪器竖轴倾斜的方式，检定某一无穷远点竖角的变化来衡量补偿器的补偿误差。具体操作方法：将仪器置于立轴多齿台上，通过旋转多齿台来实现仪器竖轴向不同方向倾斜。为考察一般的情况，仪器的竖轴故意倾斜一定量(大约偏离1.5′左右为宜)。多齿台每次转动31°18′15.6″；共旋转12个位置。由下式计算出：

$$m_{补}=\sqrt{\frac{\sum_{1}^{12} v_i^2}{12-1}} \tag{9}$$

式中：v_i——每一位置的竖直角与其竖直角均值之差。

仲裁检定以多目标平行光管法为准。

4)补偿器对水平度盘读数的补偿误差测定(多齿分度台法)

对水平度盘读数的补偿精度用多齿分度台与平行光管组成的检定装置(平行光管Ⅰ为平点，平行光管Ⅱ为低点，其与平点在竖直方向的夹角为30°)进行检定。将被检仪器置于多齿分度台上，精确调平并使仪器旋转轴与多齿分度台回转中心同轴。使仪器竖轴倾斜1′30″。将多齿台置于零位，转动照准部照准水平点平行光管，将仪器的水平角归0，分别用盘左位置照准平行光管Ⅰ、Ⅱ，即平点及低点，读取水平度盘读数。每次逆转多齿台31°18′15.6″，仪器则顺时针方向旋转并分别照准平行光管Ⅰ、Ⅱ，共测12个点，作为往测。然后望远镜翻转180°，逆时针旋转照准平行光管Ⅰ、Ⅱ，多齿台顺时针每次旋转31°18′15.6″，共测12个测点，这过程称为返测。

分别求出各受检点的角度平均值 α_{I}，α_{II} 及对多齿分度台标准角值 $\alpha_{标}$ 的差值 ϕ_i：

对于平点：$\phi_{\mathrm{I}i}=\alpha_{\mathrm{I}i}-\alpha_{标}$

对于低点：$\phi_{\mathrm{II}i}=\alpha_{\mathrm{II}i}-\alpha_{标}$

补偿器对水平度盘读数的补偿误差：

$$m_0=\sqrt{\frac{\sum_{i=1}^{12}\phi_{\mathrm{II}i}^2}{12-1}-\frac{\sum_{i=1}^{12}\phi_{\mathrm{I}i}^2}{12-1}} \tag{10}$$

仲裁检定以多目标平行光管法为准。

9. 望远镜视准线的调焦运行误差

(1)被检仪器安置在仪器升降台上，在其前面设置一台检定调焦误差的检调管，该光管内有多个分划板，连成一条基准线，构成最短视距和无穷远的 4~5 个目标，调整仪器及检调管，使检调管内的基准线与仪器视准轴相重合。

(2)望远镜调焦到无穷远，对准检调管无穷远目标于盘左、盘右，往、返各做两次照准，读取水平读数，取平均值为 L 和 R，其差为 $(L-R)_{远}$。

再依次对望远镜调焦，对准检调管其余各处目标，仍于盘左、盘右依次往返各做两次照准，读取水平读数，取平均值为这些目标的 L 和 R，其差为 $(L-R)_i$，式中 i 为目标号。

以上为一组观测，取 $[(L-R)_{远}-(L-R)_i]/2$ 即为该组观测第 i 目标的调焦运行误差 Δf_i。

共进行 3 组观测，取平均值，每组变换度盘 60°。在从盘左到盘右转换时，都应顺时针转动照准部，以免引入基座隙动误差。检定记录及计算见表 4-24。

【检定计算实例】

表 4-24 **望远镜调焦时视轴变动误差检定记录**

仪器型号：T1600　　仪器号：331108　　观测：

检定日期：　　标准器型号：　　记录：

测回	度盘位置		目标距离(m)				
			2	4	10	50	∞
			(°)(′)(″)	(°)(′)(″)	(°)(′)(″)	(°)(′)(″)	(°)(′)(″)
1	左	往	0 00 00	0 00 00	0 00 04	0 00 03	0 00 02
		返	00	01	04	01	04
		均值	0 00 00	0 00 00.5	0 00 04.0	0 00 02.0	0 00 03.0
	右	往	180 00 07	180 00 11	180 00 13	180 00 11	180 00 14
		返	05	09	12	13	15
		均值	180 00 06.0	180 00 10.0	180 00 12.5	180 00 12.0	180 00 14.5

续表

测回	度盘位置		目标距离(m)				
			2	4	10	50	∞
			(°)(′)(″)	(°)(′)(″)	(°)(′)(″)	(°)(′)(″)	(°)(′)(″)
	L-R		-6.0″	-9.5″	-8.5″	-10.0″	-11.5″
	$\Delta f_{11}=\dfrac{(L-R)\infty-(L-R)_1}{2}$		-2.8″	-1.0″	-1.5″	-0.8″	
2	左	往	60 00 00	60 00 01	60 00 04	60 00 02	60 00 07
		返	59 59 59	01	06	03	06
		均值	59 59 59.5	60 00 01.0	60 00 05.0	60 00 02.5	60 00 06.5
	右	往	240 00 07	240 00 09	240 00 12	240 00 13	240 00 17
		返	05	09	13	16	15
		均值	240 00 06.0	240 00 09.0	240 00 12.5	240 00 14.5	240 00 16.0
	L-R		-6.5″	-8.0″	-12.0″	-12.0″	-9.5″
	$\Delta f_{12}=\dfrac{(L-R)\infty-(L-R)_1}{2}$		-1.5″	-0.8″	-1.0″	+1.2″	

10. 光学对中器视轴与竖轴重合度

(1)对设置在基座上不能旋转的光学对中器，可利用光学对中器检验台进行检定，将光学对中器安置在该检验台上，沿对中器视准轴分别在0.8m至1.5m处设置标志板，并使标志中心与对中器视准轴重合；然后，旋转检验台180°，观测对中器视准轴的偏离量，重复3次取平均，其偏离量的一半应小于lmm。

(2)对于能够旋转的光学对中器，则不必用检验台，可旋转光学对中器，按上述方法检定。激光对点器的检定，按本方法进行。

11. 一测回水平方向标准偏差

1)多目标平行光管法

室内中心位置设一稳定的仪器升降台，上面安置被检仪器；沿该仪器升降台水平方向的圆周上再设置4~6个平行光管作为照准目标。如图4-4所示。

精密调整平行光管的分划板及其倾斜度和轴线方向一致，使升降台上仪器依次照准时，不需改变调焦，就能看到最清晰明亮的平行光管分划板上的十字线成像，而且竖线处于铅垂位置。观测过程中以表4-25所列各项限差控制检测结果的准确度。如果半测回归

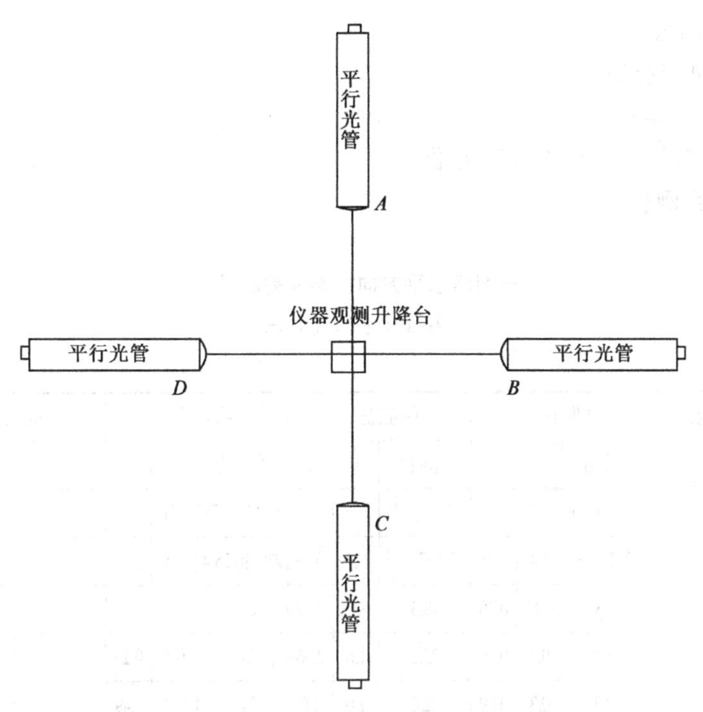

图 4-4　水平方向标准差的室内检定

零差超限时，应重测该测回；一测回两倍照准差互差和各测回方向值互差超限时，应重测超限方向(带上零方向)或重测一测回；一测回重测方向数超过该测回全部方向数的 1/3 时，应重测该测回；如果检定过程中重测方向数超过全部方向数的 1/3 时，应重测全部测回。

表 4-25　　多目标平行光管法观测过程中的各项限差

仪器型号	Ⅰ	Ⅱ	Ⅲ	Ⅳ
测回数	8	6	4	4
半侧回归零差(″)	2.0	3.0	8.0	8.0
一测回两倍照准差互差(″)	4.0	6.0	16.0	16.0
方向值各测回互差(″)	2.0	3.0	8.0	8.0

检定结果的计算：

根据最小二乘法原理公式计算一测回水平方向标准偏差值，其结果应符合要求。

一测回水平方向标准偏差按下式求得：

$$u=\sqrt{\frac{\sum_{j=1}^{n-1}\sum_{i=1}^{m}v_{ij}^{2}-\frac{1}{n}\sum_{i=1}^{m}\left(\sum_{j=1}^{n-1}v_{ij}\right)^{2}}{(m-1)(n-1)}}\tag{11}$$

式中：m——测回数；

n——照准目标数。

计算示例见表 4-26。

仲裁检定以多目标平行光管法为准。

【检定计算实例】

表 4-26　　**一测回水平方向标准偏差的计算**

（多目标平行光管法）

仪器编号　　年　月　日

测回号	起始位置	照准目标1	照准目标2			照准目标3			照准目标4			照准目标5			[V]	$[V]^2$
			角度值	v	w	角度值	v	w	角度值	v	w	角度值	v	w		
	(°)(′)	(°)(′)(″)	(°)(′)(″)	(″)	(″)	(°)(′)(″)	(″)	(″)	(°)(′)(″)	(″)	(″)				(″)	(″)
1	0 00′		57°2′39.8	1.4	1.96	176°37′21.3	0.7	0.49	239°10′25.4	1.5	2.25				3.6	12.96
2	30° 11′		37.8	−0.6	0.36	18.3	−2.3	5.29	22.4	−1.5	2.25				4.4	19.36
3	60° 22′		38.8	0.4	0.16	22.2	1.6	2.56	24.4	0.5	0.25				2.5	6.25
4	90°33′		38.7	0.3	0.09	22.6	2.0	4.0	24.6	0.7	0.49				3.0	9.0
5	120° 44′		36.5	−1.9	3.61	18.5	−2.1	4.41	22.1	−1.8	3.24				5.8	33.64
6	150° 55′		38.8	0.4	0.16	20.6	0	0.0	24.7	0.8	0.64				1.2	1.44
			平均 38.4		6.34	20.6		16.75	23.9		9.12					∑82.65

$m=6$　$n=4$

一测回水平方向标准偏差

$$u=\sqrt{\frac{\sum_{j=1}^{n-1}\sum_{i=1}^{m}v_{ij}^2-\frac{1}{n}\sum_{i=1}^{m}\left(\sum_{j=1}^{n-1}v_{ij}\right)^2}{(m-1)(n-1)}}=\sqrt{\frac{6.34+16.75+9.12-\frac{82.65}{4}}{5\times 3}}=\sqrt{\frac{11.55}{15}}=0.88''$$

2）多齿分度台法

一测回水平方向标准偏差用多齿分度台（391 或 552 齿）与平行光管组成的装置检定，检定装置如图 4-5 所示。

将被检仪器安置在多齿分度台上，精细调平并使仪器旋转轴与多齿分度台旋转中心同轴，其差值小于 0.1mm。

检定中，往测时多齿分度台逆时针旋转，返测时多齿分度台顺时针旋转。往返测为一个测回，具体检定方法如下：

多齿分度台置于零位，转动照准部照准平行光管目标，使仪器的水平度盘读数置零，顺时

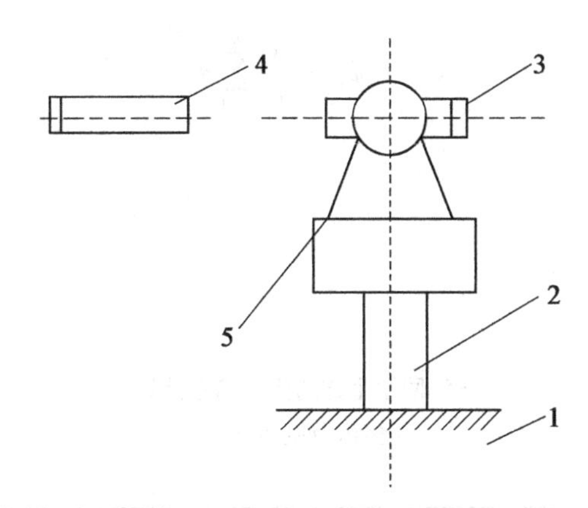

1—基座；2—可调工作台；3—受检仪器；4—平行光管；5—多齿分度台

图 4-5　多齿分度台检定装置示意图

针方向旋转照准部一周，望远镜照准平行光管目标，盘左读数两次，多齿分度台按预先布点逆时针方向旋转至第 2 检定位置，全站仪照准部以顺时针方向旋转并照准平行光管目标，盘左读数两次。以同样的方法检定 3，4，…，n 位置，（多齿分度台法测回数及各测回受检点数见表 4-27），最后回到零位。

表 4-27　**多齿分度台法测回数及各测回受检点数**

仪器型号	Ⅰ	Ⅱ	Ⅲ Ⅳ
测回数	2	2	1
受检点数	23	12	12

望远镜翻转 180°，逆时针方向旋转照准部照准目标，盘右两次读数，多齿分度台顺时针方向转动第 2 检定位置，全站仪照准部以逆时针方向旋转照准部照准目标，进行第 2 位置检定。以同样方法检定 3，4，…，n 位置，最后回到零位。

分别求出往测、返测各受检点读数 α_i，若归零差在限差范围内，以 α_i 对应齿盘标准角值 $\alpha_{标}$ 的差值为 ψ_i。

各受检点的分度误差 ψ_i 按下式求得：

$$\psi_i = \alpha_i - \alpha_{标} \tag{12}$$

取往测 ϕ_i 和返测 ϕ_i 平均值中最大值与最小值之差为测角示值误差：

$$\Delta = \psi_{\max} - \psi_{\min} \tag{13}$$

一测回水平方向标准偏差按下式求得，其结果应符合要求：

$$u = \sqrt{\frac{\sum_{i=1}^{m}\sum_{j=1}^{n}\phi_{ij}^{2}}{m(n-1)}} \tag{14}$$

式中：ϕ_{ij}——方向误差（i=1，2，…，n）；

$$\phi_{ij} = \psi_{ij} - \frac{1}{n}\sum_{i=1}^{n}\psi_{ij} \tag{15}$$

m——测回数；

n——受检点数。

计算实例见表4-28。

【检定计算实例】

表4-28 **一测回水平方向标准偏差计算**

（多齿分度台法）

仪器编号： 年 月 日

标准角值	读数			与标准值之差 ψ_i	$\phi = \psi_i - \frac{1}{n}\sum_{i}^{n}\psi_i$
	L	R	平均		
	(″)	(″)	(″)	(″)	(″)
0°0′00″	0.0	0.0	0.0	0.0	−0.8
15°39′7.8″	9.0	8.3	8.6	0.8	0.0
31°18′15.7″	14.0	15.5	14.8	−0.9	−1.7
46°57′23.5″	22.5	23.5	23.0	−0.5	−1.3
62°36′31.3″	32.0	30.6	31.3	0.0	−0.8
78°15′39.1″	28.2	39.1	38.6	−0.5	−1.3
93°54′47.0″	46.5	45.9	46.2	−0.8	−1.6
109°33′54.8″	57.2	56.1	56.6	1.8	1.0
125°13′2.6″	2.6	2.9	2.8	0.2	−0.6
140°52′10.4″	13.1	10.9	12.0	1.6	0.8
156°31′18.2″	19.4	17.3	18.4	0.2	−0.6
172°10′26″	26.9	27.6	27.2	1.2	−0.4
187°49′33.9″	35.5	37.1	36.6	2.4	1.6
203°28′41.7″	44.3	45.0	44.6	2.9	2.1
219°07′49.5″	50.1	52.2	51.2	1.7	0.9
234°46′57.3	59.8	58.7	59.2	1.9	1.1
250°26′5.2″	5.0	8.0	6.5	1.3	0.5
266°05′13″	12.2	13.7	13.0	0.0	−0.8
281°44′20.8″	20.6	23.3	22.0	1.2	0.4
297°23′28.6″	27.5	29.6	28.6	0.0	−0.8
313°02′36.5″	37.7	39.5	38.5	2.0	1.2
328°41′44.3″	45.1	46.2	45.6	1.3	0.5
344°20′52.2″	52.0	55.3	53.6	1.4	0.6

起始与终了零位已归零。

测角示值误差：

$$\Delta = \psi_{\max} - \psi_{\min} = 2.9 - (-0.9) = 3.8''$$

一测回水平方向标准偏差：

$$u = \sqrt{\frac{\sum_{i=1}^{n}\sum_{j=1}^{n}\phi_{ij}^2}{m(n-1)}} = \sqrt{\frac{25.36}{22}} = 1.07''$$

12. 一测回竖直角测角标准偏差

采用标准竖直角法，装置如图 4-6 所示，分别在 1，2，3，4，5 各点设置平行光管一个。

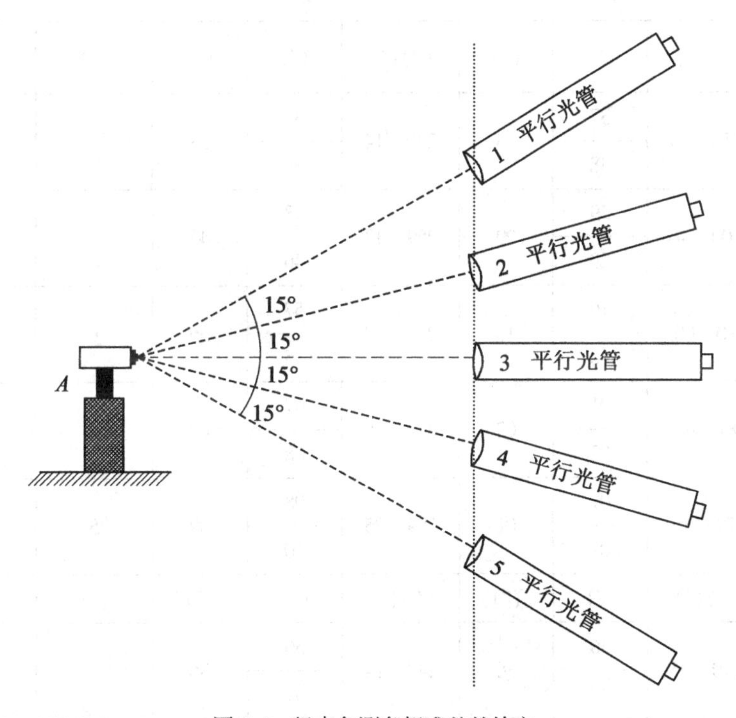

图 4-6 竖直角测角标准差的检定

检定时，将仪器安置在升降工作台上，并调整到工作状态，以盘左位置自上而下依次照准 5 个目标，并读记观测数据，每个目标读数两次，取平均值。用同样的方法在盘右自下而上依次照准目标，并读记观测结果，然后，取盘左、盘右平均值减去水平方向值，即得竖角观测值，此为一测回，共测 4 测回，最后求得一测回竖直角标准偏差，其结果应符合要求。

计算公式：

$$u = \sqrt{\frac{\sum_{i=1}^{m}\sum_{j=1}^{n}\phi_{ij}^2}{m(n-1)}} \tag{16}$$

式中：ϕ——观测值与已知值之差；

m——测回数；

n——标准竖直角的个数。

记录格式和计算见表4-29、表4-30。

【检定计算实例】

表4-29 一测回竖直角观测记录

仪器型号：SET2B No 15107 观测：

日期： 记录：

<table>
<tr><th rowspan="2">测回</th><th rowspan="2">照准点</th><th colspan="6">读数</th><th>指标差</th><th>竖直角</th></tr>
<tr><th colspan="3">L</th><th colspan="3">R</th><th></th><th></th></tr>
<tr><td></td><td></td><td>(°)(′)</td><td>(″)</td><td>(″)</td><td>(°)(′)</td><td>(″)</td><td>(″)</td><td>(″)</td><td>(°)(′)(″)</td></tr>
<tr><td rowspan="10">3</td><td rowspan="2">1</td><td rowspan="2">110 45</td><td>37</td><td rowspan="2">38</td><td rowspan="2">249 14</td><td>37</td><td rowspan="2">38</td><td rowspan="2">8</td><td rowspan="2">110 45 30</td></tr>
<tr><td>38</td><td>38</td></tr>
<tr><td rowspan="2">2</td><td rowspan="2">100 46</td><td>29</td><td rowspan="2">29</td><td rowspan="2">259 13</td><td>48</td><td rowspan="2">47</td><td rowspan="2">8</td><td rowspan="2">100 46 21</td></tr>
<tr><td>29</td><td>46</td></tr>
<tr><td rowspan="2">3</td><td rowspan="2">90 00</td><td>16</td><td rowspan="2">16</td><td rowspan="2">269 59</td><td>57</td><td rowspan="2">56</td><td rowspan="2">6</td><td rowspan="2">90 00 10</td></tr>
<tr><td>16</td><td>55</td></tr>
<tr><td rowspan="2">4</td><td rowspan="2">81 42</td><td>01</td><td rowspan="2">02</td><td rowspan="2">278 18</td><td>07</td><td rowspan="2">08</td><td rowspan="2">5</td><td rowspan="2">81 41 57</td></tr>
<tr><td>02</td><td>08</td></tr>
<tr><td rowspan="2">5</td><td rowspan="2">70 35</td><td>01</td><td rowspan="2">01</td><td rowspan="2">289 25</td><td>08</td><td rowspan="2">09</td><td rowspan="2">5</td><td rowspan="2">70 34 56</td></tr>
<tr><td>01</td><td>10</td></tr>
<tr><td></td><td></td><td>(°)(′)</td><td>(″)</td><td>(″)</td><td>(°)(′)</td><td>(″)</td><td>(″)</td><td>(″)</td><td>(°)(′)(″)</td></tr>
<tr><td rowspan="10">4</td><td rowspan="2">1</td><td rowspan="2">110 45</td><td>36</td><td rowspan="2">36</td><td rowspan="2">249 14</td><td>36</td><td rowspan="2">36</td><td rowspan="2">6</td><td rowspan="2">110 45 30</td></tr>
<tr><td>35</td><td>37</td></tr>
<tr><td rowspan="2">2</td><td rowspan="2">100 46</td><td>28</td><td rowspan="2">27</td><td rowspan="2">259 13</td><td>50</td><td rowspan="2">49</td><td rowspan="2">8</td><td rowspan="2">100 46 19</td></tr>
<tr><td>26</td><td>48</td></tr>
<tr><td rowspan="2">3</td><td rowspan="2">90 00</td><td>11</td><td rowspan="2">12</td><td rowspan="2">269 59</td><td>59</td><td rowspan="2">58</td><td rowspan="2">5</td><td rowspan="2">90 00 07</td></tr>
<tr><td>14</td><td>57</td></tr>
<tr><td rowspan="2">4</td><td>81 41</td><td>59</td><td rowspan="2">00</td><td rowspan="2">278 18</td><td>07</td><td rowspan="2">08</td><td rowspan="2">4</td><td rowspan="2">81 41 56</td></tr>
<tr><td>81 42</td><td>02</td><td>10</td></tr>
<tr><td rowspan="2">5</td><td>70 35</td><td>00</td><td rowspan="2">00</td><td rowspan="2">289 25</td><td>09</td><td rowspan="2">08</td><td rowspan="2">4</td><td rowspan="2">70 34 56</td></tr>
<tr><td>70 34</td><td>59</td><td>08</td></tr>
</table>

注：1，2测回略去。

表 4-30 **一测回竖直角标准偏差计算**

（标准竖直角法）

测回号	照准目标 1		照准目标 2		照准目标 3		照准目标 4		照准目标 5	
	角度值 (°)(′)(″)	与均值之差 (″)	角度值 (°)(′)(″)	与均值之差 (″)	角度值 (°)(′)(″)	与均值之差 (″)	角度值 (°)(′)(″)	与均值之差 (″)	角度值 (°)(′)(″)	与均值之差 (″)
1	110 45 28	1.00	100 46 20	0.25	90 00 09	-0.50	81 41 58	-1.00	70 34 57	-1.0
2	28	1.00	21	-0.75	08	0.50	57	0.00	55	1.00
3	30	-1.00	21	-0.75	10	-1.50	57	0.00	56	0
4	30	-1.00	19	1.25	07	1.50	56	1.00	56	0
平均	29.00″		20.25″		08.50″		57.00″		56.00″	
平均和		4.00		2.75		5.00		2.00		2.00

一测回竖直角测角标准偏差：

$$u = \sqrt{\frac{\sum_{i=1}^{n}\sum_{j=1}^{n} v^2}{m(n-1)}} = \sqrt{\frac{15.75}{16}} = 0.99''$$

$$\sum v^2 = 15.75''$$

13. 发射、接收、照准三轴关系的正确性

在距测距仪 300m 至 1km 处安置反射棱镜，用测距仪的望远镜照准反射棱镜的标志，接通测距仪电源，观测其返回信号的强度；旋动测距仪的水平与垂直微动螺旋，观察返回信号强度的变化，再找出返回信号最大的位置，此时，望远镜十字丝与反射棱镜标志应重合。

14. 反射棱镜的一致性

在室内长约 30m 的距离分别安置测距仪与受检反射棱镜，调整测距仪照准标志，分别对各配套反射棱镜进行测距。读取 10 次距离求其平均值，在测距中不得再次调整测距仪。对各配套反射棱镜所测的距离平均值进行比较，其最大值与最小值之差应满足要求。范例见表 4-31。

【检定计算实例】

表 4-31　　**反射棱镜常数的一致性记录表**

仪器型号：　　温度：　　检定地点：　　观测者：　　换棱镜者：

仪器编号：　　气压：　　日期：　　记录者：　　计算者：

反射棱镜(1)		反射棱镜(2)		反射棱镜(3)		反射棱镜(4)	
读数次数	读数值(m)	读数次数	读数值(m)	读数次数	读数值(m)	读数次数	读数值(m)
1	30.086	1	30.087	1	30.086	1	30.087
2	30.086	2	30.086	2	30.086	2	30.087
3	30.086	3	30.086	3	30.086	3	30.087
4	30.086	4	30.087	4	30.086	4	30.087
5	30.086	5	30.086	5	30.087	5	30.087
6	30.086	6	30.087	6	30.086	6	30.087
7	30.086	7	30.087	7	30.086	7	30.086
8	30.086	8	30.087	8	30.086	8	30.087
9	30.086	9	30.086	9	30.086	9	30.087
10	30.086	10	30.087	10	30.087	10	30.087
平均值	30.0860	平均值	30.0866	平均值	30.0862	平均值	30.0869
最大差　0.9mm							

15. 调制光相位均匀性

使用砷化镓(GaAs)半导体光源发光是一种面光源，发光面一般 $\phi=50\mu m$，当向发光管注入调制电流时，发光面上各点由于电子和空穴复合速度不同而导致各部分出光的调制相位不同，这种现象称为调制光相位不均匀。一般 GaAs 发光管，边缘光比中心光相位延迟，从而成为一般测距仪的主要测相误差来源。这种情况发生在测距仪瞄准有偏差时，特别严重。

调制光相位均匀性采用光斑位置截取法：

(1)选择长约 50m 检定场地，两端分别安置测距仪与反射棱镜，使其大致等高。

(2)由中心点向上下左右等间隔地移动光轴测距，接通测距仪电源，照准反射棱镜标志后，分别向上、下、左、右各方向移动光轴，找出光斑的可测范围。按其大小，由中心点向上下左右等间隔地移动光轴测距，每间隔读数 5 次取平均值，范例见表 4-32。

【检定计算实例】

表 4-32 **光斑截取位置检定记录**

仪器型号：　　　　　　　　　　检定者：

检定时间：　　　　　　　　　　记录者：

温度：10℃　　　　　　　　　　检查者：

气压：727. 3hPa　　　　　　　　仪器标称标准偏差 a 值：3mm

序号	度盘位置（方格交叉点）		读数值 D_i(m)					平均值	与中心值之差
	垂直(°)(′)(″)	水平(°)(′)(″)						$\overline{D}$(m)	$(D_{中}-\overline{D})$ (mm)
0	86 06 00	270 05 00	50. 502	50. 602	50. 602	50. 602	50. 602	50. 6020	0. 0
1	86 07 00	270 05 00	50. 602	50. 602	50. 602	50. 602	50. 602	50. 6020	0. 0
2	86 08 00	270 05 00	50. 603	50. 603	50. 603	50. 603	50. 603	50. 6030	−1. 0
3	86 06 00	270 04 00	50. 603	50. 603	50. 603	50. 603	50. 603	50. 6030	−1. 0
4	86 05 00	270 04 00	50. 603	50. 602	50. 602	50. 602	50. 602	50. 6020	0. 0
5	86 05 00	270 03 00	50. 603	50. 603	50. 603	50. 603	50. 603	50. 6030	−1. 0
6	86 04 00	270 04 00	50. 603	50. 603	50. 601	50. 603	50. 603	50. 6030	−1. 0
7	86 04 00	270 05 00	50. 601	50. 601	50. 602	50. 601	50. 601	50. 6010	1. 0
8	86 03 00	270 05 00	50. 602	50. 602	50. 602	50. 602	50. 602	50. 6020	0. 0
9	86 04 00	270 06 00	50. 602	50. 601	50. 601	50. 601	50. 601	50. 6014	0. 6
10	86 05 00	270 06 00	50. 601	50. 601	50. 602	50. 601	50. 601	50. 6010	1. 0
11	86 05 00	270 07 00	50. 601	50. 601	50. 601	50. 601	50. 601	50. 6012	−0. 2
12	86 06 00	270 06 00	50. 601	50. 601	50. 602	50. 601	50. 601	50. 6010	1. 0
0	86 06 00	270 05 00	50. 602	50. 602	50. 602	50. 602	50. 602	50. 6020	0. 0

测点顺序如图 4-7 所示，在偏调 2′的区域内测点应不少于 13 个点。

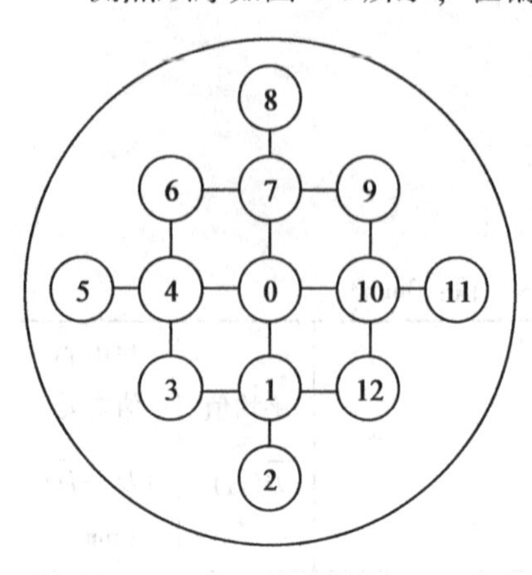

图 4-7　测点顺序

(3)将光斑中心点测距值与其他各点测距值之差绘制等相位差图，偏调 1′其最大差值应符合要求。

16. 幅相误差

(1)在室内长约 30m 的距离两端分别安置测距仪与反射棱镜。在测距仪收发镜筒前的光路上设置减光板(灰度滤光器)，为避免附加误差，减光板(灰度滤光器)平面不得与光路垂直。

(2)对于自动减光的测距仪，将灰度滤光器安置在仪器发射筒前，调整滤光器改变信号强度大小，在光信号强度的可测区域内使光信号由强而弱变化，选取 6 个不同回光信号强度测距，每次取 10 次读数的平均值为所测距离。6 个距离的最大互差应符合要求。

(3)对于手动光阑(或减光板)的仪器，旋转手动光阑(或减光板)将光信号减弱到可测光强区的最小值进行测距，取 5 次读数求其平均值为所测距离。然后逐渐旋开光阑(或减光板)，光信号强度每变化一格进行一次测距，直到可测光强最大值为止。

(4)将各光信号强度测得距离进行比较，求其差值并作出差值与光信号强度变化曲线图，所测各距离的最大与最小值之差应符合要求。见表 4-33。

【检定计算实例】

表 4-33　**幅相误差检定记录表**

仪器型号：　温度：　检定地点：　观测者：　记录者：

仪器编号：　气压：　风力：　日期：　计算者：

回光强度		0	1	2	3	4	5
观测值(m)	1	32. 365	32. 362	32. 363	32. 362	32. 362	32. 364
	2	32. 364	32. 363	32. 362	32. 362	32. 363	32. 364
	3	32. 364	32. 363	32. 362	32. 363	32. 363	32. 365
	4	32. 364	32. 363	32. 362	32. 362	32. 363	32. 365
	5	32. 365	32. 362	32. 363	32. 363	32. 362	32. 366
	6	32. 364	32. 363	32. 363	32. 363	32. 362	32. 365
	7	32. 365	32. 363	32. 362	32. 363	32. 362	32. 365
	8	32. 365	32. 362	32. 363	32. 363	32. 363	32. 365
	9	32. 365	32. 363	32. 363	32. 363	32. 363	32. 365
	10	32. 364	32. 363	32. 362	32. 362	32. 363	32. 364
平均值		32. 3645	32. 3627	32. 3625	32. 3626	32. 3626	32. 3648
最大值＝2. 3mm							

注：将绿区分为五等格，从绿区边缘测至另一边缘，0，1，…，5。

17. 分辨率

(1)在室内取约30m距离，两端分别安置测距仪和分辨率检验台。使测距仪与检验台上的反射棱镜等高且使反射棱镜移动的方向与测距仪的光轴一致。

将仪器照准反射棱镜标志后重复测距，取10次读数求其平均值为测距值。测距由检验台的零点位置开始，等间隔移动反射棱镜10次，每次移动间隔为1. 1mm。范例见表4-34。

【检定计算实例】

表4-34　　**分辨率记录表**

仪器型号：　　温度：　　检定地点：　　观测者：　　计算者：

仪器编号：　　气压：　　日期：　　记录者：　　移棱镜者：

序号	间隔 d_i(mm)	读数值(m)										观测值 D_i(m)	差值 v_i(mm)
		1	2	3	4	5	6	7	8	9	10		
1	0	30. 004	30. 004	30. 004	30. 004	30. 004	30. 004	30. 004	30. 004	30. 004	30. 004	30. 0040	+0. 2
2	1. 1	30. 005	30. 005	30. 005	30. 005	30. 005	30. 005	30. 005	30. 005	30. 005	30. 005	30. 0050	0. 1
3	2. 2	30. 006	30. 006	30. 007	30. 006	30. 007	30. 006	30. 006	30. 006	30. 006	30. 006	30. 0062	+0. 2
4	3. 3	30. 007	30. 007	30. 007	30. 007	30. 007	30. 007	30. 007	30. 007	30. 007	30. 007	30. 0070	−0. 1
5	4. 4	30. 009	30. 008	30. 008	30. 008	30. 008	30. 008	30. 009	30. 008	30. 008	30. 008	30. 0082	0. 0
6	5. 5	30. 009	30. 009	30. 010	30. 009	30. 009	30. 009	30. 009	30. 010	30. 009	30. 009	30. 0092	−0. 1
7	6. 6	30. 010	30. 010	30. 010	30. 011	30. 011	30. 010	30. 010	30. 011	30. 010	30. 011	30. 0104	0. 0
8	7. 7	30. 011	30. 012	30. 011	30. 011	30. 012	30. 011	30. 012	30. 012	30. 011	30. 011	30. 0114	−0. 1
9	8. 8	30. 013	30. 013	30. 012	30. 012	30. 013	30. 013	30. 013	30. 012	30. 013	30. 012	30. 0126	0. 0
10	9. 9	30. 014	30. 014	30. 014	30. 014	30. 014	30. 0143	30. 014	30. 014	30. 014	30. 014	30. 0140	+0. 3
11	11. 0	30. 014	30. 015	30. 015	30. 015	30. 015	30. 015	30. 014	30. 015	30. 015	30. 015	30. 0148	0. 0

$$m_{分} = \sqrt{\frac{\sum_{i=1}^{n} v_i}{n-1}} = 0.14\text{mm} \qquad D_0 = \frac{\sum_{i=1}^{n} D_i - \sum_{i=1}^{n} d_i}{n} = 30.0038\text{m} \qquad v_i = D_i - D_0 - d_i$$

(2)分辨率的计算。

将观测值归算到零点，求其归算量的平均值 D_0：

$$D_0 = \frac{\sum_{i=1}^{n} D_i - \sum_{i=1}^{n} d_i}{n} \tag{17}$$

式中：D_i——反射棱镜在各位置的距离观测值；

d_i——反射棱镜在分辨率检验台上由零点开始改变的距离值，$d_i = 1.1(i-1)$ mm；

i——各观点序号 1，2，…，n。

分辨率的计算公式：

$$m_{分} = \sqrt{\frac{\sum_{i=1}^{n} v_i^2}{n}} \tag{18}$$

观测值与归算量的差值：

$$v_i = D_i - D_0 - d_i \tag{19}$$

18. 周期误差

测距系统中，尽管光学和电子的发射系统、接收系统之间有着严格的隔离，但往往还会有同频的光窜扰和电窜扰存在。内光路的漏光、收发共轴仪器光学系统内部的反射以及测距作业时，在发射光束内有多余的反射体等将会引起同频光窜扰，从而导致测距的周期误差，周期误差一般采用平台法检定。

(1)仪器安置如图 4-8 所示。在长方形平台上放置一根基线尺，其长度应大于受检仪器的测尺长。该尺的准确度优于 2×10^{-5}，其最小分度应小于或等于受检仪器测尺长的 1/40。基线尺的零点与平台起始点对准并固定，另一端拉一个与该尺检定时张尺拉力相符的重锤或弹簧秤。检定平台平直度应优于 5×10^{-5}，检测起始点与安置仪器(墩或脚架)高差不大于 2mm 且在同一方向线上。

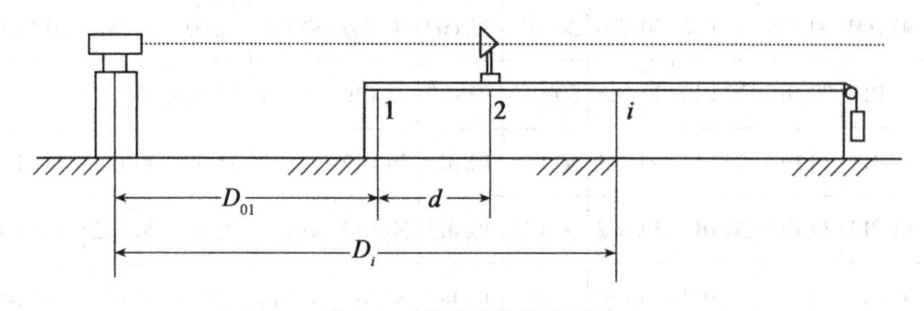

图 4-8　周期误差检定平台

(2)将测距仪与反射棱镜分别整平对中，从平台上基线尺的零点开始观测，反射棱镜由近而远移动，每次移动的距离为测距仪测尺长的 1/40 或 1/20，各点的对中位移误差不大于 0.2mm，每移动一次反射棱镜，进行一次测距，取 5 次读数求其平均值为所测距离值，依次测完 40 或 20 个点(包括起始零点)。然后，由远及近进行返测，取其往、返观测的平均值为相应各点的距离。

(3)周期误差的计算公式。

周期误差对观测距离的修正值为

$$\Delta D_i = A\sin\left(\phi_0 + \frac{D_i}{U} \times 360^\circ\right) \tag{20}$$

其中：

$$A=\sqrt{X^2+Y^2} \tag{21}$$

$$\phi_0=\arctan\frac{Y}{X} \tag{22}$$

$$X=-\frac{2\sum_{i=1}^{n}\left[-\sin\left(\frac{D_i}{U}\times 360°\right)l_i\right]}{n} \tag{23}$$

$$Y=-\frac{2\sum_{i=1}^{n}\left[-\cos\left(\frac{D_i}{U}\times 360°\right)l_i\right]}{n} \tag{24}$$

$$l_i=D_{01}+(i-1)d-D_i \tag{25}$$

式中：A——周期误差振幅；

ϕ_0——周期误差的初相角；

D_i——测距仪测定距离值；

D_{01}——测距仪与基线尺零点间距离；

n——观测反射棱镜的点数；

d——反射棱镜移动的间隔；

U——受检测距仪测尺的长度；

(4)周期误差测定标准差的估算。

观测值的标准差：

$$m_0=\sqrt{\frac{\sum_{i=1}^{n}V_i^2}{n-3}} \tag{26}$$

$$\sum_{i=1}^{n}V_i^2=\frac{\left(\sum_{i=1}^{n}l_i\right)^2}{n}+\left\{\sum_{i=1}^{n}\left[-\sin\left(\frac{D_i}{U}\times 360°\right)l_i\right]\right\}X+\left\{\sum_{i=1}^{n}\left[-\cos\left(\frac{D_i}{U}\times 360°\right)l_i\right]\right\}Y+\sum_{i=1}^{n}l_i^2 \tag{27}$$

振幅测定的标准差：

$$m_A=m_0\sqrt{\frac{2}{n}} \tag{28}$$

初相角测定的标准差：

$$m_{\phi_0}=\left(\frac{m_A}{A}\right)\rho \tag{29}$$

式中：$\rho=206\ 265''$；

其他符号同上式。

(5)周期误差的图解。

以(D_i-D_{01})值为横坐标，以l_i为纵坐标，绘出误差曲线图。

当周期误差振幅 A 大于要求值时，应送厂修理。对于使用中检验的仪器，误差曲线图周期性显著，应复测一次，振幅 A 和初相角 ϕ_0 稳定，可用两次观测的 A，ϕ_0 平均值对观测距离值加以修正来使用。范例见表 4-35。

【检定计算实例】

表 4-35　　　　**周期误差检定记录表**

仪器型号________　温度 3.8℃　检定地点________　观测者________　记录者________

仪器编号________　气压 726.8hPa　日　期________　计算者________

序号	近似值 $D_{0i}=D_{01}+(i-1)d$ (m)	读数值(m)						观测值 D_i(m)	$l_i=D_{0i}-D_i$ (mm)
			1	2	3	4	5		
1	26.023 7	往	26.022	26.022	26.022	26.023	26.023	26.023 2	+0.5
		返	26.023	26.024	26.024	26.024	26.025		
2	27.023 9	往	27.025	27.025	27.025	27.025	27.025	27.022 8	+1.1
		返	27.020	27.021	27.021	27.021	27.020		
3	28.024 3	往	28.023	28.022	28.023	28.023	28.023	28.020 4	+3.9
		返	28.018	28.018	28.018	28.018	28.018		
4	29.024 6	往	29.020	29.019	29.020	29.020	29.020	29.018 7	+5.9
		返	29.018	29.017	29.017	29.018	29.018		
5	30.025 0	往	30.020	30.020	30.020	30.020	30.020	30.018 3	+6.7
		返	30.018	30.017	30.016	30.016	30.016		
6	31.025 3	往	31.019	31.019	31.018	31.019	31.019	31.017 8	+7.5
		返	31.017	31.017	31.017	31.017	31.016		
7	32.025 6	往	32.021	32.020	32.020	32.020	32.020	32.019 6	+6.0
		返	32.020	32.019	32.019	32.019	32.018		
8	33.025 8	往	33.023	33.022	33.021	33.021	33.021	33.021 3	+4.5
		返	33.021	33.021	33.021	33.021	33.021		
9	34.026 3	往	34.024	34.024	34.024	34.024	34.024	34.023 2	+3.1
		返	34.023	34.022	34.023	34.023	34.022		
10	35.026 6	往	35.026	35.026	35.026	35.026	35.026	35.026 1	+0.5
		返	35.027	35.026	35.026	35.026	35.026		
11	36.026 9	往	36.028	36.027	36.027	36.027	36.026	36.027 0	−0.1
		返	36.027	36.027	36.027	36.027	36.027		
12	37.026 9	往	37.030	37.029	37.028	37.028	37.029	37.028 4	−1.5
		返	37.029	37.028	37.028	37.027	37.028		

续表

序号	近似值 $D_{0i}=D_{01}+(i-1)d$ (m)	读数值(m)						观测值 D_i(m)	$l_i=D_{0i}-D_i$ (mm)
			1	2	3	4	5		
13	38.026 9	往	38.029	38.029	38.029	38.029	38.029	38.028 7	-1.8
		返	38.029	38.029	38.028	38.028	38.028		
14	39.026 8	往	39.032	39.032	39.031	39.031	39.031	39.030 7	-3.9
		返	39.030	39.030	39.030	39.030	39.030		
15	40.026 7	往	40.034	40.033	40.032	40.033	40.033	40.325	-5.8
		返	40.032	40.032	40.032	40.032	40.032		
16	41.026 8	往	41.032	41.032	41.032	41.033	41.032	41.032 0	-5.2
		返	41.032	41.032	41.032	41.032	41.032		
17	42.026 9	往	42.033	42.032	42.032	42.032	42.032	42.032 0	-5.1
		返	42.032	42.032	42.032	42.032	42.031		
18	43.026 9	往	43.031	43.031	43.031	43.030	43.031	43.030 5	-3.6
		返	43.031	43.030	43.030	43.030	43.030		
19	44.027 0	往	44.030	44.029	44.029	44.029	44.028	44.029 0	-2.0
		返	44.029	44.029	44.029	44.029	44.029		
20	45.027 1	往	45.028	45.028	45.028	45.028	45.028	45.027 7	-0.6
		返	45.028	45.027	45.028	45.027	45.027		
21	46.027 2	往	46.028	46.027	46.027	46.027	46.026	46.027 2	0.0
		返	46.027	46.027	46.027	46.028	46.028		

以(D_i-D_m)值为横坐标，以 l_i 为纵坐标，描出各点值，绘出分布图：

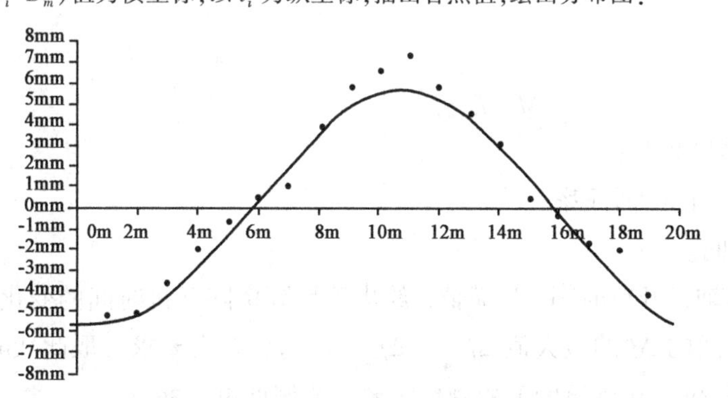

$A=5.7\text{mm}$

$\phi_0=254.41°$

$m_0=0.8\text{mm}$

$m_A=0.2\text{mm}$

$m_{\phi_0}=2°27'$

结论	合格：A/m_A 远大于2倍以上，周期误差显著，使用中检验可按其结果改正。

19. 测尺频率

调制频率(精测频率)f，直接决定仪器的测尺长度，按 $dD/D=df/f$ 的关系，测距的相对精度首先取决于频率的稳定性。

1)测尺频率随开机时间的变化特性的检定

(1)在稳定的室温(15~25℃)下进行。先将数字频率计(准确度优于 5×10^{-8}，或优于受检测距仪测尺频率准确度一个数量级)通电预热 1h 以上，并将光电转换器的输出端与频率计输入端用高频电缆线连接。在测距仪发射筒处安置光电转换器，使发射光斑正落入光电转换器的接收孔内。对于具有频率输出插孔的测距仪，可用高频电缆与频率计直接连接。

(2)测距仪通电后立即在频率计上读取频率显示数，每隔 1min 读取一次，直至开机 30min 结束。

(3)绘出测尺频率随开机时间的变化曲线(如图 4-9 所示)。

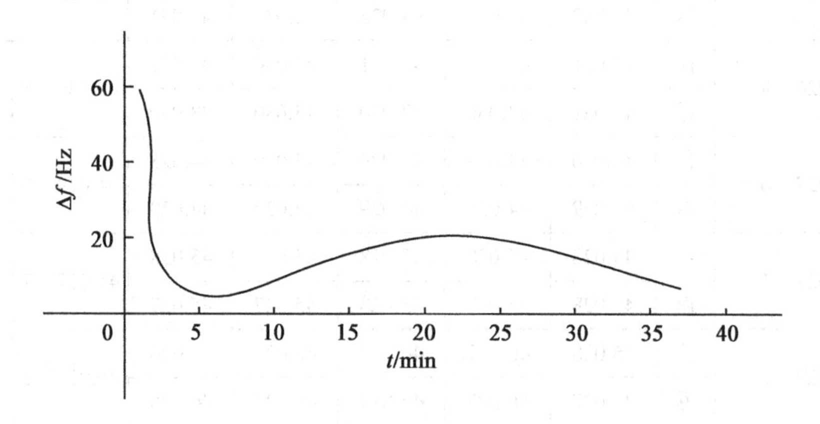

图 4-9 频率随开机时间变化特性曲线示意图

频率变化值

$$\Delta f_t=f_0-f_t \qquad (30)$$

式中：f_0——测距仪标称测尺频率；

f_t——该室温下 t 时刻的瞬时频率；

t——测距仪开机时间。

以频率变化值 Δf_t 为纵轴，开机时间 t 为横轴，绘出测尺频率随开机时间的变化曲线。找出开机 5min 到 30min 之间的 Δf_t 的最大值 $\Delta f_{t_{max}}$，$\Delta f_{t_{max}}/f_0$ 值应符合要求。取此 25min 内频率读数的平均值作为受检仪器在该温度下的测尺频率。范例见表 4-36。

【检定计算实例】

表 4-36　　**精尺频率随开机时间变化检定记录**

仪器型号：　　标称频率：4870250Hz　　检定者：

检定日期：　　频率计序号：　　记录者：

环境温度：　　频率计预热时间：　　检查者：

序号	开机时间	频率读数值(Hz)	$\Delta f = f_0 - f_{t_i}$ (Hz)	备注
1	13：50	4870259. 0	-9. 0	
2	51	257. 2	-7. 2	
3	52	255. 8	-5. 8	
4	53	254. 7	-4. 7	
5	54	254. 0	-4. 0	
6	55	253. 9	-3. 9	
7	56	253. 8	-3. 8	
8	57	253. 7	-3. 7	
9	58	253. 6	-3. 6	
10	59	253. 5	-3. 5	
11	14：00	253. 4	-3. 4	
12	01	253. 4	-3. 4	
13	02	253. 3	-3. 3	
14	03	253. 3	-3. 3	
15	04	253. 3	-3. 3	
16	05	253. 3	-3. 3	
17	06	253. 3	-3. 3	
18	07	253. 2	-3. 2	
19	08	253. 2	-3. 2	
20	09	253. 2	-3. 2	
21	10	253. 2	-3. 2	
22	11	253. 2	-3. 2	
23	12	253. 2	-3. 2	
24	13	253. 2	-3. 2	
25	14	253. 2	-3. 2	
26	15	253. 1	-3. 1	
27	16	253. 1	-3. 1	
28	17	253. 1	-3. 1	
29	18	253. 1	-3. 1	
30	19	253. 1	-3. 1	

5min 后实际工作频率 $f = \dfrac{\sum_{i=6}^{n} fi}{n-5} = 4870228.3\text{Hz} \qquad f_0 = 4870250\text{Hz}$

$\Delta f_{t_{\max}} / f_0 = 0.8 \times 10^{-6} \qquad \Delta f_{t_{\max}} = 3.9\text{Hz}$

2)测尺频率随温度变化漂移特性的检定

(1)将受检测距仪置入具有隔热玻璃的恒温控制箱(室)内，使其发射筒对准隔热玻璃窗，并将光电转换器的接收孔正对箱内的测距仪发射筒，使测距光束落入其内。

(2)根据受检仪器的适用温度范围，对恒温控制箱缓缓调温(或升或降)到给定的一极限温度，持续恒温 2h，使仪器与箱体内温度相一致。

(3)数字频率计预热 1h 以上，受检测距仪预热 5min 以上，测量测距仪测尺频率。连续 10 次读数，取其平均值，即为该仪器在此温度下的频率值。改变温度 5℃，并恒温 1h，在新的温度下重复上述操作，直到给定温度范围的另一极限温度止。

(4)检定结果的计算：

在 t 温度下测尺频率漂移量：

$$\Delta f_t = f_0 - f_t \tag{31}$$

式中：f_0——测距仪标称测尺频率；

t——箱(室)内温度；

f_t——测距仪在 t 温度下的测尺频率。

以温度 t 为横轴，频率漂移量 Δf_t 为纵轴，绘出温度-频率漂移曲线。在受检仪器适用温度范围内找出最大漂移量 $\Delta f_{t_{max}}$，其 $\Delta f_{t_{max}}/f_0$ 值应符合要求。范例见表 4-37。

对于使用中检验的仪器，可做相应的温度频率修正后使用。温度频率漂移的距离修正值 ΔD_t，按下式计算：

$$\Delta D_t = \frac{f_0 - f_t}{f_0} D_t \tag{32}$$

式中：f_0——测距仪标称测尺频率；

f_t——测距仪在 t 温度下测尺的工作频率；

D_t——测距仪在 t 温度测定的距离。

【检定计算实例】

表 4-37 **精尺频率随温度的漂移检定记录**

仪器型号：　　标称频率：4870225Hz(20℃)　　检定者：

检定日期：　　频率计型号：　　记录者：

箱(室)温度(℃)	频率读数值 f_r(Hz)					平均值 f_t(Hz)	$\Delta f_t = f_0 - f_t$(Hz)
-10	4870231	231	231	231	231	4870230.9	-5.9
	231	231	231	231	230		
-5	231	231	231	231	230	230.4	-5.4
	230	230	230	230	230		
0	230	230	230	230	230	229.9	-4.9
	230	230	230	230	229		

续表

箱(室)温度(℃)	频率读数值f_r(Hz)					平均值f_t(Hz)	$\Delta f_t = f_0 - f_t$(Hz)
5	230	230	230	230	229	229.9	-4.4
	229	229	229	229	229		
10	229	229	229	229	228	228.4	-3.4
	228	228	228	228	228		
15	227	227	227	227	227	227.0	-2.0
	227	227	227	227	227		
20	225	225	225	225	225	225.0	0.0
	225	225	225	225	225		
25	223	223	223	223	223	222.8	+2.2
	223	223	223	223	223		
30	221	221	220	220	221	22.04	+4.6
	220	220	220	220	220		
35	218	218	218	218	218	217.7	+7.3
	218	218	217	217	217		
40	216	216	216	215	215	215.2	+9.8
	215	215	215	215	215		
$\Delta f_{t_{max}} = +9.8$Hz					$\Delta f_{t_{max}} / f_0 = 2.0 \times 10^{-6}$		

20. 加常数、乘常数

检测测距仪加常数和乘常数的方法有多种，如解析法、叠加法、基线比较法、回归法等，这里仅介绍最常用的基线比较法，同时测定仪器加常数和乘常数，方法如下：

在野外已知精确长度的长度检定场(基线场)检定，检定采用多段基线组合比较法同时测定仪器的加常数、乘常数。

(1)检定选用的基线组合段应不少于21段，基线长度应大于1km，且在1km至2km内均匀分布。

(2)在基线两端分别安置测距仪与反射棱镜，仪器与反射棱镜安置的对中误差应不大于0.2mm。各基线段上的观测均为一次照准取5个读数求其平均值。在测距的同时测定测线的温度、气压等数据。在检定中凡要求测定气温、气压时，测距小于1km可一端测；测距等于或大于1km时，应两端同时测定。测定时，干湿温度表的低部应距地面及旁离障碍物1.5m。所使用的干湿温度表、气压表的技术要求见表4-38。

表 4-38　　**气象仪表技术要求**

测距仪准确度等级	最小分度值	
	干湿温度表	气压表
Ⅰ	0.2℃	0.5hPa
Ⅱ，Ⅲ	0.5℃	1hPa
Ⅳ	1℃	2hPa

(3)多段基线组合比较法测定加常数、乘常数的计算。

a. 将各基线段上观测的数据进行频率、气象、倾斜等修正(气象修正公式参看受检仪器说明书及有关资料)，然后与相应的基线值比较，剔除粗差，按最小二乘法原则，采用一元线性回归的方法求解加常数、乘常数。计算式为

$$K=\frac{\sum_{i=1}^{n}D_i\sum_{i=1}^{n}(D_il_i)-\sum_{i=1}^{n}D_i^2\sum_{i=1}^{n}l_i}{\left(\sum_{i=1}^{n}D_i\right)^2-n\sum_{i=1}^{n}D_i^2} \tag{33}$$

$$R=\frac{\sum_{i=1}^{n}D_i\sum_{i=1}^{n}l_i-n\sum_{i=1}^{n}(D_il_i)}{\left(\sum_{i=1}^{n}D_i\right)^2-n\sum_{i=1}^{n}D_i^2} \tag{34}$$

式中：K——测距仪加常数估值；

R——测距仪乘常数估值；

D_i——经频率、气象、倾斜等修正后的距离；

l_i——基线值与 D 之差值；

n——使用的组合基线段数(取样数)；

$i=1,\ 2,\ \cdots,\ n$。

b. 常数的准确度估计。

测距单次测量标准差：

$$m_0=\sqrt{\frac{\sum_{i=1}^{n}v_i^2}{n-2}} \tag{35}$$

加常数 K 测量标准差：

$$m_K=m_0\sqrt{Q_{11}} \tag{36}$$

乘常数 R 测量标准差：

$$m_R=m_0\sqrt{Q_{22}} \tag{37}$$

其中：

$$\sum_{i=1}^{n}v_i^2=\sum_{i=1}^{n}l_i^2-\left(\sum_{i=1}^{n}l_i\right)K-\left(\sum_{i=1}^{n}D_il_i\right)R \tag{38}$$

$$Q_{11}=-\frac{\sum_{i=1}^{n}D_i^2}{\left(\sum_{i=1}^{n}D_i\right)^2-n\sum_{i=1}^{n}D_i^2} \tag{39}$$

$$Q_{22}=-\frac{n}{\left(\sum_{i=1}^{n}D_i\right)^2-n\sum_{i=1}^{n}D_i^2} \tag{40}$$

式中：Q_{11}——加常数 K 的权系数；

Q_{22}——乘常数 R 的权系数；

D_i——经频率、气象、倾斜等修正后的距离；

l_i——基线值与 D 值的差值；

n——组合基线的段数。

c. 仪器的常数显著性检验，采用 t 检验法（显著水平取 $\alpha=0.05$，自由度为 19，临界值 $t_{e/2}$ 为 2.09），当加常数临界值 $t_K=|K|/m_K\geqslant 2.09$ 时，所求得加常数 R 为显著有效；当乘常数临界值 $t_R=|R|/m_R\geqslant 2.09$ 时，所求得乘常数 R 为显著有效。

①当加常数 K 与乘常数 R 均显著时，所选数学模型有效，在使用测距仪时，应对仪器进行加常数、乘常数修正。

②当加常数 K 显著、乘常数 R 不显著时，应选用不考虑乘常数 R 影响的数学模型计算：

$$K=\frac{\sum_{i=1}^{n}l_i}{n} \tag{41}$$

测距单次测量标准差：

$$m_0=\sqrt{\frac{\sum_{i=1}^{n}v_i^2}{n-1}} \tag{42}$$

其中，

$$\sum_{i=1}^{n}v_i^2=\sum_{i=1}^{n}l_i^2-\left(\sum_{i=1}^{n}l_i\right)K \tag{47}$$

式中：l_i——基线值与 D_i 值之差；

n——使用的组合基线段数；

$i=1，2，\cdots，n$。

加常数 K 测量标准差：

$$m_K=m_0\frac{1}{\sqrt{n}} \tag{44}$$

③当加常数 K 不显著、乘常数 R 显著时，应选用不考虑加常数 K 影响的数学模型计算：

$$R=\frac{\sum_{i=1}^{n}(l_iD_i)}{\sum_{i=1}^{n}D_i^2} \tag{45}$$

测距单次测量标准差：

$$m_0 = \sqrt{\frac{\sum_{i=1}^{n} v_i^2}{n-1}} \tag{46}$$

其中，

$$\sum_{i=1}^{n} v_i^2 = \sum_{i=1}^{n} l_i^2 - \left(\sum_{i=1}^{n} D_i l_i\right) R \tag{47}$$

式中：D_i——经频率、气象、倾斜等修正后的观测距离；

l_i——基线值与 D 值之差值；

n——使用组合基线段数；

$i=1，2，\cdots，n$。

乘常数 R 测量标准差：

$$m_R = \frac{m_0}{\sqrt{\sum_{i=1}^{n} D_i^2}} \tag{48}$$

(4)当加常数、乘常数均不显著时，测距仪不进行加常数、乘常数改正。

记录、计算范例见表 4-39。

表 4-39(1)　　**测距仪常数检定记录表**

仪器型号________　检定地点________　观测者________　记录者________

仪器编号________　风　力________　日　期________　计算者________

基线值 D_{0i}(m)	照准次数	读数值(m)					一次照准观测值 D_i(m)	温度(℃)	气压(hPa)	气象修正后的 D_i 值(m)	频率修正值(mm)	高差(m)	水平距离(m)	差值 l_i(mm)
		1	2	3	4	5								
48.0020	1	48.001	48.001	48.001	48.001	48.001	48.0010	3.8	957.4	48.0014	0.0	0.2994	48.0005	+1.5
		48.001	48.001	48.001	48.001	48.001								
120.0126	1	120.012	120.012	120.012	120.012	120.012	120.0120	3.8	957.4	120.0129	0.0	0.7494	120.0106	+2.0
		120.012	120.012	120.012	120.012	120.012								
191.9977	1	191.998	191.998	191.998	191.998	191.999	191.9984	3.8	957.4	191.9999	0.0	1.2003	191.9961	+1.6
		191.998	191.999	191.999	191.998	191.999								
263.9794	1	263.980	263.981	263.980	263.980	263.981	263.9807	3.8	957.4	263.9827	0.0	1.6438	263.9776	+1.8
		263.980	263.981	263.981	263.982	263.981								
407.9775	1	407.981	407.981	407.981	407.982	407.982	407.9816	3.8	957.4	407.9847	0.0	2.5450	407.9768	+0.7
		407.982	407.982	407.981	407.982	407.982								
551.9996	1	552.003	552.003	552.004	552.004	552.004	552.0039	3.8	957.4	552.0081	0.0	3.4518	551.9973	+2.3
		552.004	552.005	552.004	552.004	552.004								
839.9509	1	839.959	839.959	839.959	839.960	839.959	839.9593	3.8	957.4	839.9657	0.0	5.2516	839.9493	+1.6
		839.958	839.959	839.960	839.960	839.960								

表 4-39(2)　　　　　　　　　　**加常数乘常数线性回归计算表**

仪器型号：　　　　　　日期：　　　　　　记录者：

仪器编号：　　　　　　检定地点：　　　　观测者：　　　　　　计算者：

序号	基线值 D_{0i} (m)	修正后的观测值 D_i(m)	差值 l_i(mm)
1	48.0020	48.0051	-3.1
2	120.0126	120.0096	3.0
3	191.9977	191.9985	-0.8
4	263.9794	263.9781	1.3
5	407.9775	407.9842	-6.7
6	551.9996	552.0113	-11.7
7	503.9976	504.0019	-4.3
8	791.9490	791.9556	-6.6
9	359.9755	359.9825	-7.0
10	215.9774	215.9838	-6.4
11	143.9958	144.0018	-6.0
12	72.0106	72.0169	-6.3
13	71.9851	71.9901	-5.0
14	143.9667	143.9725	-5.8
15	431.9870	431.9956	-8.6
16	719.9384	719.9406	-2.2
17	647.9533	647.9494	3.9
18	360.0018	360.0015	0.3
19	215.9798	215.9863	-6.5
20	71.9816	71.9872	-5.6
21	287.9649	287.9726	-7.7

$\hat{k} \approx -4.3\text{mm}$

$\hat{R} \approx -0.3\text{mm/km}$

$$m_0 = \sqrt{\frac{\sum_{i=1}^{n} v_i^2}{n-2}} = 4.1\text{mm}$$

$$m_k = m_0\sqrt{Q_{11}} = 1.6\text{mm}$$

$$m_R = m_0\sqrt{Q_{22}} = 4.1\text{mm/km}$$

加常数显著性判别

乘常数显著性判别

$$t_K = \left|\frac{K}{m_K}\right| = 2.69$$

$$t_R = \left|\frac{K}{m_R}\right| = 0.07$$

$t_k > t_{\alpha/2}$　$t_R < t_{\alpha/2}$

加常数 K 显著，有效

乘常数 R 不显著，无效

注：自由度为 19

$\alpha = 0.05$　$t_{\alpha/2} = 2.09$

$$\sum_{i=1}^{n} v_i^2 = \sum_{i=1}^{n} l_i^2 - K\sum_{i=1}^{n} l_i - R\sum_{i=1}^{n} D_i l_i$$

表 4-39(3)

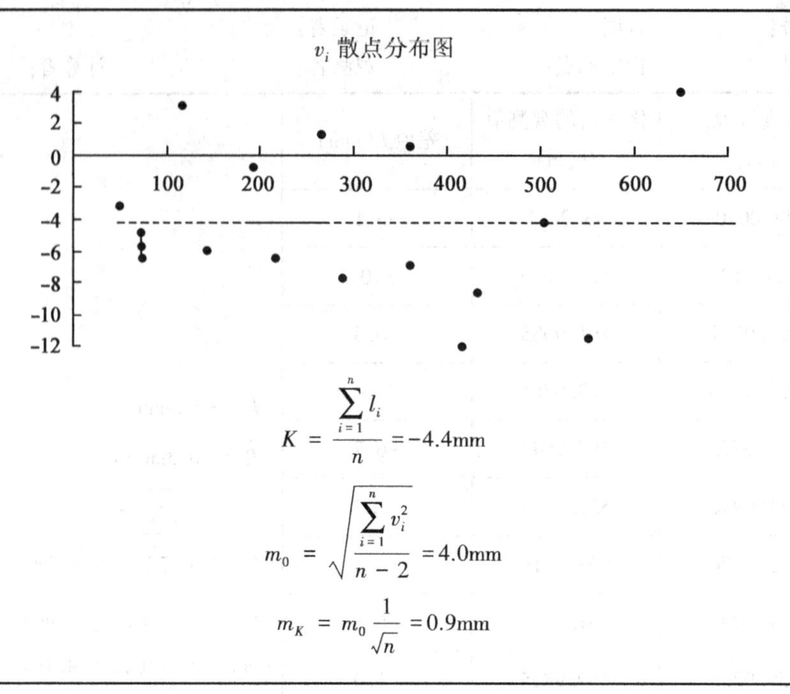

$$K = \frac{\sum_{i=1}^{n} l_i}{n} = -4.4\text{mm}$$

$$m_0 = \sqrt{\frac{\sum_{i=1}^{n} v_i^2}{n-2}} = 4.0\text{mm}$$

$$m_K = m_0 \frac{1}{\sqrt{n}} = 0.9\text{mm}$$

21. 测量的重复性

(1)在室内约 30m 距离的两端分别安置测距仪与反射棱镜，操作仪器一次照准后测距，连续读数 30 次。

(2)测量的重复性计算

一次读数的标准差：

$$m_0 = \sqrt{\frac{\sum_{i=1}^{n} v_i^2}{n-1}} \tag{49}$$

$$v_i = D_i - \overline{D} \tag{50}$$

式中：v_i——第 i 次读数值与读数平均值之差；

D_i——第 i 次读数值；

$\overline{D}$——n 次读数的平均值；

n——连续读数的次数；

$i=1, 2, \cdots, n$。

22. 测程

(1)选择与测程相应的基线，在其两端分别安置测距仪与反射棱镜(或镜组)。

(2)测距仪测距，应不少于 10 次照准，每次照准取 10 个读数求其平均值为观测值。在测距的同时测定气温、气压。

(3)对所测的观测值进行频率、气象、倾斜、仪器常数修正后与基线值比较，其差值应符合要求。计算式如下：

$$m_0 = \sqrt{\frac{\sum_{i=1}^{n} v_i^2}{n}} \tag{51}$$

$$v_i = D_0 - D_i \tag{52}$$

式中：D_0——基线值；

D_i——经过频率、气象、倾斜、常数等修正的一次照准观测距离；

v_i——各次照准所测的距离与基线值比较的误差值；

n——照准次数；

$i=1, 2, \cdots, n$。

23. 测距综合标准差

(1)在长度基线场检定。检定选用的组合基线段应不少于15段，且其长度应均匀分布在测距仪的测程内。对每段基线的观测应采用一次照准取10次读数求其平均值为观测值。在测距的同时测定气温、气压等数据。

(2)标准差的计算式。

a. 对各观测值进行频率、气象、倾斜、仪器常数改正等修正。

b. 用进行修正过后的距离观测值与相应的基线值比较，用一元线性回归法进行计算。

计算标准偏差表达式为 $a+bD$，其中：

$$a = \frac{\sum_{i=1}^{n} D_i \sum_{i=1}^{n} (D_i l_i) - \sum_{i=1}^{n} D_i^2 \sum_{i=1}^{n} l_i}{\left(\sum_{i=1}^{n} D_i\right)^2 - n\sum_{i=1}^{n} D_i^2} \tag{53}$$

$$b = \frac{\sum_{i=1}^{n} D_i \sum_{i=1}^{n} l_i - n\sum_{i=1}^{n} (D_i l_i)}{\left(\sum_{i=1}^{n} D_i\right)^2 - n\sum_{i=1}^{n} D_i^2} \tag{54}$$

式中：$l_i = | D_{0i} - D_i |$；

a——测距仪标准偏差表达式固定误差部分(mm)；

b——测距仪标准偏差表达式比例误差系数(mm/km)；

D_{0i}——基线值；

D_i——经过频率、气象、倾斜、仪器常数等修正后的观测距离值；

n——组合基线的段数(取样数)；

$i=1, 2, \cdots, n$。

检定计算出的 a，b 值应符合要求。计算范例见表4-40。

表 4-40 **测距综合标准差**

仪器型号： 日　　期： 记录者：

仪器编号： 检定地点： 观测者： 计算者：

序号	基线值 D_{0i}(m)	修正后的观测值 D_i(m)	差值 l_i(mm)
1	288.0277	288.0249	2.8
2	575.9792	575.9799	0.7
3	720.0012	720.0037	2.5
4	863.9994	863.9990	0.4
5	935.9810	935.9799	1.1
6	1007.9661	1007.9645	1.6
7	1079.9767	1079.9769	0.2
8	1127.9787	1127.9725	6.2
9	839.9510	839.9488	2.2
10	791.9490	791.9537	4.7
11	719.9384	719.9431	4.7
12	647.9533	647.9540	0.7
13	575.9717	575.9728	1.1
14	431.9732	431.9715	1.7
15	287.9514	287.9499	1.5
16			

$$l_i = |D_{0i} - D_i|$$

$$a = \frac{\sum_{i=1}^{n} D_i \sum_{j=1}^{n} (D_i l_i) - \sum_{i=1}^{n} D_i^2 \sum_{i=1}^{n} l_i}{\left(\sum_{i=1}^{n} D_i\right)^2 - n \sum_{i=1}^{n} D_i^2}$$

≈ 1.1mm/km

$a = 1.3$mm　$b = 1.1$mm/km

24. 通信、数据采集质量

开机后按要求及仪器的说明书操作试验。

4.4.4 检测结果处理

全站型电子速测仪经电子测角、光电测距的检定后，全面合格者，发给检定证书；对尚未配备数据采集单元的仪器，经电子测角、光电测距性能检定合格，亦发给检定证书，在证书上要写明已检项目。对后续检定的仪器，在其光电测距和电子测角性能检定时，其中各有一项超差，其超差值小于本项要求值的 1/3，而光电测距标准偏差和电子测角的水平方向测角标准偏差合格，则该全站仪也作检定合格处理。对检定不合格的仪器发给检定结果通知书，格式见表 4-41，并注明其不合格项目。

表 4-41 **检定结果通知书格式**

全站仪测角系统检定证书内页格式

序号	检定项目	检定结果
1	外观及一般功能检查	
2	基础性调整及校准	
3	水准器轴与竖轴的垂直度	
4	望远镜竖丝铅垂度	
5	望远镜视轴对横轴的垂直度	
6	照准差 C	
7	横轴误差 i	
8	竖轴误差 I	
9	补偿准确度	
10	补偿范围	
11	零位误差	
12	光学对中器视轴与竖轴重合度	
13	望远镜调焦视轴变动误差	
14	一测回水平方向标准偏差	
15	一测回竖直角测角标准偏差	

全站仪测距系统检定证书内页格式

序号	检定项目	检定结果
1	外观及功能	
2	光学对中器	
3	三轴(发射、接收、照准)正确性	
4	反射镜常数一致性	
5	调制光相位均匀性	
6	幅相误差	
7	分辨率	
8	周期误差	
9	精测尺频率(Hz)	
10	加常数 K(mm)	
11	乘常数 R(mm/km)	
12	测量的重复性	
13	测程	
14	测距综合标准差	
备注		

检定结果通知书内页格式：检定结果通知书要求同上并应注明以下内容：
(1)按照本规程检定的不合格项目及具体数据；
(2)处理意见和建议。

4.4.5 检测周期

全站仪的检定周期，一般不超过1年。

◎ 单元测试

1. 全站仪的一测回水平方向标准偏差及测距标准偏差如何测定？
2. 说明全站仪通用技术要求。
3. 详述全站仪测角部分及电子测距部分的计量性能要求。
4. 详述全站仪的检定项目。
5. 简述全站仪的检定用器具。
6. 详细说明全站仪各常规检定项目的检测及计算方法。
7. 全站仪的检测结果如何处理？
8. 全站仪的检测周期是怎么规定的？

单元五　全球定位系统(GPS)接收机(测地型和导航型)的检测

【教学目标】

学习本单元，使学生了解全球定位系统(GPS)接收机是否满足要求的测定方法；掌握全球定位系统(GPS)接收机的通用技术要求和性能要求；能够初步进行全球定位系统(GPS)接收机常规检测项目的检测计算工作；了解测量型GPS接收机定位误差的测量不确定度分析。

【教学要求】

知识要点	技能训练	相关知识
全球定位系统(GPS)接收机的测定	全球定位系统(GPS)接收机是否满足要求的测定。	熟悉全球定位系统(GPS)接收机是否满足要求的测定方法。
全球定位系统(GPS)接收机的通用技术要求及性能要求	(1)全球定位系统(GPS)接收机外观要求及相互作用; (2)全球定位系统(GPS)接收机的各项性能要求。	(1)了解全球定位系统(GPS)接收机外观要求及相互作用; (2)熟悉全球定位系统(GPS)接收机的各项性能要求。
全球定位系统(GPS)接收机检测项目的检测计算	全球定位系统(GPS)接收机检测项目的检测计算。	(1)掌握全球定位系统(GPS)接收机的检测项目; (2)了解检测条件; (3)熟练检测方法; (4)熟悉检测结果的处理方法及检测周期。
定位误差的测量不确定度分析	定位误差的测量不确定度分析。	了解定位误差的测量不确定度分析的方法。

【单元导入】

全球定位系统(GPS)是测绘仪器的重要发展方向，现已在控制测量、工程测量、测绘工程中广泛应用，作为一线测绘技术的工作人员，直接接触使用的是全球定位系统(GPS)接收机，所以有必要对使用的全球定位系统(GPS)接收机精度等是否满足要求了然于胸，本单元主要将对全球定位系统(GPS)接收机检测的相关内容进行详细介绍。

5.1 全球定位系统(GPS)接收机是否满足要求的测定方法

全球定位系统(GPS)接收机是否满足要求的测定方法是直接用接收机测定标准校准场的长度(校准场标准长度的分类见表5-1)，结果应该满足相对应的精度要求。

表5-1 **校准场标准长度的分类**

基线长度分类	长度范围 D
超短基线	200mm～24m
短基线	24m≤D<2000m
中、长基线	2000m<D≤30000m

校准场各种距离的标准(偏)差：

超短基线标准[偏]差不得大于1mm；

短基线和中、长基线标准[偏]差(a+b×D)应满足表5-2的要求：

表5-2 **短基线和中、长基线标准[偏]差**

基线分类	固定误差 a(mm)	比例误差系数 b
短基线	≤1	≤1
中、长基线	≤3	≤0.01

5.2 全球定位系统(GPS)接收机的性能要求

5.2.1 外观及各部件的相互作用

(1)天线、基座水准器应正确，光学对中器的对中误差小于1mm。

(2)锁定卫星能力不大于15min，RTK与RTD初始化时间不大于3min。

5.2.2 数据后处理软件及功能

(1)软件应能正常安装、使用。

(2)数据后处理软件的功能应有：

a. 通信与数据传输；

b. 预报与观测计划；

c. 静态定位与基线向量的解算；

d. 网平差与坐标转换；
e. RTK 或 RTD 解算。

5.2.3 测地型 GPS 接收机天线相位中心一致性

天线在不同方位下测定同一基线的变化值 Δd 应小于 GPS 接收机标称的固定误差。

5.2.4 测地型 GPS 接收机的测量误差

1. 短基线测量

短基线测量的测量误差应小于 GPS 接收机的标称标准差。

GPS 接收机标称标准差为($a+b\times D$)，则 GPS 接收机测量结果标准差 σ 用式(1)计算：

$$\sigma = \sqrt{a^2 + (b \times D)^2} \tag{1}$$

式中：σ——标准差(mm)；

a——固定标准差(mm)；

b——比例标准差，为 1×10^{-6}；

D——所测距离(km)，不足 500m 按 500m 计算。

2. 中、长基线测量

(1)基线比对测试。

中、长距离测量的误差 Δd 应符合下列要求：

观测距离 $D\leqslant5$km 时，$\Delta d_1\leqslant\sigma$

观测距离 $D>5$km 时，$\Delta d_2\leqslant2\sigma$

式中：Δd_1，Δd_2——基线向量与已知长度值之差(mm)；

σ——GPS 接收机标准差(mm)。按公式(1)计算。

(2)RTK 与 RTD 坐标比对测试。

RTK 与 RTD 坐标比对测量误差 Δd_x，$\Delta d_y\leqslant2\sigma$。

Δd_x，Δd_y 为解算出的坐标与已知坐标之差，单位 mm。

5.2.5 导航型 GPS 接收机的定位误差

标准点坐标和 GPS 接收机所测得的坐标应在同一坐标系下用直角坐标进行比较，其定位误差不大于 GPS 接收机出厂的标称值。

5.3 检测器具控制

5.3.1 检测项目

检测项目见表 5-3。

表 5-3 **检测项目**

序号	校准项目
1	外观及各部件相互作用
2	数据后处理软件及功能
3	测地型 GPS 接收机天线相位中心一致性
4	测地型 GPS 接收机的测量误差
5	导航型 GPS 接收机的定位误差

5.3.2 检测条件

1. 环境条件

(1)GPS 接收机校准场应选择在地质构造坚固稳定，利于长期保存，交通方便，便于使用的地方建设。

(2)各点位应埋设成强制归心的观测墩，周围无强电磁信号干扰，点位环视高度角15°以上应无障碍物。

(3)校准场点位布设应含有超短距离、短距离和中长距离，组成网形以便进行闭合差检验。

2. 校准用标准器及其他设备

(1)校准场各种基线的组成数量。

a. 超短基线可由 4 个以上观测墩组成，观测墩面在同一高程平面上。

b. 短基线的长度可在 2000m 内任意选取，但不得少于 6 段距离。

c. 中、长基线分 10km，15km，20km，25km，30km 等长度，可与超短基线、短基线的点相关联组成网，所组成各种长度不少于 2 段。

(2)动态校准和定位准确度校准用小网。

在能满足 GPS 仪器观测条件的任意场地上，建立 10～15 个地面点(无须强制对中点)，点位之间距离在几十米至数百米范围分布，用高准确度全站仪进行距离和坐标的确定。标准(偏)差按上述指标控制。

5.3.3 检测方法

在使用 GPS 仪器进行测量时，应按仪器操作要求和 GPS 测量规范(GB/T18314—2002)的要求进行工作。一般情况下将仪器的采样率设置为 15″、高度角设置为 15°。

当开机工作后，应记录开机时间，观察仪器的显示，检视仪器的工作状况。正常锁住卫星的时间不大于 15min。RTK 和 RTD 初始化时间不大于 3min。

1. 外观及各部件的相互作用

目测及试验。

2. 数据后处理软件的功能

通过目测及实例计算进行检验。

3. 测地型 GPS 接收机天线相位中心一致性(天线任意指向)

用相对定位法检定天线相位中心一致性时，在超短基线或短基线上先将 GPS 接收机、天线按 GB/18314 要求正确安置，按统一约定的方向指向北，观测一个时段。然后固定一个天线，其余天线依次转动 90°，180°，270°，各观测一个时段。分别求出各时段基线向量，最大值与最小值之差应小于 GPS 接收机的标称固定标准差。

4. 测地型 GPS 接收机的测量误差

在 GPS 校准场上进行，分短基线测量和中、长基线测量。

(1)短基线测量。

在 GPS 检定场的短基线上进行。按 GPS 仪器的正确操作方法工作，调整基座使 GPS 接收机天线严格整平居中，天线按约定统一指向正北方向，天线高量取至 1mm。每台 GPS 接收机必须保证同步观测时间在 1h 以上，两台套的测试结果不得少于 3 条边长，经随机软件解算出的基线与已知基线值比较，其差值应小于 GPS 接收机的标称标准差。若 GPS 接收机标称值为($a+b\times D$)，则 GPS 接收机测量误差的最大允许误差 σ 按式(1)计算。

(2)中、长距离测量。

a. 已知长度比较测量。

在已知中、长距离上按静态测量模式进行观测，最短观测时间见表 5-4。

表 5-4　**中、长距离静态测量模式最短观测时间**

基线长度分类	最短观测时间(h)
$D\leqslant 5$km	1.5
5km$<D\leqslant$15km	2.0
15km$<D\leqslant$30km	2.5
$D>30$km	4.0

观测数据用随机处理软件进行解算，所解得的基线向量与已知基线值之差作为校准结果。

b. 已知坐标比较测量。

GPS 接收机安放在标准检定场的已知坐标点上，按测量规范规定进行观测。所解算出的坐标与已知坐标之差作为校准结果。

5. 导航型 GPS 接收机的定位误差

在 GPS 校准场上进行。按仪器操作要求正确安置和操作仪器，记录测量数据，经解算 GPS 接收机所得点位坐标与标准点的坐标在同一坐标系下用直角坐标进行比较，定位误差 δ 由式(2)计算：

$$\delta=\sqrt{(X_i-X_0)^2+(Y_i-Y_0)^2} \tag{2}$$

式中：δ——定位误差(m)；

X_i——测试数据 X 轴方向分量；

Y_i——测试数据 Y 轴方向分量；

X_0——标准点 X 轴方向分量；

Y_0——标准点 Y 轴方向分量。

5.3.4 检测结果处理

经校准的 GPS 接收机，填写校准证书(见表 5-5)并给出校准结果及测量不确定度的值。

表 5-5 **校准证书**

序号	主要校准项目	标准结果
1	外观及各部件相互作用	
2	数据后处理软件及功能	
3	测地型 GPS 接收机天线相位中心一致性	
4	测地型 GPS 接收机的测量误差	
5	导航型 GPS 接收机的定位误差	

5.3.5 检测周期

复校时间间隔由送校单位根据实际使用情况确定，建议为 1 年。

5.4 测量型 GPS 接收机定位误差的测量不确定度分析

测量型 GPS 接收机定位误差通过和已知边长比对测试予以确定。

1. 与已知基线比对数学模型

$$\Delta d = D - d \tag{3}$$

式中：Δd——定位误差；

D——GPS 接收机解算值；

d——基线长度值。

2. 不确定度来源

标准装置误差引入的不确定度分量 u_1，GPS 接收机安置误差引入的不确定度分量 u_2，GPS 接收机分辨率引入的不确定度分量 u_3，因此

$$u_0^2(\Delta d) = c_1^2u_1^2 + c_2^2u_2^2 + c_3^2u_3^2 + \cdots \tag{4}$$

式中：$c_1 = c_2 = c_3 = 1$。

3. 标准不确定度的评定

1)基线长度误差的不确定度分量 u_1

按 GB/T18314—2001《全球定位系统(GPS)测量规范》要求，AA 级基线长度误差(精

度）用下式表示：

$$\sigma=\sqrt{3^2+(0.01c\times10^{-6})^2}\,(\mathrm{mm}) \tag{5}$$

式中：c——相邻点距离（mm）。

估计基线长度误差在±σ 范围内按正态分布变化，故

当 $c<50000\mathrm{mm}$ 时，$\sigma=3.00\mathrm{mm}$

$$u_1=\sigma/3=3.00\mathrm{mm}/3=1.00\mathrm{mm}$$

估计其相对不确定度为 10%，故自由度

$$v_1=50$$

2）GPS 接收机安置误差的不确定度分量 u_2

GPS 接收机安置采用强制归心孔，其安置误差可控制在±0.1mm 范围内，安置误差按对称区间均匀分布，故

$$u_2=0.1\mathrm{mm}/\sqrt{3}=0.06\mathrm{mm}$$

估计其相对不确定度为 20%，则自由度为

$$v_2=12$$

3）GPS 接收机分辨率的不确定度分量 u_3

GPS 接收机分辨率为 1mm，故

$$u_3=0.29\delta_x=0.29\times1\mathrm{mm}=0.29\mathrm{mm}$$

$$v_3=\infty$$

4. 合成标准不确定度及有效自由度

按式（4）计算：

$$u_0(\Delta d)=\sqrt{1.00^2+0.06^2+0.29^2}=1.04\mathrm{mm}$$

依韦尔奇-萨特思韦特公式计算：

$$v_{\mathrm{eff}}=57$$

5. 扩展不确定度

取置信概率为 99%，

$$k_{99}=t_{99}(57)=2.68$$

$$U_{99}=k_{99}\times u_0(\Delta d)=2.68\times1.04=2.8(\mathrm{mm})$$

◎ 单元测试

1. 如何测定全球定位系统（GPS）接收机是否满足要求？
2. 说明全球定位系统（GPS）接收机的性能要求。
3. 详述全球定位系统（GPS）接收机的检定项目。
4. 简述全球定位系统（GPS）接收机的检测条件。
5. 详细说明全球定位系统（GPS）接收机各常规检定项目的检测及计算方法。
6. 全球定位系统（GPS）接收机的检测结果如何处理？
7. 全球定位系统（GPS）接收机的检测周期是怎么规定的？
8. 简述测量型 GPS 接收机定位误差的测量不确定度分析。

单元六　测绘仪器常见机械故障的维修

【教学目标】

学习本单元，使学生了解测绘仪器维修的基本知识和常用器材；了解测绘仪器的“三防”工作；认识常见测绘仪器的机械部件；能够初步具备常用仪器机械故障的维修工作；具备初步维修全站仪机械故障的能力。

【教学要求】

知识要点	技能训练	相关知识
测绘仪器维修的基本知识和常用器材	(1)测绘仪器常用器材的认识； (2)测绘仪器常用器材的使用。	(1)测绘仪器维修的基本知识； (2)测绘仪器常用器材的认识及使用； (3)测绘仪器的“三防”工作。
常见机械部件及其拆卸方法	(1)认识常见测绘仪器的机械部件； (2)常见测绘仪器的机械部件的拆卸。	(1)认识常见测绘仪器的机械部件； (2)掌握常见测绘仪器的机械部件的拆卸方法。
常见机械部件的维修工作	(1)竖轴的维修； (2)制动—微动的维修； (3)脚螺旋的维修； (4)微倾螺旋的维修； (5)水准器的维修。	(1)掌握竖轴的维修方法； (2)掌握制动—微动的维修方法； (3)掌握脚螺旋的维修方法； (4)掌握微倾螺旋的维修方法； (5)掌握水准器的维修方法。

【单元导入】

测量仪器由瞄准、安平、读数等设备和机械部分所组成。机械部分包括：竖轴、横轴、支架、脚螺旋、基座、三脚架、制动微动机构、复测或拨盘机构等。

机械部分对整个仪器的质量与体积、使用与操作的方便、适应外界环境的变化及仪器使用寿命等，都有着密切的关系。操作与检修人员必须知道仪器各个机械部件的结构、作用和原理，懂得它们的性能和各部件之间的相互联系，明白故障的现象以及如何排除故障等。

测量仪器的类型较多，每种仪器的机械零部件各不相同。本单元对测绘仪器维修的基本知识、常用器材和测量仪器中一些常见的、具有代表性的主要部件做详细介绍。

6.1 测绘仪器维修的基本知识和常用器材

6.1.1 测绘仪器维修的基本知识

1. 对检修人员的要求

测量仪器属于精密机械光学仪器，各零部件之间配合的间隙小。特别是轴套与轴之间的间隙只有 0.002~0.003mm(J2 级仪器)，在检修过程中稍不注意就会将仪器的一部分损坏。所以测量仪器检修人员不仅要热爱本职工作，做到对工作耐心细致，认真负责，而且对仪器的结构原理应有基本的了解。另外还需有一定的修理技术，善于独立思考问题，胆大心细，不能蛮干。

2. 对环境的要求

工作间清洁和环境安静是检修测量仪器的必备条件。工作间的大小和间数，可视检修仪器的数量、精度要求和检修范围而定。

3. 对检修室的要求

(1)要求检修室明亮、干燥、清洁、地面平整，地板最好油漆打蜡，水泥地面最好做水磨石，室内要有天花板，四壁和天花板最好刷上白漆或其他浅色油漆。

(2)检修室内温度要稳定，室温不能有急剧的变化。如有条件，冬季最好有暖气，严禁用炉火取暖、夏季最好有空调。

(3)工作台要平稳，每个抽屉、台的三面应有加高 2~3cm 的台边，台面上要铺上 2~3mm 厚的橡皮或塑料板，并装有台灯。

检修仪器任务较重的单位，条件许可时，可设置修理间、金工间、光学间、检校间等，配置基本的车钳设备、玻璃加工设备及检校设备。具体规格要求参阅国家机电产品目录及五金工具手册。

6.1.2 测绘仪器维修的常用器材

1. 验校设备

1)度盘偏心校正仪

度盘的偏心是指度盘分划中心与度盘轴套的同心度的偏差。度盘偏心检验是在一个专用的度盘偏心仪上进行的。

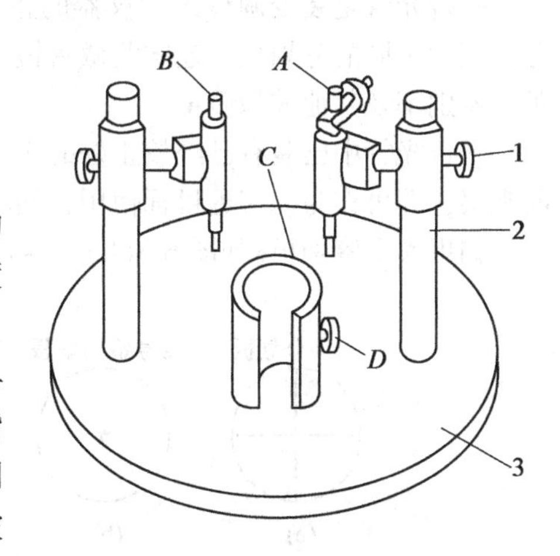

图 6-1 度盘偏心校正仪

偏心校正仪如图 6-1 所示，度盘偏心校正仪具备一个稳固的底座，在底座上固定有两个带有指标线的显微镜 *A* 及 *B*，其中显微镜 *A* 带有目镜测微器。中心部分 *C* 是安置仪器竖轴座用的。将被校的度盘连同基座套一起装在专用夹具 *C* 中，用

螺旋 D 加以固定。

一对显微镜筒 A 或 B 通过支柱 2 和滑块与底座连接，显微镜可沿支柱作上下移动，并用显微镜控制手轮 1 固定。当显微镜调到能看见度盘格线时，固定显微镜筒，微量上下移动由显微镜的调焦筒解决。显微镜支柱是连接在横向滑块上的，用手轮 1 来调整显微镜的横向移动。为了适应各种不同直径的度盘，显微镜也可左右移动，而右镜筒前后都能灵活调节。这些机械的相互连接与相对的运动，都必须保证具有严格的稳定性，绝不允许产生任何晃动、隙动。因为微小的运动量，对于度盘偏心的校正都是很有害的，它会给操作者带来很大的困难。度盘经过偏心校正是否准确，最终在仪器测微读数装置中反映出来。

2)平行光管

平行光管的作用是给出平行光束，可用它代替无限远目标的光学工具。它的光学系统如图 6-2 所示，光源 4 发出的光线通过毛玻璃 3 均匀地照明分划板 2，分划板 2 的分划面位于物镜 1 的焦平面上，它上面的每一点所发出的光线经物镜后均为平行光束。所以，平行光管一般作为室内人工无限远目标使用。这种无限远目标具有使用方便以及不受外界气候影响等的优点。

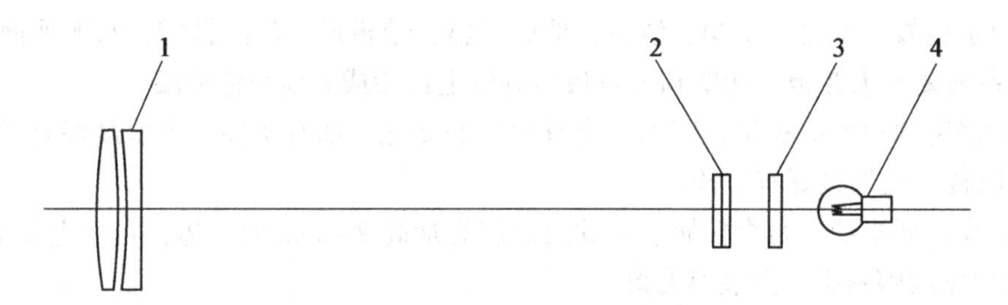

1—物镜；2—分划板；3—毛玻璃；4—光源。

图 6-2　平行光管的光学系统

平行光管是装校调整光学仪器的重要工具之一，也是光学量度仪器中的重要组成部分，配用不同的分划板，连同测微目镜头，或显微镜系统，则可以测定透镜或透镜组的焦距、鉴别率及其他成像质量。

平行光管中已装有已经校正好的十字丝分划板(图 6-3(a))，当光源接通后；从物镜前观察，即可作为无穷远目标使用，而不必使用室外天然远目标。

如更换上鉴别板(如图 6-3(b)、6-3(c))，可以用来检验物镜或物镜组件的鉴别率。

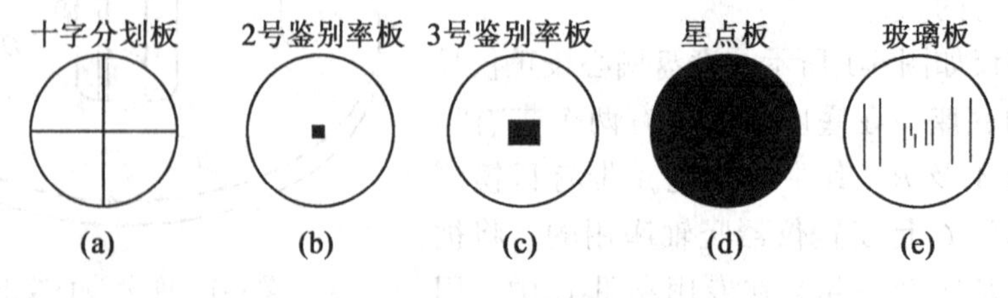

图 6-3　分划板

如更换上星点板(如图 6-3(d)),因星点直径为 ϕ0.05mm 通过被检光学系统得一星点绕射像,根据绕射圈的形状可以作光学零件或组件成像质量定性检查。

如更换上玻璃板(如图 6-3(e)),与测微目镜或显微组合起来可以用来测定透镜或透镜组的焦距(焦距为正值时)。被测透镜放在平行光束中。

凡附有高斯自准目镜和调整式平面反光镜,可按图 6-4 所示将平面反光镜放置在直线运动的工件上,实图见图 6-5 所示。通过光管上的高斯目镜观察,以进行直线性的检验工作(图 6-6)。

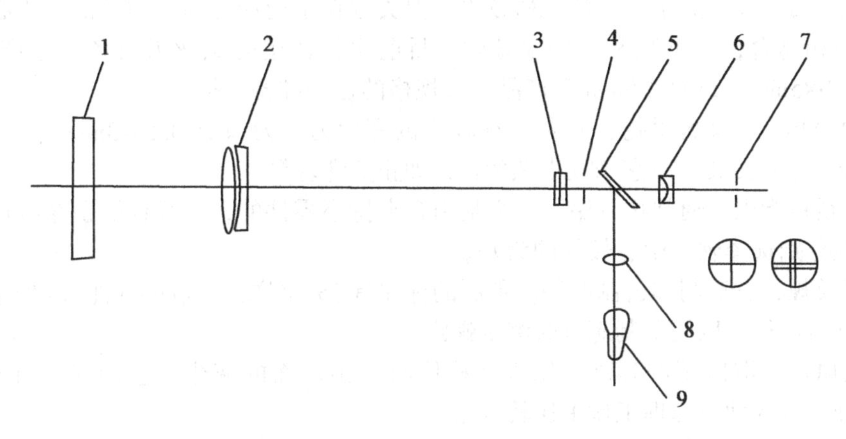

1—调整用平面反光镜;2—物镜;3—十字分划板;4—光阑;
5—折光镜;6—目镜;7—出瞳;8—聚光镜;9—光源

图 6-4

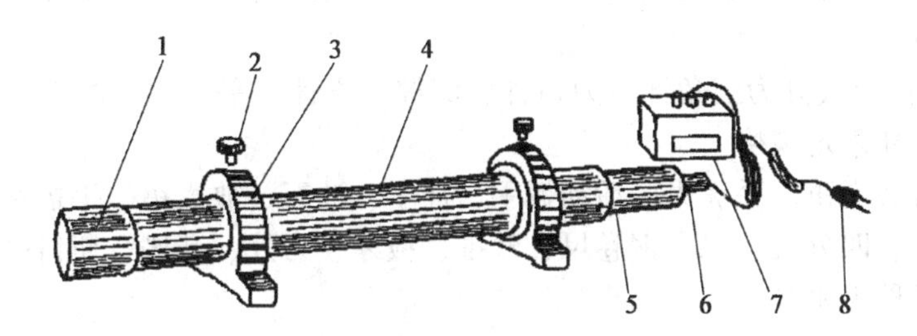

1—物镜座;2—十字旋手;3—底座;4—镜管;5—分划板调节螺钉;
6—照明灯座;7—变压器;8—插头

图 6-5 f=550 平行光管外貌

2. 常用工具

仪器的检修由于要经过拆卸、安装和调校,所以准备一些工具是必要的。拆装每一个螺钉,每一个压圈,都应该选择合适的工具。使用合适的工具,不仅能提高工效,而且能保护仪器。由于测量仪器的品种多,各种型号的结构和设计都各有差异,所以除了通用工具外,还必须准备一些专用工具。这些专用工具的种类,则要视仪器的结构而定,本节只介绍部分常用工具。

图 6-6 带有高斯目镜及反光镜的平行光管

(1)螺丝刀，又名起子，它的规格较多，但关键在于使用刀口。刀口的大小必须和螺帽上的格口相吻合，方可顺利地旋动螺丝。目前比较适用的螺丝刀有各厂生产的 150×3.5mm、250×5mm、250×3.5mm 等产品，大规格的也要准备几把。

(2)钟表起子，又名手捻，它是一种较小的螺丝刀，刀口有 0.5～3mm 等不同尺寸，每盒有 6 支装、9 支装，用它来旋小螺丝钉，如止头螺丝等。

(3)不锈钢指镊，通常称为镊子，它是用来夹持小零件的，一般仪器检修时可准备三把，其弹性分别选择软、中、较硬的为好。

(4)螺纹规，有英制和公制两种。英制的标注有 55°字样，公制的标注有 60°字样。工作中需要准备两种，以便配制螺丝时测量螺距。

(5)吹风球，即医用洗耳球，用来在检修时吹拂表面的灰尘。它的规格有 90mL 和 120mL 两种，这两种在修理工作中比较实用。

(6)玻璃罩，又称灰罩，大的玻璃罩称钟罩，它可以保护仪器的零件、部件或整台仪器不受外界的撞击和保持零件的干燥清洁。

(7)培养皿，用来盛放小型零件，如螺钉、垫圈、垫片、销钉、弹簧及光学零件等。

(8)锤子，又称榔头，它的规格以质量为标准。通常用 4 两的小手锤、钟表榔头、木榔头各一把即可。

(9)锉刀，按形式分为三角锉、刀口锉、圆锉、方锉、平锉、半圆锉等。它又有粗锉细锉之分，以尺寸来定规格。

其他工具有台虎钳、手虎钳、活动扳手、冲子、油石、放大镜、手摇钻、酒精灯、电烙铁、游标卡尺、四分尺、二米钢卷尺、丝锥、板牙、刀片、牙刷、瓶口刷、校正针、竹镊子、电炉和各种手钳等。

6.1.3 测绘仪器检修的材料

1. 测绘仪器所用油脂的要求

在检修测绘仪器工作中，使用的油脂是很重要的，必须加以重视。油脂的主要作用是使运转部位转动灵活，保护机械零件摩擦面尽可能少磨损坏和不锈蚀，并起润滑作用。由于测量仪器在野外不同自然条件下使用，因此要求油脂在-40℃时不凝结，在+50℃时不离析或流出，长时间使用不氧化水解，改变油脂原来的性能。

油脂对金属应无腐蚀作用，常温下的挥发应达到最低限度，以防止在光学零件上生成油脂性的附着物。由于仪器转动部分的间隙、转动方式、压力和速度均有不同，故应根据不同部位加注不同性质的润滑脂，如机械零件应加浓度较大的润滑脂，轴系应加浓度较小的油。

2. 轴系用油

轴系用油，在测量仪器的竖轴中，常采用精密仪表油。它们的特点是凝固点低，粘湿性能好，热稳定性高，可在较宽温度范围内使用。

目前大部分采用特5号精密仪表油，也有采用特4号、特15号、特16号精密仪表油的。

3. 其他机械零部件使用的润滑脂

这里所指的机械零部件是测量仪器中可以作旋转运动的手轮和滚动轴承等。润滑脂的品种较多，它们应该起润滑、防腐和密封作用。因此，需要选择防护性、抗水性、机械和抗氧化安定性好的油脂。

目前一般采用221号润滑脂，它适用于防腐蚀介质接触的摩擦组合件，金属与金属的接触面上起润滑与密封作用，也可以用于轻负荷滚动轴承的润滑。

也可采用7001号和7007号，前者适用于轻负荷滚动轴承的润滑，后者适用于轴承皮及齿轮的润滑。

6.1.4 仪器拆装清洗加油的初步知识

检修仪器首先要掌握基本技能。仪器上很多零件都采用螺钉连接。使用起子旋下或旋紧螺钉是拆装仪器的一项基本技能。

拆卸仪器的起子刀口必须和散拆的螺丝槽口的长度和宽度相一致，这样可以保证螺丝槽口受力均匀，不易损坏。

零件拆卸完后，可进行清洗。清洗金属零件一般可采用煤油和工业用汽油。比较脏的、生锈的零件，先用煤油清洗，再用汽油清洗。比较清洁的，手就用汽油清洗。轴系零件用航空汽油清洗。

煤油和汽油分别装在玻璃缸内，将金属零件浸泡其中，用毛刷刷净，取出待稍干后用绸布擦净；擦不干时，放在恒温干燥箱内烘干，用防尘罩罩上，备装配时取用。

有漆层的零件，不能在煤油中浸泡过久。清洗时要防止螺纹碰撞，以免损坏。

光学零件(透镜、棱镜)一般采用乙醇(无水酒精)或乙醚(医用麻醉剂)或二者的混合液擦洗。

常用清洗液可见表6-1简介。

表6-1 常用清洗液简介

名称	分子式	沸点(℃)	可溶材料	用途	纯度	说明
乙醇	C_2H_5OH	78.3	虫胶、树脂树胶	清洁光学零件	分析纯	乙醇和乙醚可单独使用。也可用10%～20%的乙醇与80%～90%的乙醚混合使用,效果良好。乙醇与乙醚混合称为“混合液”。对健康有害,宜少用。
乙醚	$(C_2H_5)_2O$	35.2	油脂(动物植物、矿物油)石蜡,树脂、树胶	清洁光学零件	分析纯	
丙酮	CH_3COCH_3	57.5	各种有机及油漆类,多种塑料类	清洁光学零件	化学纯	

续表

名称	分子式	沸点(℃)	可溶材料	用途	纯度	说明
汽油		70~120	各种油脂	清洁金属零件	工业用航空用及专用洗涤汽油	宜用未加铅的蒸馏汽油,一般汽油均加有铅,毒性较大,轴系最好用航空汽油清洗
煤油			各种油脂	除锈清洁金属零件	工业纯	

擦洗零件一般采用棉花蘸上适量清洗液，从零件中间起作圆周运动，向零件边缘擦洗，同时棉签也应旋转。当棉签转完一周时，应换棉签头，这样可以使零件上的脏物从中间向边缘擦出，同时擦在棉签上的脏物不会再回到零件上。

棉签头的卷法是将脱脂棉、最好是长纤维棉花装在食品塑料袋中，右手持柳木棒挑取适量棉花纤维，左手食指、拇指转捏塑料袋外面卷成棉签头。

清洗光学零件时，棉签蘸的清洗液不宜过多，否则，清洗液挥发时间长，且脏物沾不到棉签头上。

长了霉的光学零件可用去霉药物3204清洗。

清洗胶合的光学零件时，要注意防止清洗液渗入胶合面而使零件脱胶。

清洗有镀层面的光学零件时，要事先分析判断清楚是什么镀层面。对于蓝紫色的增透膜顶，可用乙醇或乙醚清擦，但用力要轻。对于照相刻画面和镀铝面，不能采用上述方法擦，影响不大的就不擦了，影响大的应作特别处理。一般灰尘可用吹风球吹掉。

6.1.5 测绘仪器检修的安全操作规程

(1)修理前应对仪器进行全面的视检。要检查仪器外表有无碰坏、是否齐全，水准器气泡长短是否合适，竖横轴及各旋转部位是否正常，望远镜及读数系统成像情况是否正常，并作文字记录。能进行观测的仪器，最好进行相关观测。这样做，对分析仪器的故障很有参考价值。另外还要询问送修者的要求及使用中发生的问题。

(2)检修者对所修仪器的结构必须有基本的了解，对初次接触的仪器，必须查阅有关资料或请教有修理经验的人，严禁乱拆。

(3)拆修仪器的顺序一般是由下向上拆卸；装时则后拆的先装，减少干扰，避免拆装上部时污染了下部。

(4)在拆修过程中，要胆大心细，防止仪器零件被摔坏、碰坏、拧坏、扳坏、擦坏和磨坏等。

(5)为了防止意外事故发生，检修时必须做到以下几点：

①必须遵守操作规则，操作过程中要思想集中，不许闲谈。有问题需商讨时，要将手中的工作暂停。

②所用工具要适合所拆卸零件的拆卸孔(或口)，在旋紧螺丝时，必须使起子垂直于

螺丝头部，并用力顶住拆卸工具，防止工具滑落。

③在拆卸前必须仔细检查有无定位螺丝，是否反牙。螺丝锈住时，要用煤油或柴油浸润四周，非光学连接件可根据具体情况在四周用木棒轻轻敲击。遇到难旋下的螺丝，要多想办法，要有耐心，不能强行拆卸。

④拆卸光学零件和可调零件时，拆前要做好安装记号，以便复装。拆下的零件必须放稳。光学零件要放在干净的玻璃器皿或玻璃罩内，零件下面要垫上干净的脱脂布或干净纸。其他金属零件也应按顺序放在干净的特制盒子里，以免将零件碰坏或丢失。

⑤拆卸和观察零件时，不要把仪器拿得太高，更不允许离开工作台。不允许在仪器上方(特别是暴露的光学仪器或度盘上回)传递工具或其他物品，以免一不小心，工具掉下来将仪器或零件打坏。

⑥拆卸或安装光学零件时，不要用手接触它们的抛光面。另外，安装光学零件前必须将所有的零件擦洗干净。

⑦清洁光学零件或精密金属零件(如竖轴)的用料，要质纯而干净，不允许用手接触它们的工作部位。尤其是研磨轴系及抛光光学零件，用料更要质地纯净，工具更要清洁。用前必须在非工作面部位(如金属度盘无刻划处)试磨，绝不允许马虎从事，不然会造成仪器报废。

⑧检修前，必须将需用的工具准备好，特别是一些拆卸专用工具，更要事先制好，这样才能保证仪器的安全拆卸。

⑨所用的清洁液，如汽油(工业用)、酒精(乙醇)、乙醚等，要质纯、清洁、无水，用后要及时盖紧。所用垫片、压片等辅助材料，最好要经过防霉处理。

⑩在检修过程中，如发生较大的事故(如摔坏、碰坏等)时，应立即报告有关领导。事故原因及责任没搞清时，必须保护现场，待领导允许后方能继续工作。

⑪离开检修室时，必须检查电、水、门窗是否关好。仪器必须加上罩盖，严禁将仪器安置在三脚架上过夜。

6.1.6 测绘仪器的“三防”

生霉、生雾和生锈是光学仪器的“三害”，它们直接影响光学仪器的质量和使用寿命，影响到作业任务的完成，因此必须引起重视。

1. 光学仪器生霉的原因及其防霉方法

在光学仪器的玻璃零件上见到的蜘蛛丝的东西就是仪器生霉了，有的称仪器“长毛”了，如图 6-7 所示。

1)光学仪器生霉原因

玻璃组成成分中碱金属氧化物含量达 17%时，最易受霉菌侵蚀而引起仪器生霉。光学零件的垫片、垫底、压片等未经防霉处理，也能引起仪器生霉，如图 6-8 所示。

仪器密封性不好，空气灰尘中的霉菌孢子进入仪器内部散落在光学零件表面上，当这些霉菌孢子得到适合生长的条件及营养物，就会很快生长起来，使仪器生霉。霉菌最适宜的生长条件是温度 25~35℃、湿度 80%~95%，所需的营养物主要是含碳的糖及脂肪类，含氮的蛋白质，无机盐以及水和氧等。

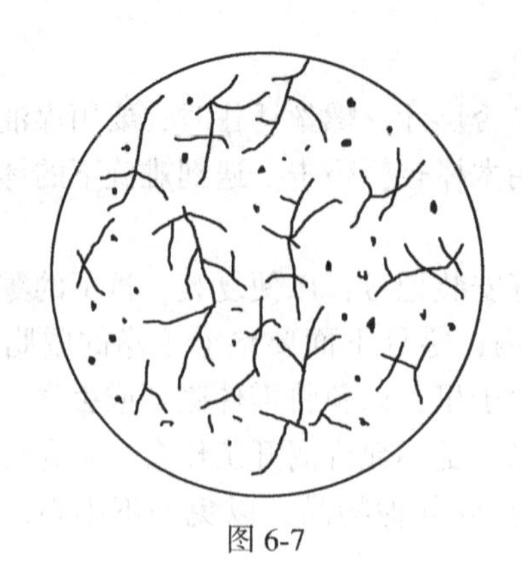

图 6-7

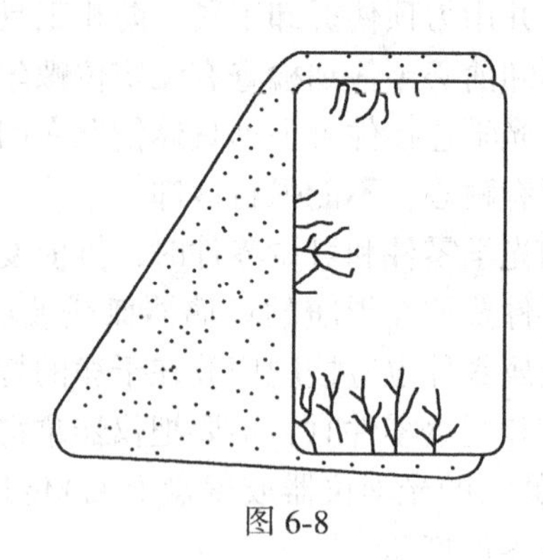

图 6-8

如人手直接接触光学零件，而手指分泌油脂、汗液，同时皮肤不断老死，这些东西带到光学零件上，就为霉菌储备了营养物质。光学零件上的油迹没有擦洗干净等，也会引起生霉。

2）光学仪器的防霉方法

霉菌的生长条件为孢子、湿度、温度和营养物四个条件，其中只要有一个条件不具备，都能限制霉菌的生长。因此，只要恶化霉菌的生长条件或者设法杀死霉菌孢子，就能达到防霉目的。目前生产仪器工厂除了改进仪器结构、选择适当材料外，还应做到整洁生产，使用仪器应加强仪器的维护和管理。由于测绘仪器大多数在野外工作，采用控制温度、湿度来限制霉菌生长是比较困难的，最为有效的防霉方法是用化学药剂。

H50 防霉剂：使用时，把 H50 压成不同规格的药片，固定在不影响光路的部位。用擦镜头纸包 0.5g 的药片，放在仪器箱内并把箱盖密封好。在经纬仪箱内放一包即可管一个梅雨季节。此药防霉效果好，使用方便，挥发慢，药效长，使用安全，对金属没有腐蚀，不影响仪器的光学性能。

对硝基氯苯：属于熏蒸杀菌剂。在仪器箱内放一包用擦镜头纸包好的 0.5g 药片。此药防霉效果好，杀菌力强，对金属无腐蚀作用。但是，挥发快，药效短。

2. 光学仪器的起雾原因及防雾方法

在光学零件的抛光面上，呈现出微小的像露水一样的东西，就是仪器生雾了。根据雾的构成成分不同，雾可分为油性雾、水性雾和水油混合雾。

1）光学仪器生雾原因

光学玻璃稳定性差。仪器上所用的油脂质量不高，易挥发或扩散到光学零件表面上，引起仪器生雾。温度、湿度大或温差变化大都能使仪器生雾。一般湿度越大，温度越高，越容易引起仪器生雾。

2）光学仪器防雾方法

在生产中提高玻璃的化学稳定性，提高光学零件表面的清洁度。仪器上用的油脂必须是低挥发度和化学稳定性好的。目前用化学药剂防雾有 3204、7251 和 3207 等（全国鉴定代号）。

3204 防雾剂是将乙基含氢二氯硅烷加入无水乙醚中，使其浓度为 0.25%～1%，其处理可用下述任何一种方法。

(1)蘸擦法：用棉球蘸溶液往光学零件表面上均匀擦拭一遍，待成膜后，再用混合液(无水乙醚与无水乙醇的混合液)擦拭干净即可。

(2)浸泡法：将光学零件浸于溶液中，半分钟左右取出，擦拭干净即可。

(3)清洗法：直接用乙基含氢二氯硅烷乙醚(或乙醇)溶液来清洗光学零件。

3. 测绘仪器、工具生锈及其防锈方法

仪器金属零件生锈的危害件很大，如仪器的竖轴生了锈就会使轴旋转不灵活或卡死。钢卷尺生锈不仅看不清刻画而且会断裂。总之，仪器的金属零件生锈不仅会影响仪器的精度，也会缩短仪器的使用寿命，因此，对仪器的防锈工作必须重视。

1)仪器生锈的主要原因

如果相对湿度大，当空气中的湿度超过金属的临界相对湿度时，金属零件表面附有水汽，时间长了就会生锈。由于温度变化影响着水汽在金属上的凝集，所以，温差变化较大会使金属生锈。空气中的有害气体，如二氧化硫溶于水会生成亚硫酸，而腐蚀金属。另外，人的手汗中含有氯化钠，它对金属表面镀的膜层有破坏作用，并生成氯化铁，易溶于水，致使金属零件生锈。

2)仪器的防锈方法

金属防锈的方法很多，目前主要是用涂油的方法，多数采用凡士林涂于金属表面上，经常使用的仪器一般用石蜡油、精密仪表油等。

6.2 常见机械故障的维修

6.2.1 竖轴部分

1. 对竖轴的要求

竖轴的主要作用是使照准部稳定地围绕铅垂线方向旋转，其稳定的程度即是竖轴的定向精度。竖轴质量的好坏将直接影响仪器的使用和精度。竖轴在轴套中略有晃动，不仅望远镜不能准确地照准目标，而且照准部上的水准管也调不平。因此，要求竖轴应旋转灵活，转动轻松平滑，没有涩滞或跳动现象，轴与轴套间吻合，没大的间隙，以免引起仪器基座部分扭转而给测量成果带来不可消除的误差。

2. 竖轴的拆卸

1)水准仪

竖轴的拆卸需要从照准部微动结构开始。首先用螺丝刀旋下照准部微动弹簧筒 14(图 6-9)，拉出弹簧及其顶帽，旋松竖轴与轴套连接螺丝 13，此时竖轴连同望远镜一并徐徐拔出，竖轴即可进行清洗和修理。此时竖轴、轴套及制动环等都可进行清洗。仪器下部基座、轴套、制动环(如图 6-10)。制动环需清洁时，用双孔扳手插入对径两拆卸孔 3 内，旋下制动环压圈 4，制动环 2 可取下。

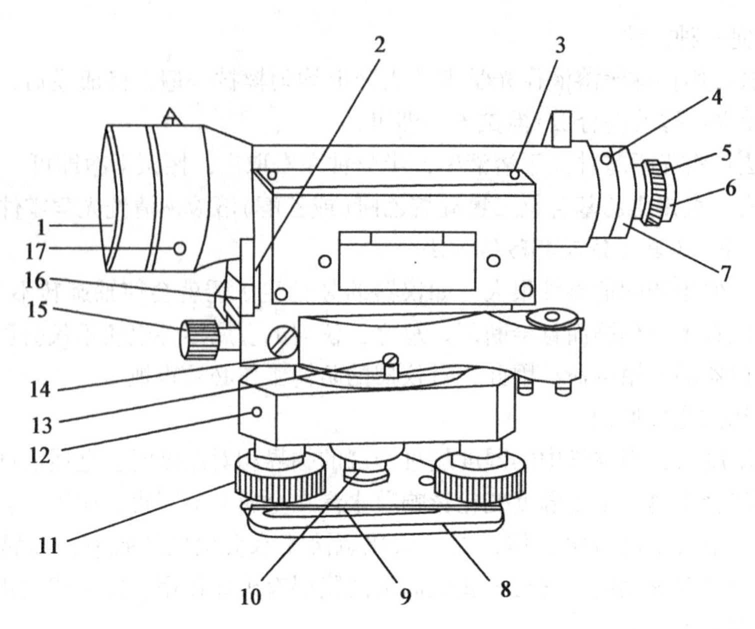

1—物镜；2—连接簧片；3—护罩固定螺丝；4—目镜组固定座紧定螺丝；5—屈光度环紧定螺丝；
6—屈光度环；7—目镜组固定座；8—脚底板；9—三角压板；10—竖轴调节螺丝固紧螺母；
11—脚螺旋；12—脚螺旋座紧定螺丝；13—竖轴与轴套连接螺丝；14—微动螺旋弹簧座；
15—制动螺旋；16—簧片压板固定螺丝；17—物镜座紧定螺丝

图 6-9

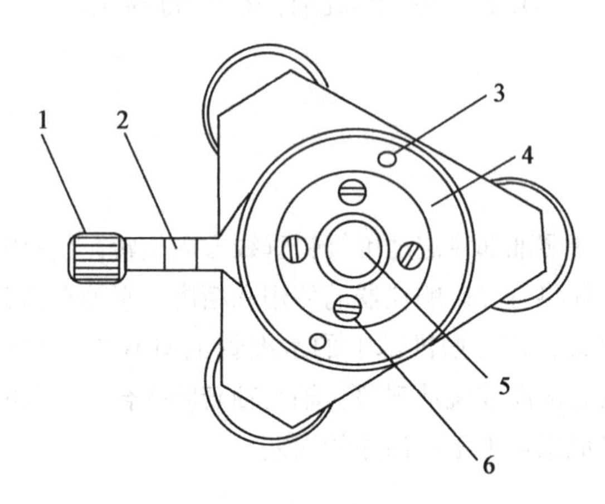

1—制动螺旋；2—制动环；3—拆卸孔；4—制动环压圈；5—竖轴套；6—竖轴套固定螺丝

图 6-10

2)经纬仪

将仪器轴座之固定螺丝旋松，把仪器主体从基座中取出，即可看到竖轴。

3. 竖轴的维修

1)轴转动紧滞或卡死

如果是竖轴和轴套不清洁或缺油，应清洗加油。

如果是水平制动环与轴套不清洁，应清洗加油脂。

如果是水平微动螺旋的顶针没装在顶孔内，应卸下重装。

如果是托板与基座连接倾斜，应松开固联螺钉，重新装好固定。

2)竖轴显动位仪器整不平

如是竖轴与托板的连接螺丝松动，应将其固紧，要保证竖轴与托板基本垂直。

6.2.2 制动—微动部分

1. 制动—微动的作用

为使经纬仪或水准仪的望远镜能精确地瞄准目标，用手来控制仪器是十分困难且费时的。测量仪器中的制动—微动机构，就是用来保证仪器的运动部分迅速而准确地安置到所要求的位置，以实现瞄准目标的目的。仪器中制动和微动机构是一组不可分割的部件，无论是什么形式的制动和微动结构，都必须制动后，微动才能起作用。

2. 制动—微动的结构形式

制动—微动是测量仪器中较为容易损坏的部件之一，在测量仪器中使用的制动—微动机构的结构形式很多，了解制动—微动的结构形式对维修制动—微动有极大的帮助，下面大致作一介绍。

1)普通式

图 6-11 所示为一种常见的横轴制动—微动机构，其制动—微动的原理是：制动微动环 6 套在横轴 5 上，当用手旋转制动手轮 1 时，通过万向接头 2 转动螺丝 3，螺丝 3 又通过制动块 4 压紧横轴 5，这时横轴与制动—微动环连成一体，制动—微动环转动，横轴也就转动，但此时制动—微动环已被下方的微动螺旋 8 及微动弹簧 10 顶紧不能转动了，因此横轴也就不能转动，达到横轴制动的目的。制动以后，旋转微动螺旋 8，弹簧 10 就被压紧(或弹出)，制动—微动环产生微小的转动，横轴也就产生微小的转动，这就是横轴微动的原理。可见，必须先制动后才能产生微动，否则横轴不与制动—微动环相连接，当旋转微动螺旋时，制动—微动环虽微动，但横轴是不动的。

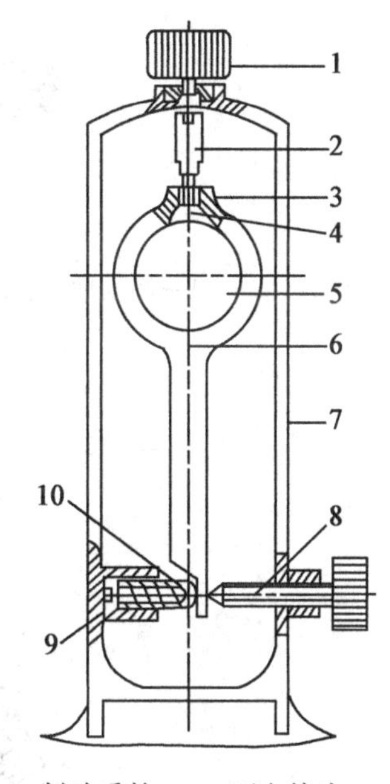

1—制动手轮；2—万向接头；
3—螺丝；4—制动块；5—横轴；
6—制动-微动环(架)；
7—支架；8—微动螺丝；
9—弹簧；10—弹簧套

图 6-11 普通式之一

图 6-12 所示为经纬仪的照准部常见的一种制动—微动机构。不难看出，它与图 6-11 所示基本相同。

2)杠杆微动式

杠杆微动式的制动—微动机构，是利用杠杆的原理把微动螺旋的推进量缩小 n 倍，使微动机构的准确性得到相应的提高，达到精确安置的目的。因此多用于精度较高的光学经纬仪上，如图 6-13 所示。当旋进微动螺旋 9 时，顶针推动杠杆 8 绕小轴 7 旋转，同时推动照准部凸块 6，这个推动量显然要比微动螺旋顶针的推进量缩小 n 倍，其缩小的倍数取决于杠杆臂长的比例。

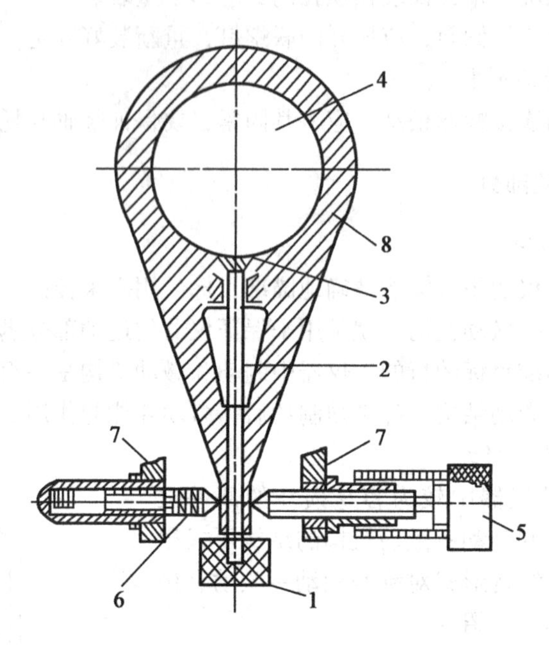

1—制动螺旋；2—传动杆；3—制动块；4—竖轴轴套；5—微动螺旋；
6—弹簧；7—固定架；8—制动微动环

图 6-12 普通式之二

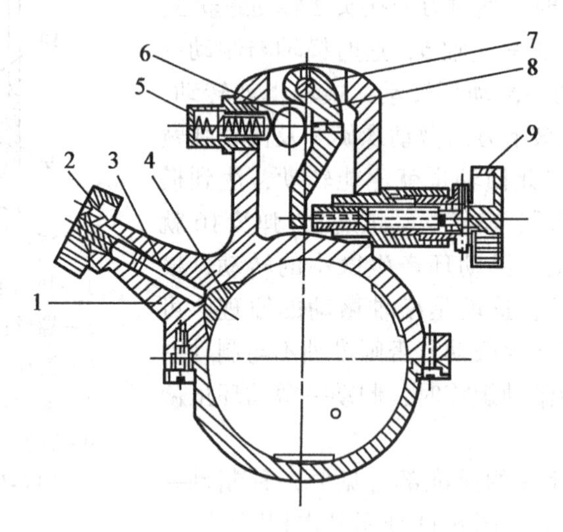

1—制动微动架；2—制动螺旋；3—传动杆；4—制动块；5—弹簧；
6—照准部凸块；7—小轴；8—杠杆；9—微动螺旋

图 6-13 杠杆微动式

该结构的缺点是：当微动量较大时，花费的时间较长；另外，整个微动的范围较窄，使用不便。

3)摩擦制动式

摩擦制动式(图 6-14)为一种没有制动螺旋的制动—微动机构，它可用在体积小、质量轻的小型光学经纬仪和水准仪上。其制动作用是依靠制动环 4 和轴套 3 之间的摩擦力，使照准部被制动。这个摩擦力是由于弹簧 6 的伸张作用而产生的，它可以借助螺丝 5 来进行调节。当摩擦力达到一定程度时，照准部就基本上被制动，此时旋进微动螺旋 2 时，由于制动的摩擦力大于照准部旋转时的阻力，迫使照准部跟着微动螺旋一起转动，起到了微动的作用。当用手转动照准部时，这时外力大于制动环与轴套间的摩擦力，使制动环和照准部一起转动。

这种结构形式的缺点是，当用手逆时针方向转动照准部时，为了克服这种摩擦力，必然将微动弹簧 7 压紧，松手后，弹簧又弹回，难以瞄准目标；另外，还存在微动螺旋顶端与制动环会碰撞的缺点。

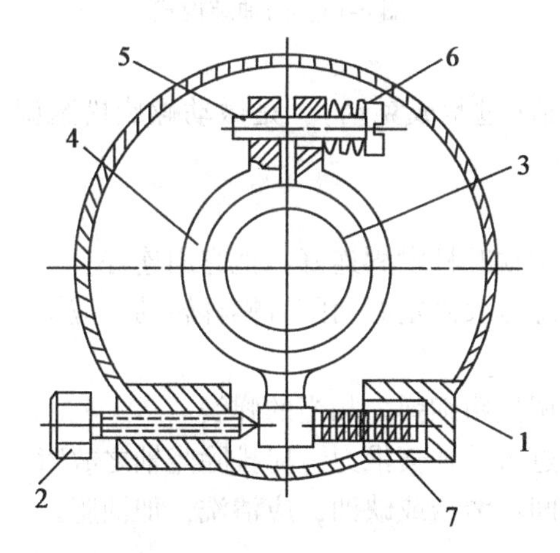

1—照准部壳体；2—微动螺旋；3—竖轴轴套；4—制动环；5—调节螺丝；6—弹簧；7—微动弹簧

图 6-14　摩擦制动式

4)同轴结构式

在全站仪上，将制动螺旋与微动螺旋装在一个轴上称为同轴结构，图 6-15 是其中的一种。当旋转制动螺旋 5 时，带动万向接头 3 及凸轮 2 转动，凸轮 2 推动顶杆 6 及制动块 7 产生制动作用。旋转微动螺旋 4 时，由于制动环及制动螺旋都已固定，这时只有照准部 1 相对产生移动，起到了微动的作用。

3. 制动—微动的维修

1)水平制动螺旋失效

如制动螺旋顶杆不够长或滑块丢失，应加长顶杆或配上滑块。

如制动扳手没装调好，应松开制动扳手固定螺钉，旋紧制动杆，固定制动扳手螺钉。

2)水平微动螺旋松紧不适

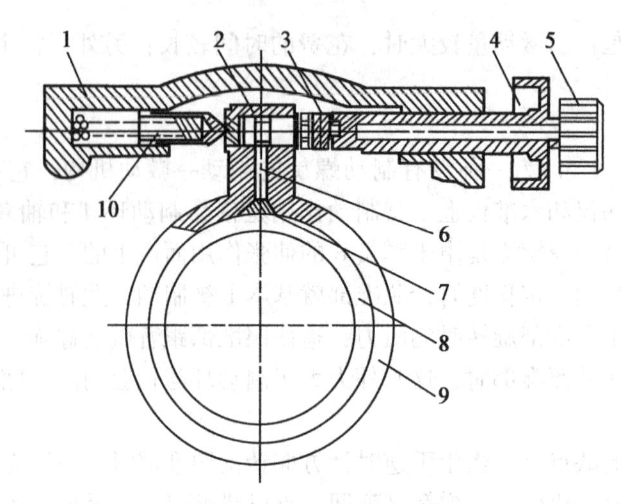

1—照准部；2—凸轮；3—万向接头；4—微动螺旋；5—制动螺旋；
6—顶杆；7—制动块；8—轴套；9—制动环；10—弹簧

图 6-15　同轴结构式

水平微动螺旋松紧不适(过紧或晃动)，是微动螺旋松紧调节螺母没调好，应用校正针调节到松紧适宜。

3)水平微动螺旋失效

如是微动螺旋手轮与微动螺杆没固连好，把它固连好。

如是微动螺旋的弹性螺母没固定好而随着螺杆转动，应旋出紧固螺钉，把弹性螺母固定好。

如是微动弹簧失效，调换粗细弹力相当的弹簧。

如是竖轴紧滞程度超过微动弹簧推力，应排除竖轴之故障。

如是微动螺杆或螺母间不清洁或缺油，应清洗，加油脂。

6.2.3　脚螺旋部分

1. 脚螺旋的拆卸

脚螺旋也称安平螺旋，其作用是借助于水准器的指示，将仪器精确地安置在理想位置上。精密仪器上的脚螺旋，螺杆与螺母一般是配对研磨而成，拆修时注意不要互换搭配。

旋下松紧调节罩，即可将三个脚螺旋从基座中同时拔出。拔出的脚螺旋结构如图 6-16 所示。用改锥顺时针旋出反牙防脱螺丝 1，即可旋下鼓形螺母 3，并取下松紧调节罩 4。整个脚螺旋部件可进行清洁或修理。

脚螺旋杆 2 用三个螺丝 6 与脚螺旋手轮 5 固连在一起，清洁时不要将两者分离，以免螺丝 6 没旋紧而引起晃动。若需两者分离时，旋下三个螺丝 6 即可，但复装时一定要将螺丝 6 旋紧。此外，安装脚螺旋时，要将鼓形螺母侧面的凸块 7 插入脚螺旋座的槽口内。

2. 脚螺旋的维修

1)脚螺旋松紧不适或晃动

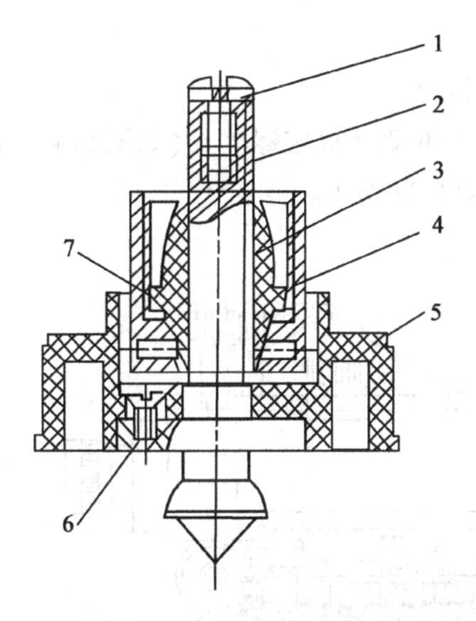

1—反牙防脱螺丝；2—螺杆；3—鼓形螺母；4—松紧调节罩；
5—脚螺旋手轮；6—脚螺旋螺杆固连螺丝；7—凸块
图 6-16 脚螺旋

①脚螺旋的松紧调节螺钉未调整好。用校正针拨动松紧调节螺钉。

②脚螺旋内不洁或缺油时，应该清洗，加油。

③基座弹性压板与基板连接螺钉没调整好时，应该调节连接螺钉。

2)脚螺旋失效，不起升降作用

外套管上用来管制弹性螺母转动的凸块折断，应该焊一凸块或外套管上装一紧固螺钉，把弹性螺母固定住。

6.2.4 微倾螺旋部分

1. 微倾螺旋的拆卸

微倾螺旋结构和拆卸方法与微动螺旋相同。

2. 微倾螺旋的维修

1)微倾螺旋失灵

如是微倾螺旋松紧没装调好，应调整至松紧适宜。

如是顶针丢失顶针头不光滑，应该修配。

如是微倾螺旋脏污缺油，应清洗加油。

2)微倾螺旋旋至尽头仍不能使气泡居中

如是微倾螺旋没装调正确，应重新装调。

如是仪器整平所依据的圆水准器没校好，应予以校好。

如是长水准器没装调好，应是当微倾螺旋在工作范围中央位置时水准器的四个校正螺钉应在对称适中位置，水准器球头螺钉应放正而无松动。

6.2.5 水准器部分

1. 符合水准器部分的拆卸

(1)将符合水准器组护罩的四个固定螺丝16(如图6-4所示)旋下，取下护罩，即可见符合水准器内部结构，如图6-17所示。

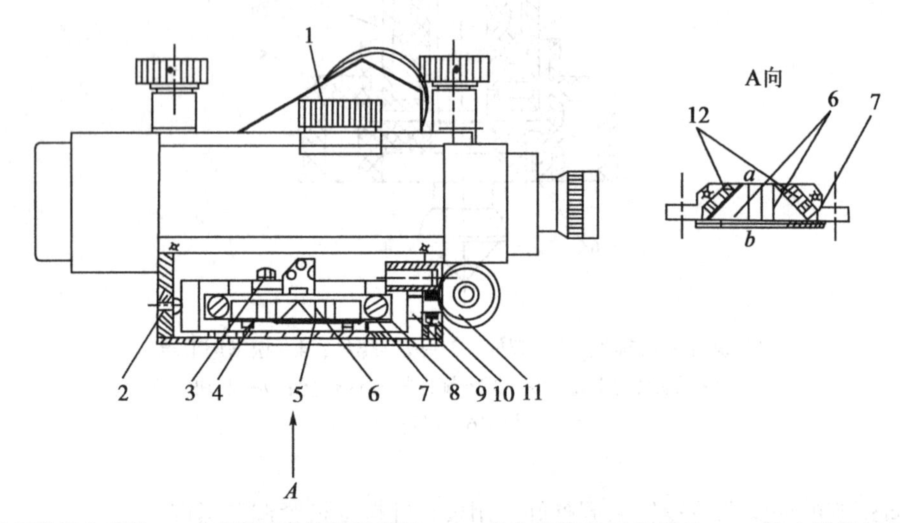

1—望远镜调焦手轮；2—球形螺丝轴固连螺丝；3—直角棱镜座固定螺丝；4—符合棱镜压板固定螺丝；5—棱镜压板；6—符合棱镜；7—棱镜架座；8—棱镜架座固定螺丝；9—水准管座；10—水准管校正螺丝；11—圆水准器；12—符合棱镜压片固定螺丝

图6-17 符合水准器内部结构

(2)旋下符合棱镜组座的两个固定螺丝8(如图6-17所示)，则整个棱镜组座7可从仪器上取下。注意：一般不必再将棱镜拆开，以免损坏。

当各部件拆下后，即可进行清洁或加油。各部件的安装步骤一般均与拆卸的顺序相反进行即可。

2. 符合水准器的维修

1)气泡移动时产生停滞跳动或不稳定

①储液结晶或有不洁之物时，应该调换格值精度相当的水准器。

②水管内壁弧曲度未研制好时，方法同上。

③水准器的校正螺钉松动或滑丝时，应修配校正螺钉。

④封水准器的石膏松脱时，应细心取下水准器，重新灌石膏。

2)气泡符合影像异常

水准器的符合棱镜未装调好时，参看表6-2装调完善。

表 6-2　　　　　　　　　　　　**气泡不正常现象的调整**

现象	原因及调整措施
水准管分划线上下错开 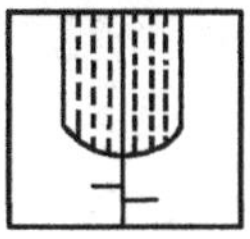	产生的原因是：两符合棱镜组在水准管纵向方向上的位置不正确。即两符合棱镜的相接棱 AB 没有位于水准管两分划线 4 的中央之上方。调整方法是：将整个符合棱镜自在水准管轴线 mn 方向上移动，直到两分划线影像对成一条重合直线为止。
气泡视像瘦分划线短 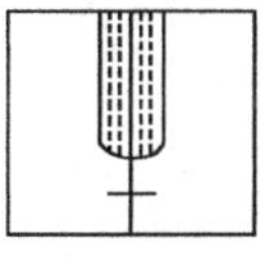	产生的原因是：符合棱镜组的棱面 $DCC'D'$ 在水准管横向方向上的位置不正确，亦即此平面未通过水准管轴线。气泡太瘦是棱面 $DCC'D'$ 过于偏向轴线 mn 的外侧(靠左侧)。调整方法是：将整个符合棱镜组在垂直于轴线 mn 的方向上向里(靠右侧)移动，直至气泡影像粗细适中，气泡两头呈现圆滑的弧形为止。
气泡视像肥分划线长 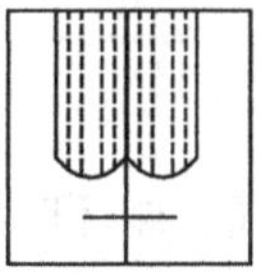	产生的原因是：与符合气泡影像太瘦相同，只是符合棱镜棱面 $DCC'D'$ 的偏向位置与符合气泡影像太瘦的情况刚好相反。调整方法是：在调整时，整个符合棱镜的移动方向与符合气泡影像太瘦的情况相反。
气泡视像分界线过粗 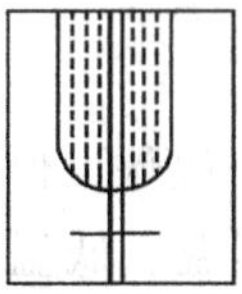	(1)产生的原因是：两符合棱镜的相接棱 AB 存在缝隙。调整方法：移动符合棱镜 1 和 2，使相接棱 AB 对齐，成为一条细线为止。 (2)产生的原因是：两符合棱镜的棱面 $ABCD$ 与 $ABC'D'$ 不在同一平面内。调整方法是：使其在同一平面内。 (3)产生的原因是：两符合棱镜的相接棱有缺陷或破损，此时一般不易修理，严重时更换符合棱镜。
气泡视像一边瘦，一边肥 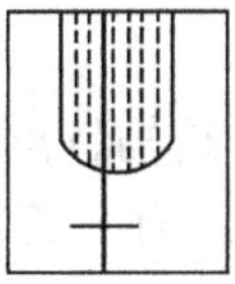	(1)产生的原因是：符合棱镜的棱面 $DCC'D'$ 不通过水准管轴线 mn，而是与轴线 mn 相交。此时气泡的影像不但半边细半边粗，而且还会带有不同程度的歪斜。调整方法是：水平方向旋转整个符合棱镜组，直到气泡影像左右相同、宽度合适为止。 (2)产生的原因是：两符合棱镜的棱面 $ABCD$ 与 $ABC'D'$ 不在同一平面内，而前后错开或呈一交角。调整方法是：移动或旋转其中一块(或两块)符合棱镜，使两棱面 $ABCD$ 与 $ABC'D'$ 处在同一平面内，并使气泡影像左右宽度合适为止。
气泡视像分界线歪斜 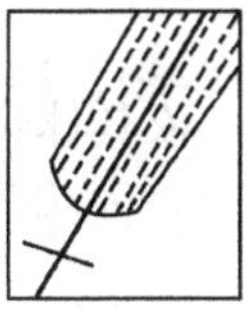	产生的原因是：直角棱镜的直角棱不平行于符合棱镜的相接棱 AB。调整方法是：摆正直角棱镜的位置，使直角棱平行于相接棱 AB。这需要通过观察气泡影像位置是否端正来确定。

续表

现象	原因及调整措施

符合水准器示意图

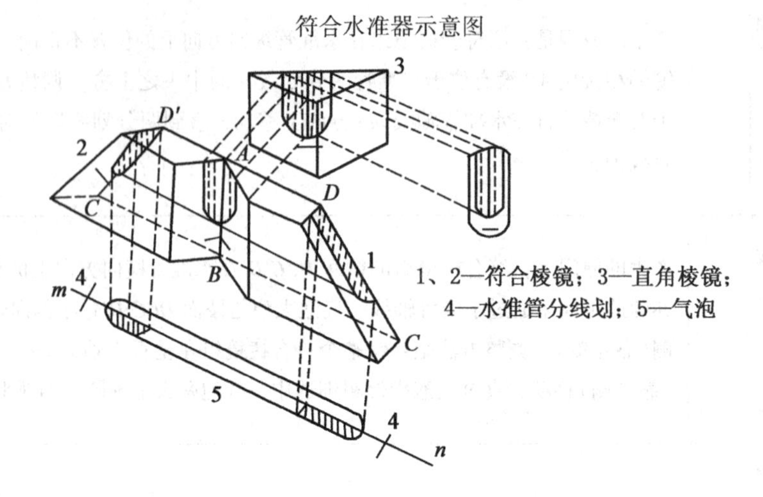

3. 长水准管的拆卸与维修

长水准管一般不宜拆卸下来，以免拆卸时损坏。当长水准管变形、漏气、碰坏时，需用相同精度和相同尺寸的水准管更换。先用校正针将水准管靠目镜一端的 4 个校正螺丝旋松，再用两脚扳手旋下另一端球形固连螺丝，即可将水准器连同管架一并取下。

6.2.6 拆卸仪器的注意事项

测绘仪器在出厂时，都需要按照部颁标准规定进行零部件及整体检验，以保证仪器的精度。但是，由于经过长途运输、震动以及野外作业时，要经受风沙、高温、低温、潮湿、霜雾等自然条件的影响和侵袭，加之使用和维护不当等原因，仪器的一些零件就可能松动、异位、损伤、起雾、生霉、生锈、污染或润滑油脂凝固等直接影响仪器正常作业。检修人员的责任不仅是要把产生故障的仪器予以修复，还要经常宣传正确使用和维护仪器的重要性，做到延长仪器的寿命，挖掘潜力，物尽其用。

仪器类型繁多、结构特点不一，检修人员应学会根据不同类型仪器的结构特点，分析、判断产生故障的原因，寻求排除故障的方法，不断提高检修水平，为工程建设服务。

测绘仪器是精密的光学仪器，不应随便拆卸，否则会损害其精度。检修人员在修理仪器时，也应根据仪器的故障部位，除必须拆卸的部位以外，应尽量避免拆卸不必要拆卸的零部件。

已经修复的仪器必须予以校正完善，并根据故障产生和拆卸过的部位，依具体情况，进行必要的检验调整，直至满足精度要求，才算修理完善。

6.3 全站仪中常见机械故障的维修

6.3.1 竖轴转动紧涩

1. 微动环缺油

仪器经长期使用后，照准部转动紧涩，可能是水平微动环润滑脂干了。简单的处理是拆下装长水泡一侧的显示器，向微动环转动部位滴入 T5 润滑油。滴入时，注意不要滴到度盘上。转动竖轴检查是否能解决。

故障排除后，将防尘橡胶垫按原位置安装，显示器装在仪器支架上，紧固 4 个 M2 螺钉。安装时，长水泡一侧的电源线及所有数据线均应安置在水平指栅盘(上面的光栅盘)上。安装后，转动照准部检查，不得有电源线或某根数据线蹭度盘发出响声的现象。

如果转动仍紧涩，可能是水平盘蹭或轴系配合部位脏、卡。

2. 水平指栅盘脱落

仪器受强烈震动后，可能造成水平指栅盘开胶脱落，此时，竖轴转动紧涩。拆下装长水泡一侧的显示器，转动照准部会发现水平指栅盘不随照准部一起转动。用 0.03～0.04mm 塞尺检查，塞尺不能从两光栅盘间插入。如果确认是水平指栅盘开胶脱落，由于需重新校盘，应返厂修理。

3. 竖轴卡死

照准部不能转动或转动很困难，故障应是竖轴卡死。此时，不应再强行转动照准部；否则，会造成竖轴咬死，导致竖轴报废。竖轴配合精度很高，没有专用工具，修理后，很难保证轴系精度，应返厂修理。

6.3.2 横轴转动紧涩

该横轴结构先进，正常使用不会造成横轴转动紧涩。如果出现此故障，通常是由于仪器经长期使用或受强烈震动、碰撞后，垂直两光栅盘蹭盘所致。用 0.03～0.04mm 塞尺检查，全圆周四个方向，每隔 90°用塞尺检查一次，塞尺均应能从两光栅盘间插入。如果有一处不能插入，即可判定为蹭盘。维修方法参见单元 8 的相关内容。

6.3.3 水平制微动手轮的维修

水平制微动部分由于其结构凸出于外，用户在使用中很容易磕碰而出问题，拆卸方法：

①拆开正镜一侧的显示器。如图 6-18 所示，已拆掉。

②拆开顶簧座 1。注意，拆开过程中小心弹簧飞出。

③松开两个 M3 内六角顶丝 2。

④拔出水平制微动组 3。

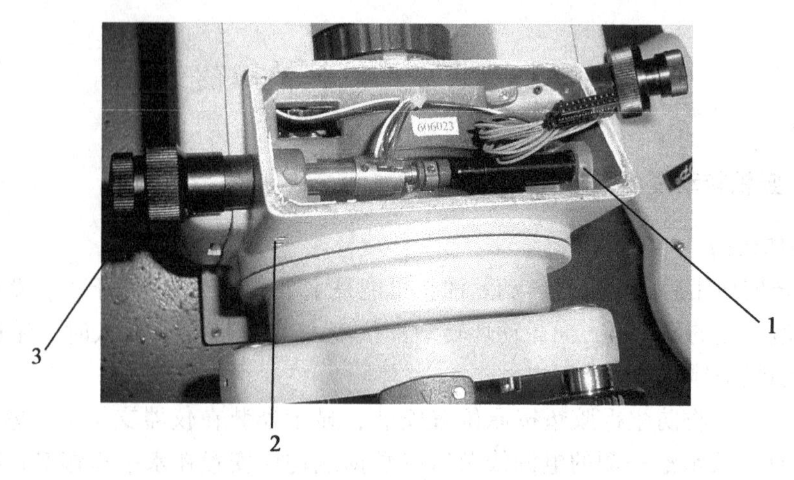

图 6-18　水平制微动手轮

水平制微动组拆卸图如图 6-19 所示。

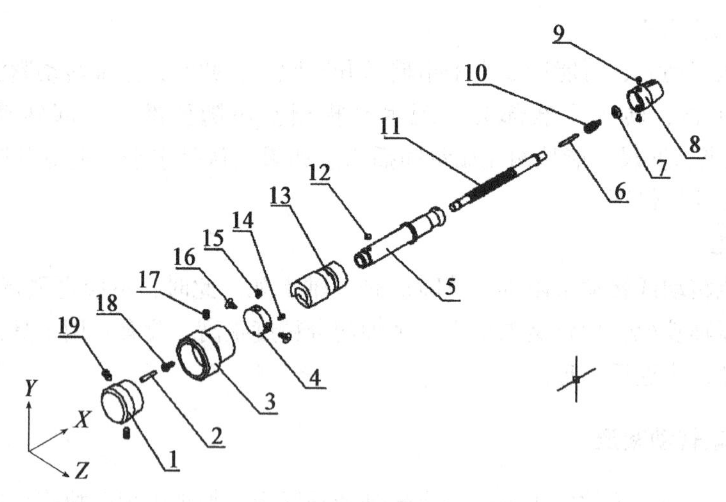

图 6-19　水平制微动组拆卸图

制微动组分拆顺序：

①松开两个顶丝 19，可拔出微动手轮 1。

②松开 1 个顶丝 17，可从制动杆 5 上旋出制动手轮 3。

③拆下两个沉头螺丝 16 及顶丝 15，则可拆下限位环 4。注意限位环的安装方向。

④拆下两个螺钉 9，可将锁紧拨叉 8 拆开。

安装时注意：

①重新装配前，需要将各零件用汽油清洗干净。

②制动杆 5 和微动杆 11 之间需涂抹专用润滑脂，确保两者配合滑块无空回现象。

③安装完锁紧拨叉 8 后，要求锁紧拨叉能在±30°范围内灵活摆动。

④装好的制微动组按图 6-19 装配关系安装，安装好后检查水平制微动的制动可靠性及范围、微动灵敏度，确认无误后再装上显示器。

6.3.4 垂直制微动手轮的维修

拆卸方法：

①取下电池盒，拆开电池盒一侧的右挡板，如图 6-20 所示。

②拆开顶簧座 1。注意，拆开过程中小心弹簧飞出。

③松开 1 个 M3 内六角顶丝(在靠望远镜一侧)。

④拔出水平制微动组 2。

图 6-20 垂直制微动手轮

垂直制微动组的结构、形状与水平制微动组相同，其区别只是几种件的长度有差异，如图 6-21 所示。分拆顺序和组装要求与水平制微动组相同，这里不再重复叙述。

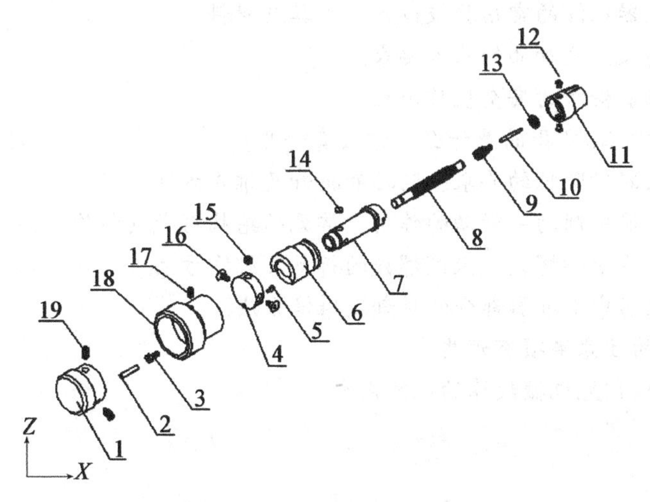

图 6-21 垂直制微动组拆卸图

6.3.5 横轴垂直于竖轴的校正

全站仪几何关系校正方法与光学经纬仪大致相同，下面仅介绍横轴垂直于竖轴校正的方法。横轴垂直于竖轴的检测方法及其他几何校正项目的检测和校正方法不作介绍。

仪器经长时间使用后，横轴垂直于竖轴的误差可能超过限差，此时，需要校正。

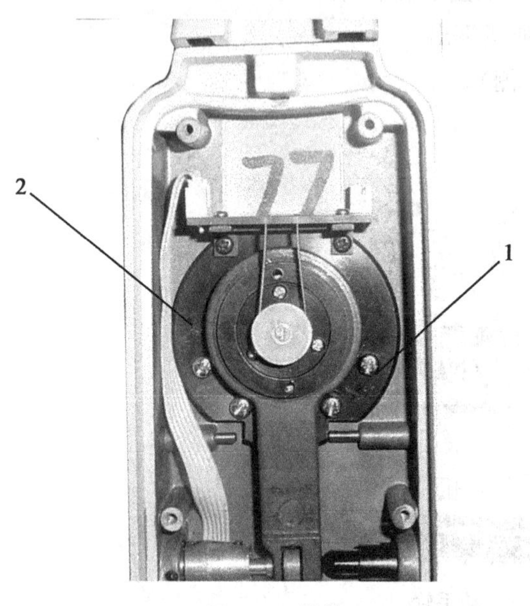

图 6-22 横轴

(1)取下电池盒，拆下固定右盖板的 5 个 M2.5 螺钉，打开右盖板。

(2)稍松开四个 M3X8 圆柱头螺钉 1(见图 6-22)，根据偏差大小和方向，向上或向下微量移动右轴承 2，直至符合技术要求。固紧四个 M3X8 圆柱头螺钉。

(3)校正后，横轴转动应舒适柔和。电刷滑环组中的 4 组电刷针(见图 6-22)与电刷滑环组中的 4 个滑环必须一一对应接触且导电良好，各组电刷针之间，均不得出现短路或断路现象。

(4)横轴垂直于竖轴校正好后，需复查 2C 和垂直指标差，如超差应校正好。

(5)装上右盖板，用 6 个 M2.5 螺钉固牢。

◎ 单元测试

1. 说明测绘仪器维修对检修人员、环境及检修室的要求。
2. 简述测绘仪器维修的常用验校设备、工具及材料。
3. 简述仪器拆装清洗加油的基本要求。
4. 叙述测绘仪器检修的安全操作规程。
5. 测绘仪器的“三防”指的是什么？方法有哪些？
6. 详述常规仪器对竖轴的要求、竖轴的拆卸及维修方法。
7. 详述常规仪器中制动—微动的作用、常见的结构形式及维修方法。
8. 简述常规仪器中脚螺旋、微倾螺旋的拆卸及维修方法。
9. 简述常规仪器中水准器部分的拆卸及维修方法。
10. 拆卸仪器的注意事项有哪些？
11. 简述全站仪常见机械故障的维修内容。

单元七　测绘仪器的光学部件及光路调整

【教学目标】

学习本单元，使学生掌握测绘仪器光学部件中望远镜的作用、原理及结构；熟悉望远镜的拆卸和维修方法；认识常见测绘仪器的光路系统；能够初步进行光路系统的调整工作。

【教学要求】

知识要点	技能训练	相关知识
望远镜	(1)望远镜的拆卸； (2)望远镜的维修。	(1)望远镜的作用、原理及结构； (2)望远镜的作用、原理及结构。
测绘仪器的光路系统及其调整	(1)光路系统的拆卸； (2)光路系统的调整。	(1)常见测绘仪器的光路系统； (2)光路系统的调整工作。

【单元导入】

除机械部件外，测绘仪器还由许多光学部件所组成，其中的光学部件是解决目标的成像问题，而机械部件则是保证光学部件处在所要求的位置上(如各透镜光轴的同轴性等)，使其成像质量为最好。光学部件是现代大地测量仪器上一个不可缺少的组成部分，除了经纬仪、水准仪等常见测绘仪器上有光学部件外，在较为先进的测距仪、全站仪、电子水准仪等测绘仪器上同样也少不了它的存在。

测量仪器的光学系统部件主要由透镜、反射镜、棱镜、光栏等多种光学元件按一定次序组合成的整体。常见的光学部件有望远镜、光学仪器的读数系统和光学对点器，本单元将对这些光学部件及其拆卸后的光路系统的调整做详细的介绍。

7.1　望远镜

7.1.1　望远镜的作用、原理及结构

1. 望远镜的作用

由被观察物体的两端点到眼睛物方主点所张的夹角叫做视角。同样大小的一个物体，若放在远处，看上去就会模糊，若将它移近些，就会看得清楚些，其原因就是物体在不同的距离上对眼睛所张的视角不同。视角越大，物体在网膜上的成像 $\gamma'_{眼}$ 也就越大，如图

7-1(a)所示，眼睛也就越能看清物体的细部。眼睛观察物体的距离，一般以明视距离为最佳。当物体距离眼睛太近时，虽然视角扩大了，但在视网膜上得到的却是一个模糊的像，不但不能看清，而且还会使人感到头晕目眩。

当物体离眼睛的距离很远时，往往由于所张的视角过小而不能辨别。为此，可以采用两个办法：一是向物体靠近；二是使用光学仪器将物体的视角扩大。望远镜就是这样一种仪器，它能使远方的物体，经过光学系统成像后对人眼所张的视角大于用肉眼直接观看物体时的视角，如图7-1(b)所示。这两个视角的比值，称为望远镜的角放大率。显然，放大率大于1的望远镜才能起到扩大人眼视觉能力的作用。

大家知道，人眼对两个物点的分辨率一般为60″，而望远镜又能将物点的视角扩大到几十倍。因此，人眼通过望远镜观察物点的分辨率也提高几十倍。测量仪器就是利用望远镜的这个特性，来提高瞄准或读尺的精度的。

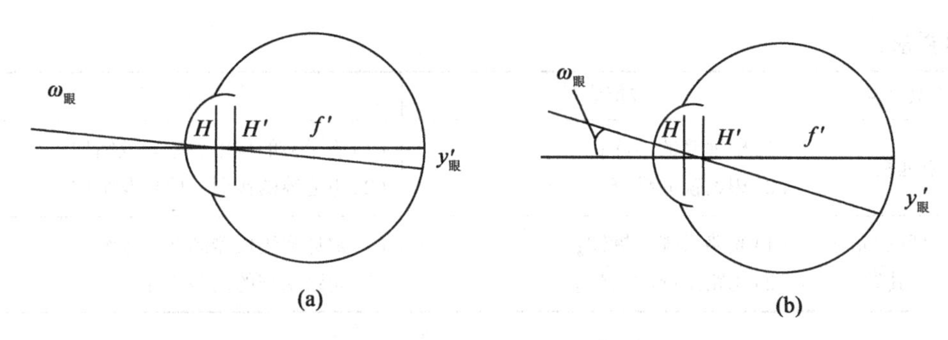

图7-1　物体对眼睛所夹的视角

2. 望远镜的原理

图7-2所示是望远镜的成像原理图。把物镜及目镜安放到同一条光轴上，并使物镜的像方焦点F'_1和目镜的物方焦点F_2重合，构成望远镜的成像系统。设P为远处一个目标，它先经物镜构成一个缩小的、倒立的实像P'(P'在F'_1以外，离F'_1很近的地方；对目镜来说，又在它的物方焦点F_2以内)。因此，P'被目镜第二次成像时，得到的必定是一个放大的、正立的虚像P''。当然，它对原目标P来说，已经是倒立的了。像P''的位置则在离目镜250mm以外至无限远的地方。眼睛放在目镜的后面，就能从视场中看到位于明视距离至无限远的物体的倒像。

实际上，由于眼睛到物镜的距离比眼睛到目标的距离小很多。所以，目标P对眼睛的视角可以近似地认为是ω_1。又由于眼睛是紧靠近目镜的，所以虚像对眼睛的视角也可以近似地认为是ω_2。而一般望远镜的物镜焦距比目镜焦距要大上几十倍，因此，虚像对眼睛的视角ω_2，也就比原目标对眼睛的视角ω_1扩大了几十倍，即眼睛观察远处目标的能力，通过望远镜之后，提高了几十倍，由于目标对眼睛视角的扩大，与目标由远移近的实质是一样的。所以，从望远镜中看到的目标，就感到比原目标要近。望远镜系统就是一个把无限远处的物体成像在无限远的光学系统。

3. 望远镜的结构

1)望远镜的调焦

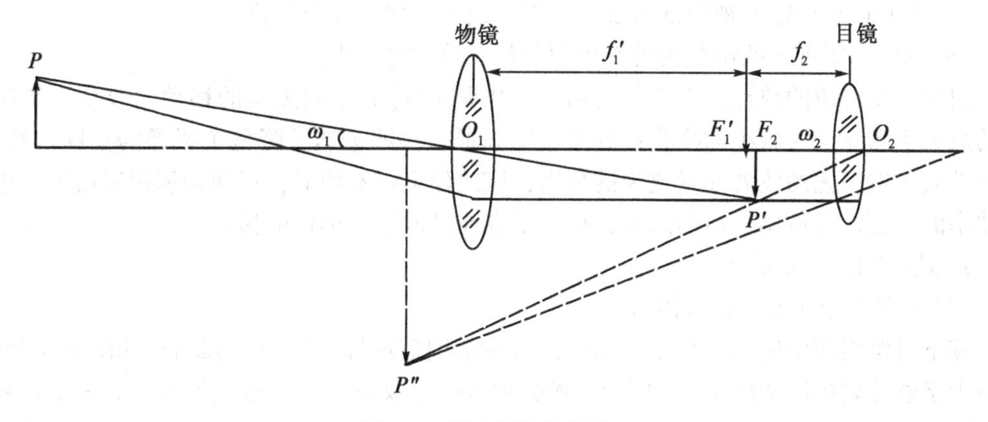

图 7-2　望远镜的成像原理

由望远镜的成像原理可知，目标距离物镜的位置不同，成像的位置也不同。而望远镜往往要求对远近不同的目标都能看清。那么将物距相差悬殊的远近目标都能恰好成像在十字丝面上的这一过程，就称为望远镜的调焦(指物镜的调焦)。望远镜按调焦方式的不同，可分为外对光和内调焦两种。外调焦望远镜在老式的游标经纬仪上最为多见，现在的大地测量仪器都采用内调焦望远镜。

测量用的内调焦望远镜由物镜、调焦透镜、分划板和目镜组成，如图 7-3 所示。内调焦望远镜是保持物镜与十字丝分划板的位置不变，而在它们之间加上一块凹透镜(调焦透镜)，通过沿光轴方向移动该透镜，使远近不同的目标都能成像在十字丝分划板上。简单地说，就是像距不变，而通过改变组合物镜的等效焦距，来适应不同物距的要求。这种由物镜和调焦透镜两个部分组成的一个组合物镜，称为远物镜。

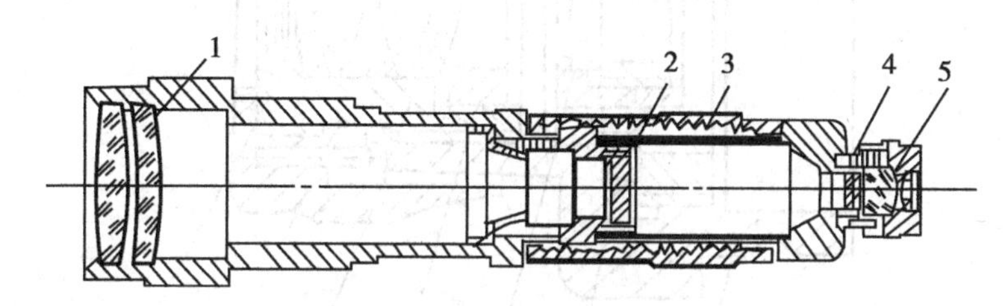

1—物镜；2—凹透镜(调焦透镜)；3—调焦螺旋；4—十字丝分划板；5—目镜

图 7-3　内调焦望远镜

内调焦望远镜的主要优点：

(1)镜筒封闭严密，灰尘、水汽不易侵入。

(2)当望远镜镜筒的长度相等时，内调焦望远镜的放大率较大，或者说，当它们的放大率相等时，内调焦望远镜的镜筒较短。

(3)望远镜在进行调焦时，在调焦滑动的晃动量相等的情况下，内调焦望远镜所引起的视轴偏差要比外调焦望远镜小一半左右。

(4) 内调焦望远镜的视距加常数等于零，因而简化了视距计算。

(5) 内调焦望远镜的调焦筒处在中间部位，移动量较小。

内调焦望远镜的缺点：首先，远物镜的焦距f'将随着调焦镜的移动而改变，使望远镜的放大率相应产生微小的变化；其次，增添了一块凹透镜，降低了影像的亮度。然而，随着玻璃制造工艺的发展和增透膜的采用，该缺陷不仅不明显，反而是利用所增加凹透镜的曲率的变更以及玻璃材料的选择，更大限度地降低了望远镜的像差。

2) 望远镜的组成部分

(1) 十字丝分划板组和目镜组。

旋下目镜组固定座的三个紧定螺丝，目镜组固定座即可拔出，其结构如图 7-4 所示。旋下十字丝分划板座的压圈 1，则十字丝分划板座可取下。旋下透镜焦度环的 3 个止头螺丝 4，透镜焦度环 3 可取下（不取下透镜焦度环也可以，不影响下一步拆卸）。目镜筒 7 可直接从目镜座上旋下来，再从目镜筒中旋出压圈 9，则目镜片 8、6 和垫圈 5 均可倒出。在一般情况下进行清洁时，不必将目镜片倒出，也不必将压圈 9 旋下。

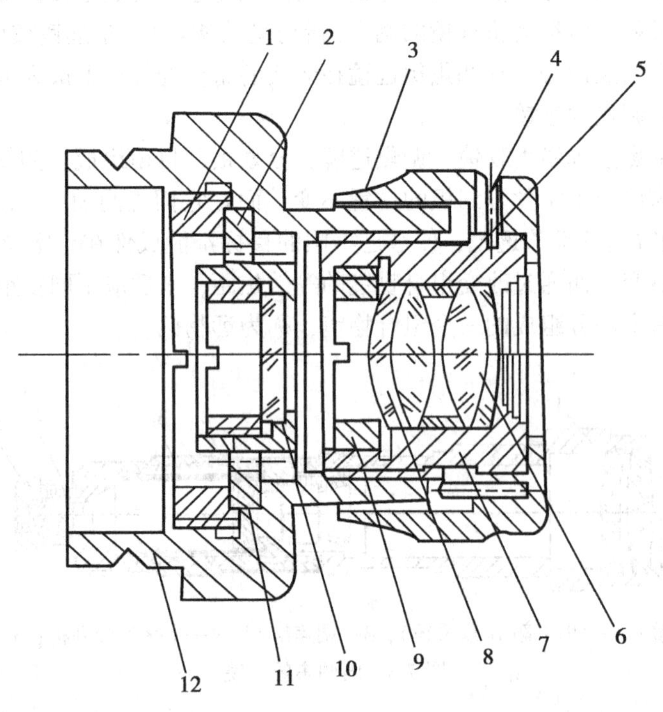

1—十字丝分划板座压圈；2—十字丝分划板座；3—屈光度环；4—屈光度环紧定螺丝；5—垫圈；6、8—目镜片；7—目镜座；9—目镜压圈；10—十字丝分划板；11—分划板压圈；12—目镜组固定座

图 7-4　目镜部分

十字丝分划板与目镜片需清洁时，只要旋下目镜座和目镜组固连座即可进行。

(2) 物镜组。

由图 7-5 可看出，物镜组是由两片透镜分离组成的（两片分离式，也有三片分离式透镜)，旋下物镜座紧定螺丝，物镜座连同视距乘常数调节圈一并取下，即可对物镜内外表面进行清洁。用专用工具插在物镜片压圈 6 的拆卸槽口 7 内，旋下压圈 6，物镜片 2、4 及垫圈 3 均可倒出。

物镜组两片透镜之间的相互平行度及间隙要求比较严，同时要求镜片 2 与 4 要共光轴，故无特殊需要，一般不要将物镜片拆下来，以免产生成像模糊。需要拆下时，一定要用笔做好记号，以便尽量按照原样复装，然后进行望远镜像质及分辨率的测定。复装时还应注意：

①垫圈 3 是一铜圈，其一端是平面，另一端是有点斜度的斜面，复装时切勿装反。

②为了保证两镜片相互平行，复装镜片时，可先将镜片叠好(按镜片、垫圈、镜片顺序)，放在一个圆柱形座上，再垂直地慢慢将物镜座套上，最后旋紧压圈 6 即可。

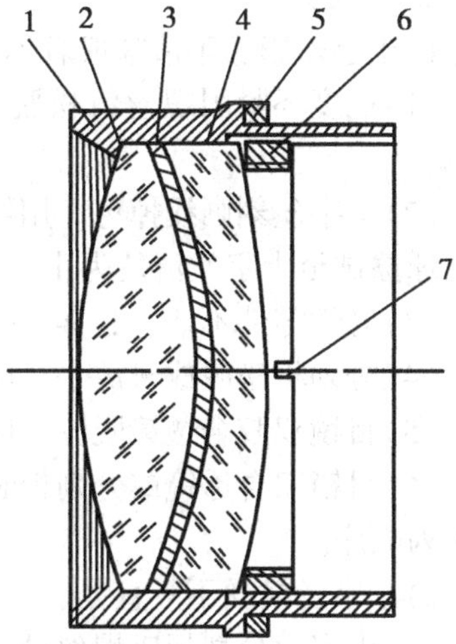

1—物镜座；2、4—物镜片；3—垫圈；5—视距乘常数调节圈；6—物镜片压圈；7—拆卸槽口

图 7-5 物镜组结构

(3)调焦镜组。

调焦镜组结构如图 7-6 所示，无特殊需要不要拆卸，这里不再叙述。

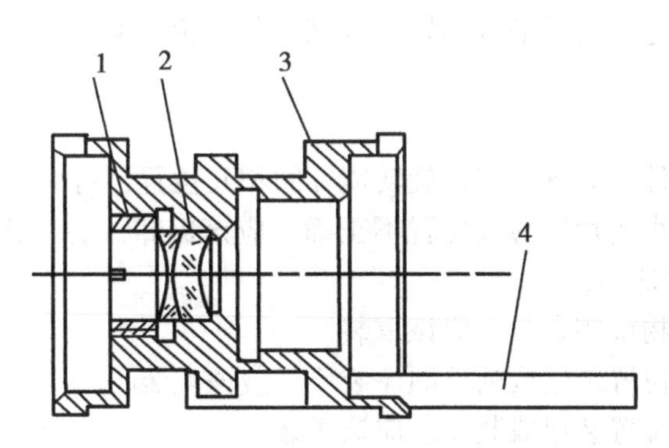

1—压圈；2—调焦镜片；3—调焦滑筒；4—齿条

图 7-6 调焦镜组结构

物镜片、目镜片、十字丝分划板、调焦镜片无必要时，一般不需拆下来，以免安装时不小心将其碰破。

7.1.2 望远镜部件的维修

1. 目镜

(1)视度环紧固螺丝卸下清洗，加油脂。

(2)视度环松晃。是螺纹缺油或用油不当，应清洗、加油。

(3)视度环工作位置不对。是由于视度环与目镜座位置未装好，应该重新装好。

2. 分划板

1）十字丝影像不清晰或看不见

（1）视度环紧固螺丝钉松脱或目镜座没装好。应根据各类仪器结构的不同进行修理装调。

（2）十字丝刻画线掉色。用结晶紫加水调和涂在刻画线面上干后，嘴对色面哈气，用干棉球擦拭至十字丝清楚为止。

（3）光学零件不洁、起雾、生霉。应判清目镜或分划板的不洁镜面，擦拭洁净。

（4）分划板松脱或未放平。应卸下目镜座，重新装好，固紧压环。

（5）目镜双胶合透镜脱胶。应重新胶合。

（6）目镜双合透镜或分划板装错或错位，应该重装。应注意光学零件的正、反面和前后排列顺序。

2）十字丝横丝不竖直

（1）十字丝分划板座螺丝松动。应该进行核校制紧。

（2）分划板压环松动。应该予以旋紧。

（3）原来未校好或已松动。应该重新检校。

3. 物镜调焦螺旋

调焦时有杂音、滑齿声、松紧不适或失效。

（1）脏污、缺油。应该清洗、加油脂。

（2）调焦螺旋的固定螺丝松动。应该予以旋紧。

（3）调焦螺旋的齿轮与齿条啮合不好。应该调节齿轮、齿条，使之啮合润滑无声。

4. 物镜

1）物像不清晰

（1）物镜组光学零件不共轴。应该旋转镜片间相互位置，对准出厂时的标记。

（2）物镜片之间的小垫片厚薄及位置不正确。应该拆卸，要注意垫片的位置厚薄，安装时放回原位，厚薄要适当。

（3）物镜组未落至物镜座台阶。应该重装。

（4）物镜镜片相互位置装错或前后顺序装反。应该重装。

（5）目镜镜片相互位置装错或装反。应该重装。

（6）物镜、调焦镜、分划板或目镜上有油污、起雾或脱胶。应该判断不洁所在处，清洗，脱胶的应重新胶合。

（7）物镜受外应力。如物镜压圈过紧，应旋松。

（8）调焦镜筒装倒、目镜相互位置装错。应该重装。

2）物像在分划板中央与边缘不能同时清晰

目镜相互位置装错。应该重装。

3）物镜左面或上下不能同时清晰

分划板未坐落在分划板框台阶。应该重装。

5. 视距乘常数 K

$K\neq100$，其相对误差$\dfrac{K-100}{100}$如超过±0.6%的极限，则是物镜至分划板间距不正确。应该加厚或减薄物镜补偿圈或移动分划板位置，使 K 满足限差要求。

7.2 光路系统及光路调整

7.2.1 J6 级经纬仪光路系统及光路调整

1. J6 级经纬仪光路系统

如图 7-7 所示，光线由照明反光镜 1 反射，进入毛玻璃 2 后变成均匀而柔和的光线，然后分成两路：一路经转向棱镜 3 折转，由聚光镜 4 将光线集中，经照明棱镜 6 折转照亮

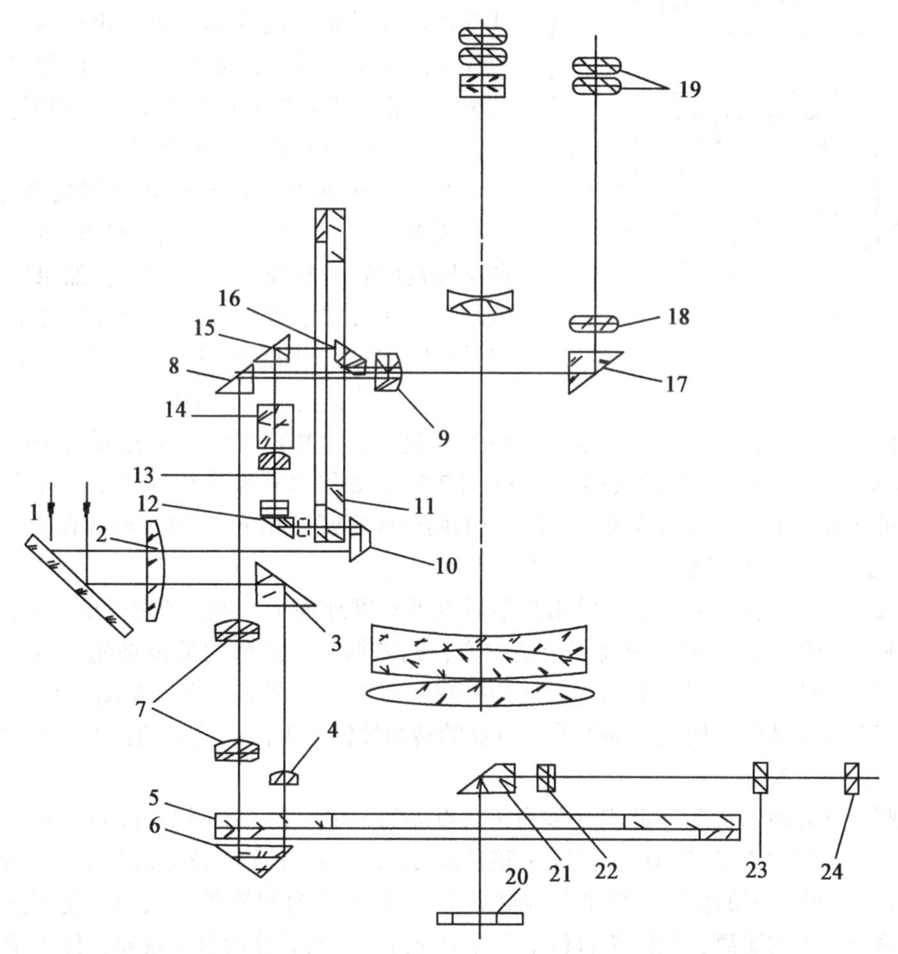

1—反光镜；2—毛玻璃；3—转向棱镜；4—聚光镜；5—水平度盘；6—水平度盘照明棱镜；7—水平度盘显微物镜；8—水平度盘转向棱镜；9—读数窗；10—竖盘照明棱镜；11—竖盘；12—竖盘照准棱镜；13—竖盘显微物镜；14—补偿器悬吊平板玻璃；15—竖盘转向棱镜；16—菱形棱镜；17—横轴棱镜；18—转像透镜；19—读数显微目镜；20—对点器保护玻璃；21—对点器转向棱镜；22—对点器物镜；23—对点器分划板；24—对点器目镜

图 7-7 J6 经纬仪的光学系统

水平度盘5，照亮后的水平度盘分划线通过显微物镜7和转向棱镜8后，成像在读数窗9上；另一路经棱镜10照亮竖盘分划线，经由照准棱镜12转向显微物镜13，通过悬吊平板玻璃14及棱镜15、16折转后，成像在读数窗9上。最后，带有三个影像的读数窗光线，经横轴棱镜17转向后，由转像透镜18成像在读数窗显微目镜19的焦平面内，由显微目镜19放大成为被人眼所观察的虚像。

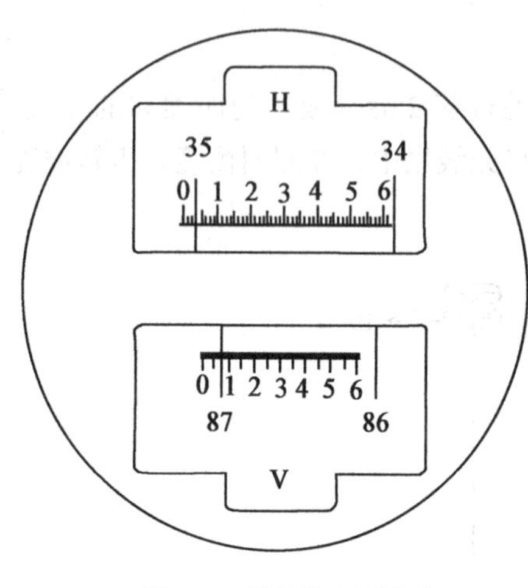

图7-8　经纬仪的读数窗

2. J6级经纬仪光路调整

J6型经纬仪读数窗如图7-8所示，其中视场上方的水平度盘读数窗(图中以H表示)为浅绿色，以便于与竖盘读数窗(图中以V表示)的浅色相区别。当仪器严重受震或光学系统拆卸之后，往往读数光学系统会受到影响，出现视差、行差或线条出现歪斜时，需要进行成像位置正确性的调整。现将光学系统的调整方法简介如下：

1)竖直度盘光路系统的调整

在读数视场中，如果竖盘分划线影像过长、过短或歪斜时，可松开两个固定螺丝13(图7-9)，调整竖盘的转向棱镜15(图7-7)；如果竖盘分划线影像存在行差或视差，则需松开竖盘显微物镜13(图7-7)的两个固定螺丝5(图7-9)进行调整。

2)水平度盘光路系统的调整

在读数视场中，如果水平度盘分划线影像过长、过短或歪斜，可松开两个固定螺丝15(图7-9)，调整水平度盘的转向棱镜8(图7-7)；如果水平度盘分划线影像存在行差或视差，可松开水平度盘显微物镜7(图7-7)的两个固定螺丝6(图7-9)进行调整。

3. 光学对点器的调整

将仪器置于三脚架上，整平后用光学对点器对准地面上一测点(或标出中心点)。将照准部旋转180°后，如测点偏离了十字中心，则需调整。调整的部位是光学对点器的转向棱镜座。该棱镜座是用三个调整螺丝连接在仪器中部的圆护盖上，如图7-10所示。通过调节三个调整螺丝的松紧，即可使对点器的转向棱镜产生微小的转动，以满足调整的要求。具体调整方法如下：

当照准部旋转180°后，测点A偏离了对点器的十字中心，如图7-11(a)所示。调整时可先松开调整螺丝3(图7-10)，拧紧调整螺丝2，使测点A向横丝方向移动一半的距离，如图7-11(b)所示A'的位置；再松开调整螺丝1，同时拧紧调整螺丝2、3，使测点向竖丝方向再移动一半的距离，如图7-11(b)所示A''的位置。然后移动整个仪器，使光学对点器的十字丝中心对准测点即可。

上述操作需反复进行几次，直至达到要求为止。

4. 竖盘指标自动归零补偿器的调整

竖盘自动归零部件在出厂前已调整好，在使用中一般不需调整，只有在仪器受到大震动而归零部件失灵或不合精度要求时才需要调整。

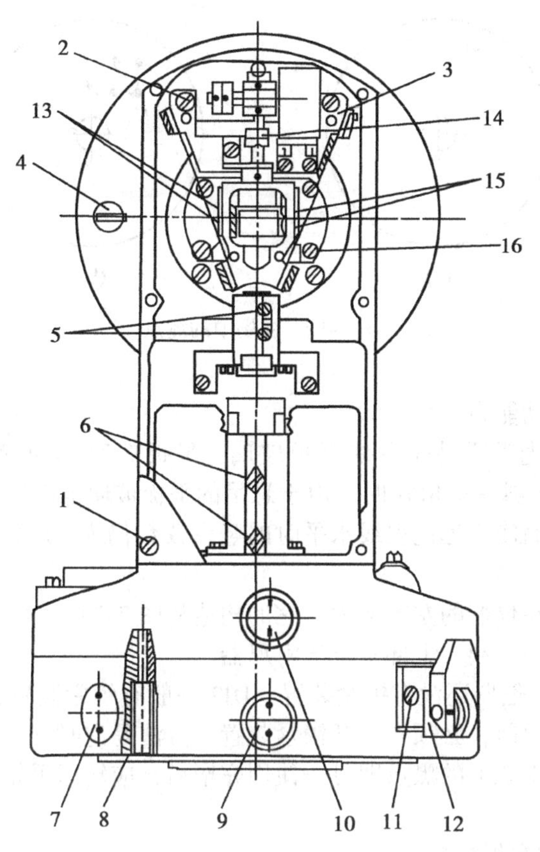

1—固定护盖螺丝；2—V 形架固定螺丝；3—V 形架；4、7、9、10—堵盖；5—竖盘显微物镜固定螺丝；6—水平度盘显微物镜固定螺丝；8—水平度盘护壳底部螺丝；11—复测卡固定螺丝；12—复测卡；13—竖盘转向棱镜固定螺丝；14—补偿器调节螺母；15—水平度盘转向棱镜固定螺丝；16—固定螺丝

图 7-9　DJ6 经纬仪左支架内部结构

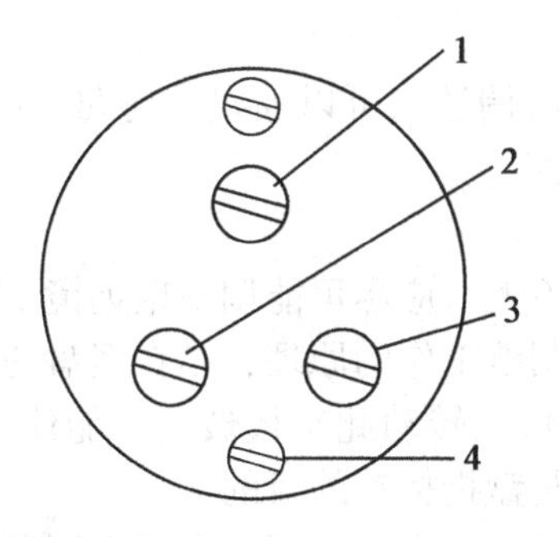

1~3—光学对点器调整螺丝；4—护盖的两个固定螺丝

图 7-10　光学对点器的调整螺丝

1) 自动归零补偿器的构造

国产 DJ6 型的竖盘指标自动归零装置，采用了 V 形吊丝式长摆补偿器。它的特点是

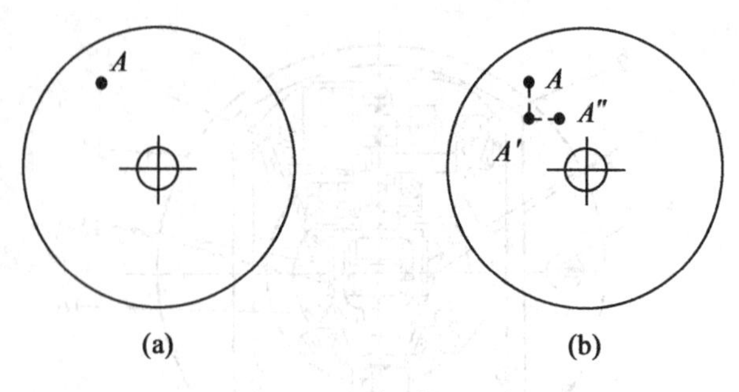

图 7-11　视场中的测点

具有良好的抗高频振动能力。

该补偿器悬吊的光学零件是一块平板玻璃，平板玻璃 14 被置于竖盘的成像光路中(见图 7-7)。当仪器倾斜一小角 α 时，由于悬吊的平板玻璃也产生倾斜，使竖盘的分划影像相应产生移动，从而使望远镜视线水平时的竖盘读数仍为 90°不变，达到了竖盘指标自动归零的目的。

整个补偿器安装在仪器的左支架内，它的构造从图 7-7 中可以很清楚地看出：悬吊组件的最下部是一块平板玻璃，上部是空气阻尼器。

DJ6 型经纬仪的补偿器还没有锁紧装置，DJ2 一般有锁紧装置，能防止仪器受外力冲击时震断吊丝。在使用前，必须先松开锁紧装置。方法是逆时针方向转动锁紧手轮，使锁紧手轮上的色点对准支架上的黑点即可。使用完毕后，应转回手轮对准原来的红点，使补偿器仍处于锁紧状态。

2) 自动归零补偿器的调整

竖盘指标自动归零补偿器的作用正确与否，可以用下述方法进行检查：

将仪器安置于三脚架上，整平后，用望远镜在任意一个脚螺旋的方向上瞄准一个目标，读取竖盘读数。然后转动这一脚螺旋，使仪器在视线方向倾斜约 2′(补偿范围以内)，用望远镜再瞄准此目标，这时的竖盘读数应和原来的读数相同。如读数有变化，则说明补偿器作用不正确，需要调整。

对于 DJ6 型经纬仪补偿器的调整，可以通过对螺母 14(图 7-9) 进行向上或向下的调节，以改变活动组件的重心位置。

5. 竖盘指标差的调整

指标差产生时，如果差值不大，应尽可能调整望远镜十字丝的横丝位置。竖盘读数指标差若超限，即需调整。此项调整工作的原理，是在竖盘的成像光路中，设置一块可供调整用的平板玻璃(图 7-7 中的 14)。转动此平板玻璃，能使竖盘的影像产生移动，改变竖盘的起始读数，从而达到调整竖盘指标差的目的。

调整时，先旋下左支架一侧的一个小盖板，即可看到里面有上下两个调整螺丝。用改正针按“松一紧一”的方法来拨动两螺丝，即能达到调整指标差的目的。

如果指标差超限过大，用上述方法还不能完全调整过来时，可通过调整望远镜十字丝分划板横丝的上下位置来校正竖盘指标差。

6. 度盘的清洁

当需要清洁水平度盘时，可旋下靠仪器左支架下部的两个堵盖 7 和 10(图 7-9)；当需要清洁竖盘时，可旋下堵盖4(图7-9)及另一面的一个堵盖，然后用棉签蘸少量酒精或乙醚伸入孔内清洁。

7.2.2 J2级经纬仪光路系统

J2级经纬仪的光学系统如图7-12所示，仪器的水平度盘和竖直度盘读数为对径重合读数方式，其光学系统采用两路进光(即水平度盘、竖直度盘分别进光)，透射式度盘和1∶1透镜式转象系统，及双光楔测微器。望远镜为内调焦式，采用了三分分离式物镜和消畸变目镜。

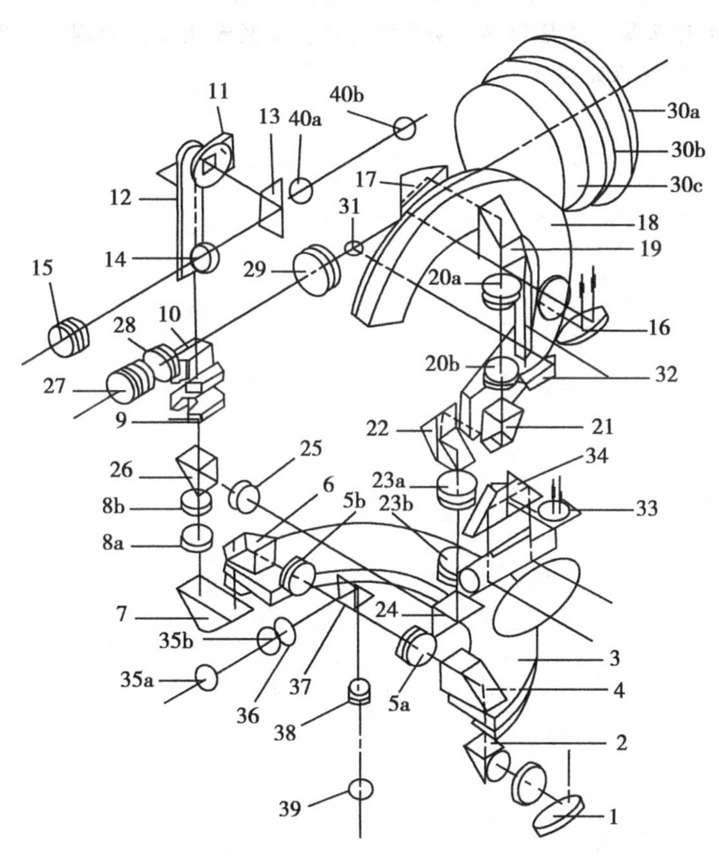

1—反光镜；2—水平度盘聚光照明棱镜；3—水平度盘；4—转向棱镜；5a、b—转像透镜组；6—屋脊棱镜；7—水平度盘照准棱镜；8a、b—水平度盘显微物镜组；9—固定光楔；10—活动光楔；11—分像器和读数窗组；12—测微尺；13—横轴棱镜；14—转像透镜；15—读数与微目镜；16—竖盘照明反光镜；17—竖直度盘照明棱镜；18—竖直度盘；19—转向棱镜；20a、b—转像透镜；21—屋脊棱镜；22—照准棱镜；23a、b—竖盘显微镜物镜组透镜；24—转向棱镜；25—转像透镜；26—换像棱镜；27—望远镜目镜；28—十字丝分划板；29—调焦透镜；30a、b、c—分离物镜片；31—十字丝照明反光镜；32—十字丝照明棱镜；33—指标水准器观察棱镜组；34—指标水准器符合棱镜；35a、b—光学对点器目镜；36—光学对点器分划板；37—转向棱镜；38—对点器物镜；39—对点器保护玻璃；40a、b—望远镜上光学粗瞄器

图7-12 J2级经纬仪光路系统

J2 级经纬仪光路调整较为复杂，且大部分单位已不再使用 J2 级经纬仪，本章节只简单介绍光路系统进行了解，光路调整的方法不再详细介绍。

◎ 单元测试

1. 简述望远镜的作用、原理。
2. 内调焦望远镜有哪些主要优缺点？
3. 望远镜由哪些部分组成，如何拆卸及维修？
4. 简述 J6 级经纬仪光路系统。
5. 简述 J6 级经纬仪水平度盘及竖直度盘的光路调整方法。
6. 简述光学对点器、竖盘指标自动归零补偿器及竖盘指标差的调整方法。
7. 简述 J2 级经纬仪光路系统。

单元八　测绘仪器常见电子部件的维修

【教学目标】

学习本单元，使学生了解电子测角及电子测距的基本构造；掌握测绘仪器中常见测角部分电子部件的构造和故障的调试与维修工作；熟悉测距故障的维修及调试工作；能够初步进行电子测角、光电测距及数据通讯部分的维修调试工作。

【教学要求】

知识要点	技能训练	相关知识
电子测角部分	(1)编码度盘结构仪器测角部件的调试； (2)光栅度盘结构仪器测角部件的调试；	(1)编码度盘、光栅度盘的基本知识； (2)编码度盘光电传感器的调试工作； (3)光栅度盘测角信号的调试工作； (4)仪器不开机故障的判断和维修工作。
光电测距部分	测距故障的维修及调试。	(1)光电测距的基本知识； (2)光电测距部分的主要部件； (3)常见测距故障的维修。
数据通讯部分	数据通讯故障的排除。	数据通讯故障的排除。

【单元导入】

现在常用的测绘仪器已由原来的光学仪器逐渐转换为电子仪器，如电子经纬仪、光电测距仪、全站仪等，使测量工作从繁重的外业工作中解放出来，进入了一个新的阶段，大大地缩小了体积，减轻了重量，极大地提高了测量精度，方便了操作。然而这些电子仪器中起决定作用的电子部件却是测量仪器中维修与调试的难点问题，本单元将对这些电子部件的维修与调试工作进行研究，为大家提供一个检修的思路，使大家对测绘仪器的检测与维修工作有更全面的了解。

8.1　电子测角部分

常见的测角部分电子部件的故障包括：仪器不开机、测角重复性差、垂直或水平角度存在跳数等问题。这些问题是仪器维修的难点问题，尤其是对测角部件的调试，不同的仪器维修方法也不尽相同，在此仅提出一些检修思路，供参考。

检测中，对于水平角度测量若出现以下两种情况中的任意一种，应对测角部件重新调试。

(1)整平仪器，开机，观测一目标，记录垂直角度及水平角度值，多次转动竖轴、横轴、反复观测同一目标，垂直角度及水平角度值变化不应超过5″。若超过5″，则说明测角重复性差。

(2)微调水平及垂直手轮，观察水平及垂直角示值是否顺序变化，若出现异常，则说明垂直或水平角度存在跳数问题。

8.1.1 编码度盘结构仪器测角部件的调试

1. 编码度盘简介

利用编码度盘(如图8-1)进行测角是电子经纬仪中采用最早的较为普遍的电子测角方法。它是以二进制为基础，将光学度盘分成若干区域，每一区域用某一个二进制编码来表示。当照准方向确定以后，方向的投影落在度盘的某一区域上，并与某一个二进制编码相对应。通过发光二极管和接收二极管，将编码度盘上的二进制编码信息转换成电信号，再通过模拟数字转换，得到一个角度值。由于每个方向单值对应一个编码输出，不会由于停电或其他原因而改变这种对应关系。另外，利用编码度盘，不需要基准数据，即没有基准读数方向值的影响，就可以得出绝对方向值。因此，把这种测角方法称为绝对式测角方法。

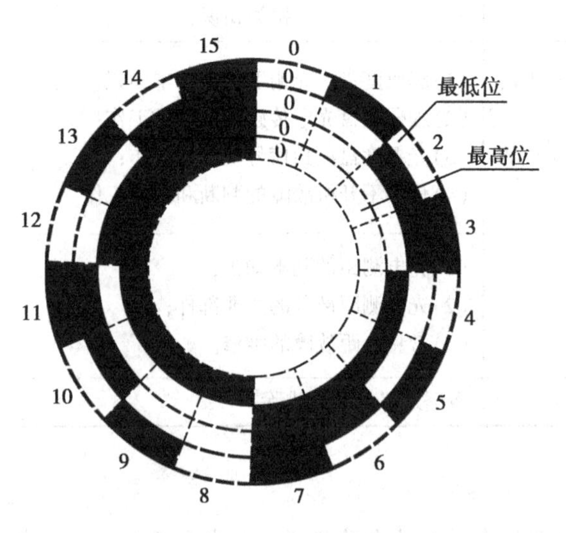

图8-1 编码度盘

在用编码度盘的电子经纬仪中，通过光电探测器获取特定度盘的编码信息，并由微处理器译码，最后将编码信息转换成实际的角度值。如图8-2所示，在编码度盘的每一个编码轨道上方安置一个发光二极管，在度盘的另一侧、正对发光二极管的位置安放有光电接收二极管。当望远镜照准目标时，由发光二极管和光电二极管构成的光电探测器正好位于编码度盘的某一区域，发光二极管照射到由透光和不透光部分构成的编码器上，光电二极管就会产生电压输出或者零信号，即二进制的逻辑“1”和逻辑“0”。这些二进制编码的输出信号通过总线系统输入到存储器中，然后通过译码器并由数字显示单元以十进制数字显示出来。

2. 水平CCD光电传感器的调试

CCD光电传感器是由红外发光二极管，CCD光电接收器件等主要部件组成，是编码度盘的常用设备，当发光管有光信号发出时，照射到由透明和不透明的绝对编码盘上，根

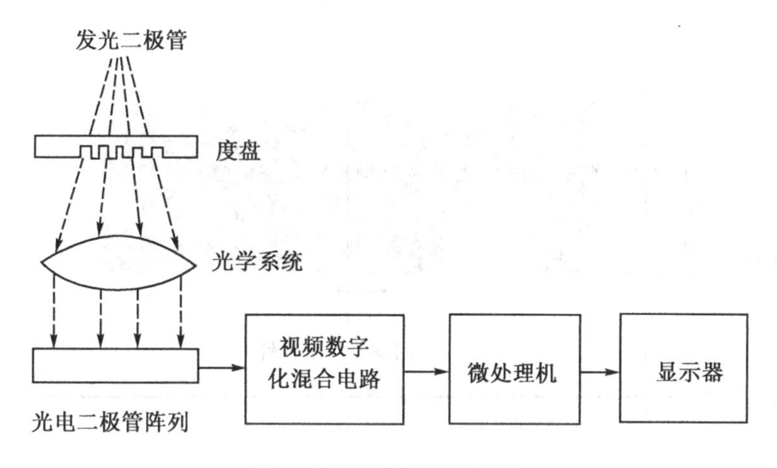

图 8-2　编码度盘读数系统

据编码盘信号的工作原理，从而实现测角。

CCD 光电传感器安装是否合适决定了编码度盘测角的准确性，故 CCD 光电传感器的安装调试对于编码度盘的仪器很重要，CCD 光电传感器的调试主要是门洞图形的调试，步骤如下：

(1)将 CCD 光电传感器安装在水平盘上，拧上螺丝，如图 8-3 所示。

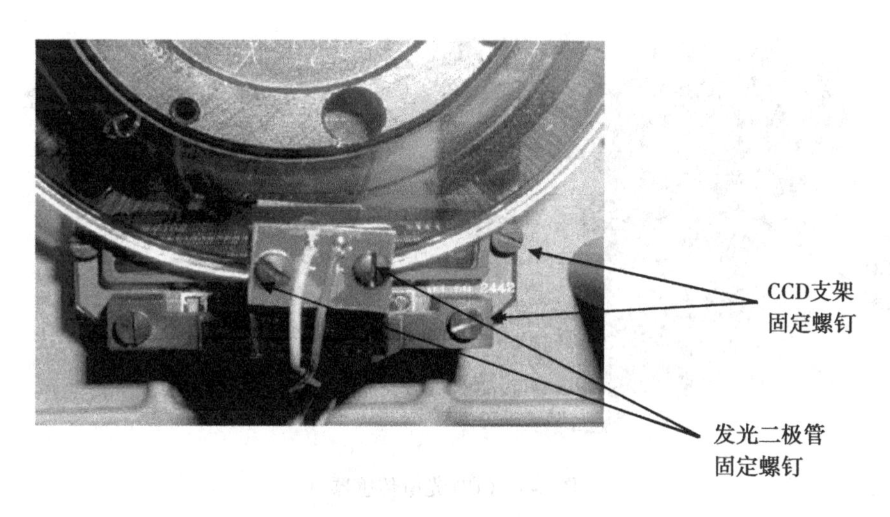

图 8-3　CCD 光电传感器的安装

(2)按照光电传感器电线插头的端口定义，接通发光管和接收板电源。

(3)将信号点与示波器的一个探头连通，调整数字示波器进入 x-y 状态，电压选 1V 挡，周期选 25μs，示波器衰减 10dB。

(4)轻轻转动 CCD 光电传感器支架，调整 CCD 光电传感器和发光管的位置，得到水平、垂直角度信号(波形图)。该图形近似桥洞形状，称为门洞，如图 8-4 所示。

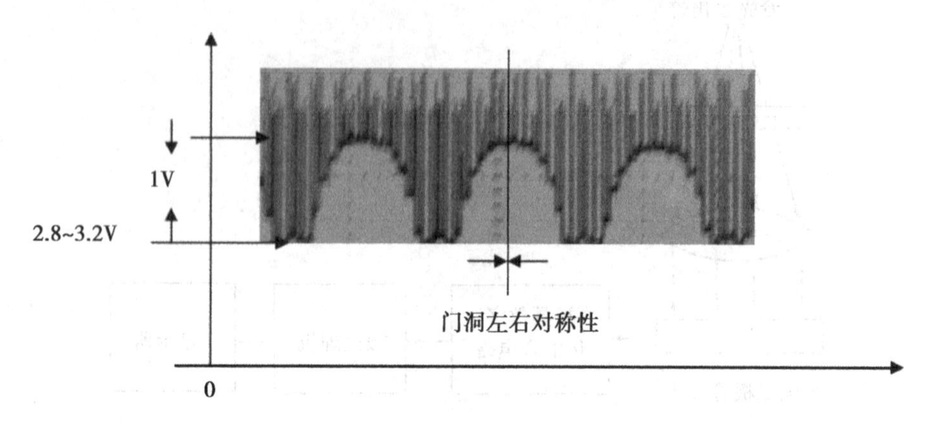

图 8-4　门洞图形

(5)调整 CCD 上的螺钉，要求门洞波形对称性完好，若调示的图形达不到要求，则可分别调节固定 CCD 接收板上的 4 颗螺钉(见图 8-5)，同时可调节发光二极管上的 2 颗固定螺钉，使发光二极管居于支架孔的中心，使示波器上出现的门洞波形达到要求。如果发现波形在有的区域有缺省，则应用清洗液清洗度盘和接收板上的玻璃部分(见图 8-6)，要求玻璃面干净，无摩擦痕迹。

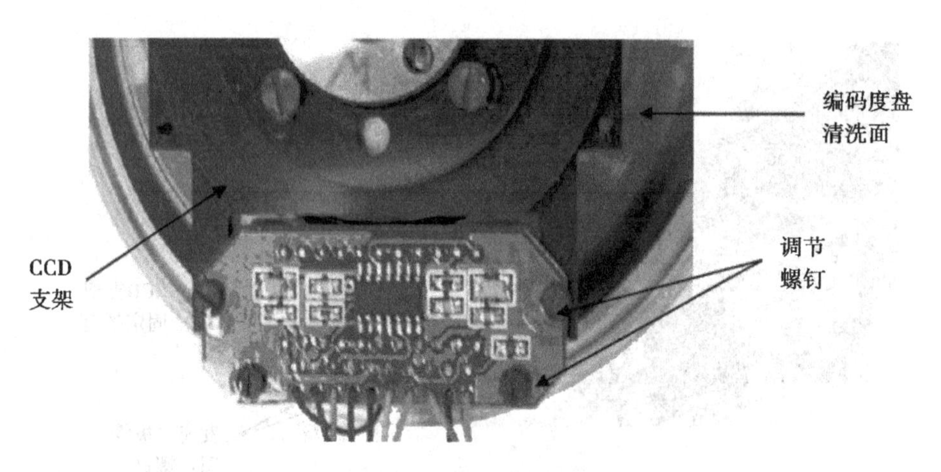

图 8-5　CCD 光电传感器

(6)慢慢转动水平度盘，看是否在所有位置图形都能达到要求。

(7)把所有固定螺丝拧紧，然后点胶。

要求：波形近似于门洞，最低点电压 2.8~3.2V，门高 1V 左右，门洞对称性好。

3. 垂直 CCD 光电传感器的调试

与水平 CCD 调试几乎相同，将信号点与示波器的一个探头连通，通过调节 CCD 的固

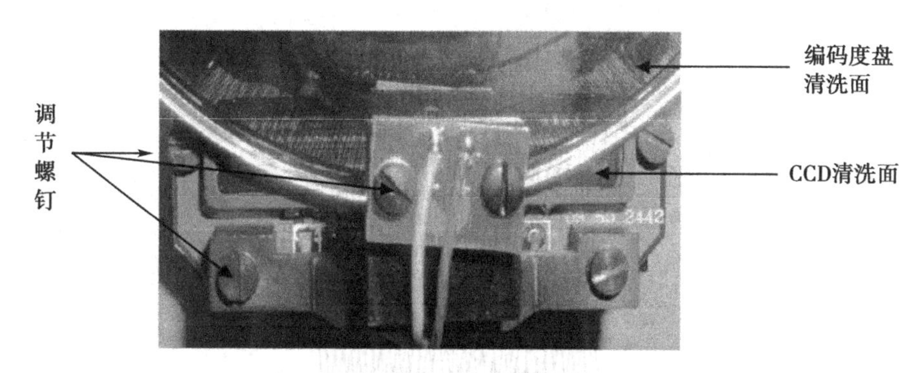

图 8-6　编码度盘及 CCD 光电传感器面

定螺钉，使示波器波形达到要求。

8.1.2　光栅度盘结构仪器测角部件的调试

1. 光栅度盘简介

在电子经纬仪中，另一种广泛使用的测角方法是用光栅度盘。由于这种方法比较容易实现，所以目前在世界各生产厂家中已被广泛采用。

均匀地刻有许多一定间隔细线的直尺或圆盘，称为光栅尺或光栅盘。刻在直尺上用于直线测量的光栅称为直线光栅(见图 8-7(a))，刻在圆盘上的等角距的光栅称为径向光栅(见图 8-7(b))。设光栅的栅线(不透光区)宽度为 a，缝隙宽度为 b，栅距 $d=a+b$，通常 $a=b$，它们都对应一个角度值。在光栅度盘的上下对应位置上装上光源、计数器等，使其随照准部相对于光栅度盘转动，可由计数器累计所转动的栅距数，从而求得所转动的角度值。因为光栅度盘上没有绝对度数，只是累计移动光栅的条数计数，故称为增量式光栅度盘，其读数系统为增量式读数系统。

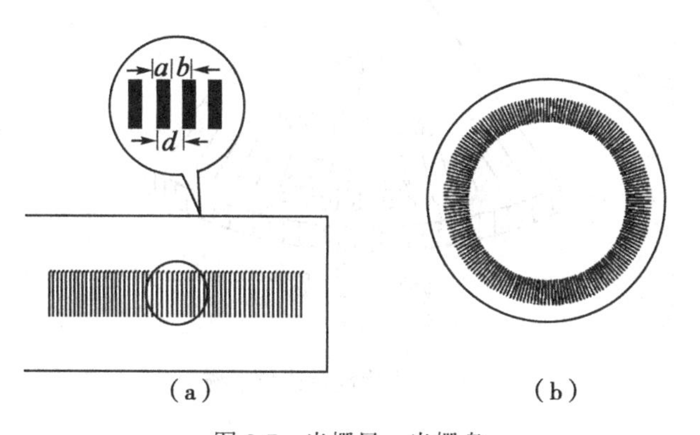

图 8-7　光栅尺、光栅盘

如图 8-8 所示，两个间隔相同的光栅叠放在一起并错开很小的夹角，当它们相对移动时，可看到明暗相间的干涉条纹，称为莫尔干涉条纹，简称莫尔条纹。

光栅度盘的读数系统也采用发光二极管和光电接收二极管进行光电探测，如图 8-9 所

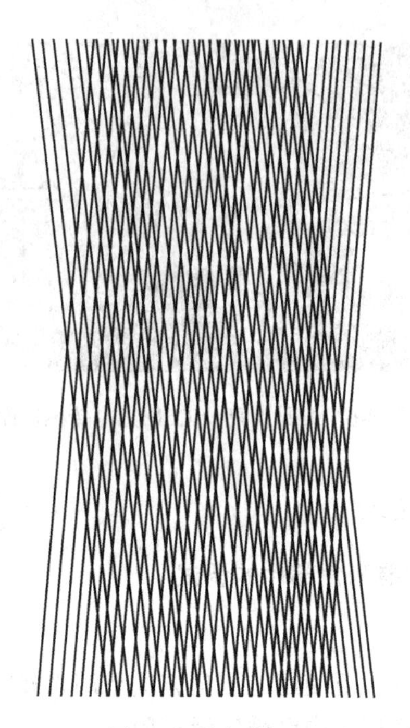

图 8-8　莫尔条纹

示。在光栅度盘的一侧安置一个发光二极管；而在另一侧，正对位置安置光电接收二极管。当两光栅度盘相对移动时，就会出现莫尔条纹的移动，莫尔条纹正弦信号被光电二极管接收，并通过整形电路转换成矩形信号，该信号变化的周期数可由计数器得到。计数器的二进制输出信号通过总线系统输入到存储器，并由数字显示单元以十进制数字显示出来。

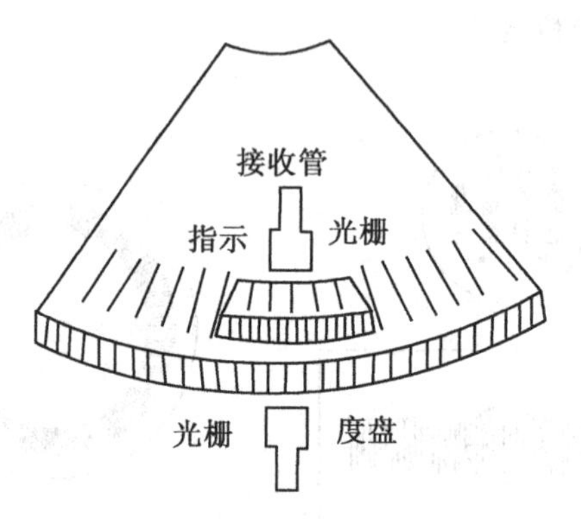

图 8-9　光栅度盘读数系统

2. 水平测角信号的调试

1）水平测角信号的检测

旋转照准部，用示波器检测主电路板 P1～P4 测试点（见图 8-10），测试点说明见表 8-1，波形应为标准正弦信号波形（见图 8-11），在示波器上测试时应满足以下要求：

①直流电平为 2. 5V；
②交流部分幅值应为 1～1. 5V。

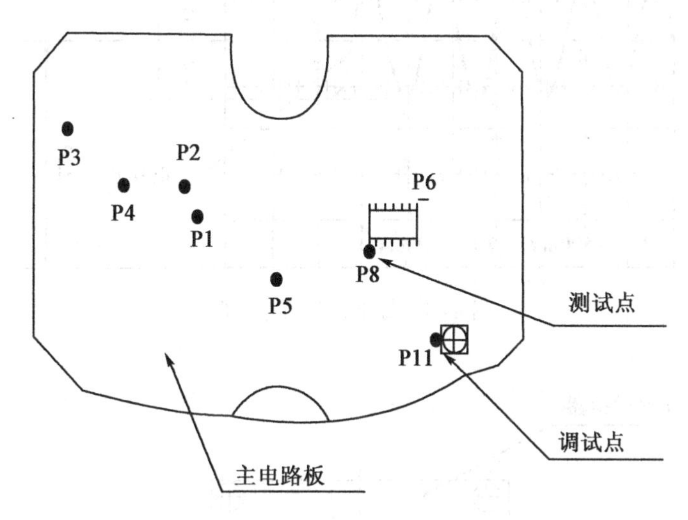

图 8-10　主电路板 P1～P4 测试点

表 8-1　**图 8-10 中测试点说明**

P1	水平短线测角信号测试点
P2	水平短线测角信号测试点
P3	水平长线测角信号测试点
P4	水平长线测角信号测试点
P5	垂直测角信号测试点
P6	垂直测角信号测试点
P11	过零电压(直流电平)测试点
P8	过零脉冲测试点

2)水平信号的调整

如果四路水平测角电信号中波形的幅值及中心电压偏离过多，则需调整水平模拟器电信号，方法如下：

(1)将示波器的探头插在主板上的相应测试点上，模拟器信号的幅值及中心电压的调整电阻均在模拟器上(见图 8-12)。幅值及中心电压的要求如图 8-11 所示。调整时，可调电阻阻值不要调在极限位置，这样电信号幅值不易变动。

(2)如果从主板上检测不到相应信号，需要拆下主电路板，从主电路板上拆下两个水

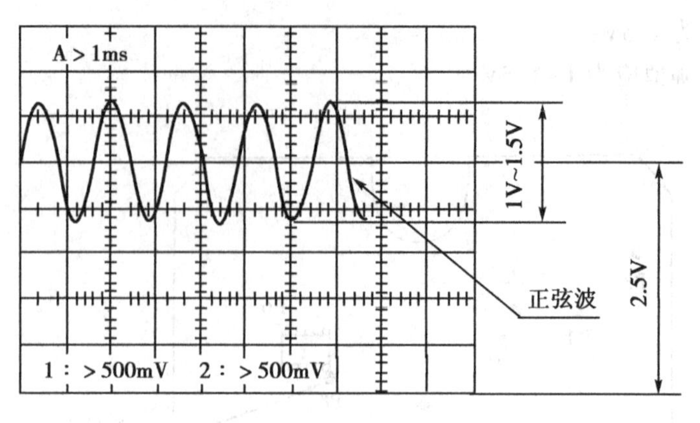

图 8-11　标准正弦信号波形

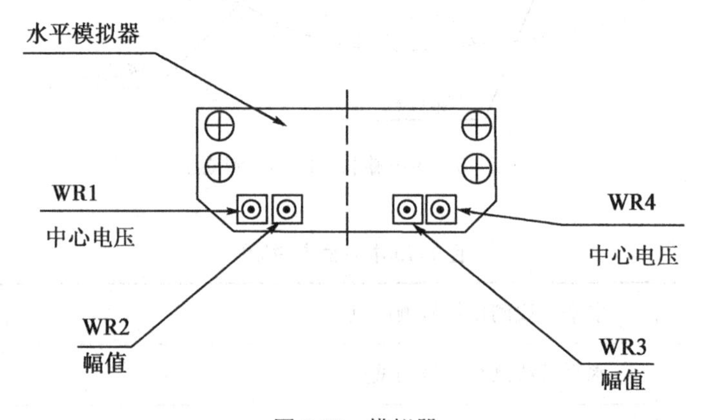

图 8-12　模拟器

平模拟器插头(见图 8-13)，将没有信号的那一路模拟器插头插接在专用调试工装的插座上。注意，P1、P2 为短线模拟器(支架大面一侧)，P3、P4 为长线模拟器。如果用工装仍检测不到信号，一般有以下几种原因：

①检查各个电位器是否已经超出极限位置，造成信号的失真。

②模拟器上的各信号线虚焊，将各条线在模拟器上重新焊接一遍后重新检查信号。

③需要更换新的模拟器。

如果有需要更换新模拟器的机器，因涉及许多项目的调整，需返回生产厂家进行维修。

长线水平模拟器(支架小面一侧)的检测、调试方法与短线水平模拟器相同，可拆下右挡板，进行调试。

3. 垂直测角信号的调试

1)垂直测角信号的检测

垂直测角信号的检测方法同水平信号检测。但是引起垂直垂盘跳数或读数不正确的因素要比水平测角多个过零信号的检测，因为如果竖盘有多个位置都能过零的现象，那么这台机器的指标差和显示读数都可能不正确。

2)垂直角不过零的检测

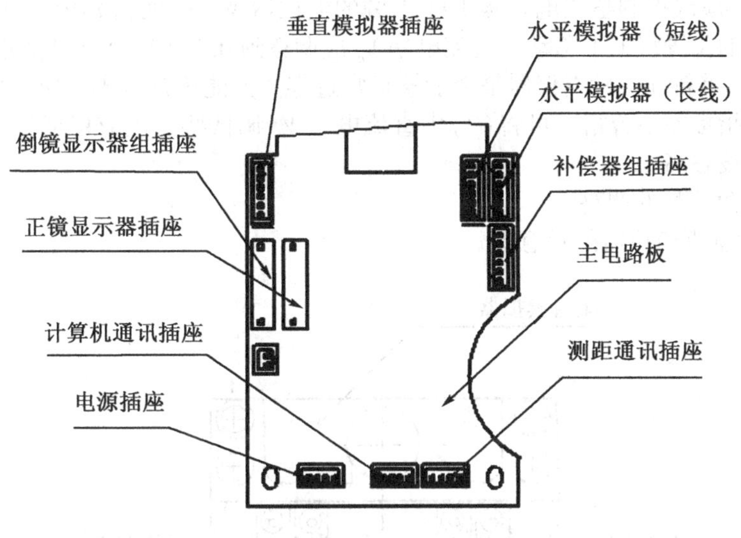

图 8-13　主电路板

整平仪器，开机，显示器显示：“转动望远镜　设置垂直角零位”，此时在盘左(正镜)垂直角 90°附近，旋转望远镜，显示屏上垂直角应有角度值显示，若一直显示：“垂直角过零、旋转望远镜”，则说明仪器存在不过零的问题，必须重新测试主电路板过零信号、过零电压，并重新调试。

(1)用示波器(示波器选择 A 模式，灵敏度 500mV，扫描速率 1ms)探头差在主板 P8 点(见图 8-10)，开机后同时在盘左垂直角 90°附近旋转望远镜，示波器应显示如图 8-14 所示之过零脉冲。该过零脉冲最低电压 V_s 应大于 0.8V，过零脉冲幅度 $V_n-V_s \geqslant 0.5$V。

(2)用示波器检测主板 P11 点(见图 8-14)波形，示波器应显示一直流电平(见图 8-15 中的 V_a)，与过零脉冲的相对关系应如图 8-15 所示。不过零时，直流电平比过零脉冲波谷点 V_s 低(如图 8-15)。

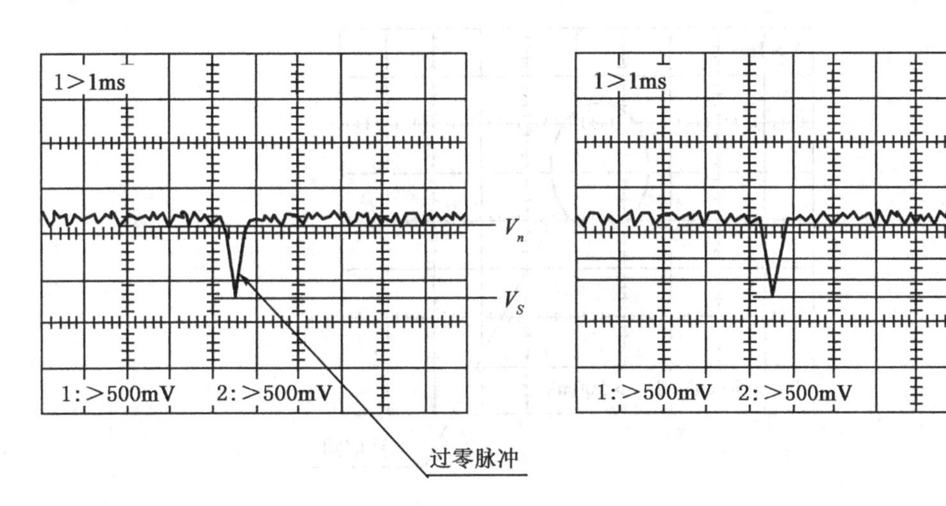

图 8-14　主板 P11 点波形　　图 8-15　示波器显示

(3)用无感应改锥调整主电路板 P11 点旁的电位器 WR4(见图 8-10)，同时观测示波器，直流电平的位置将上下移动，直流电平 V_a 应调整到 $0.5\times(V_n-V_s)+V_s$(见图 8-15)。

(4)关机，重新开机检查仪器是否能够正常过零。如能正常过零，应重新校正竖直度盘指标差，若指标差不合格，可将(3)中直流电平 V_a 调低些。但应保证该直流电平比过零脉冲最低的波谷高。

3)垂直测角信号的调整

图 8-16 为垂直模拟器的示意图。

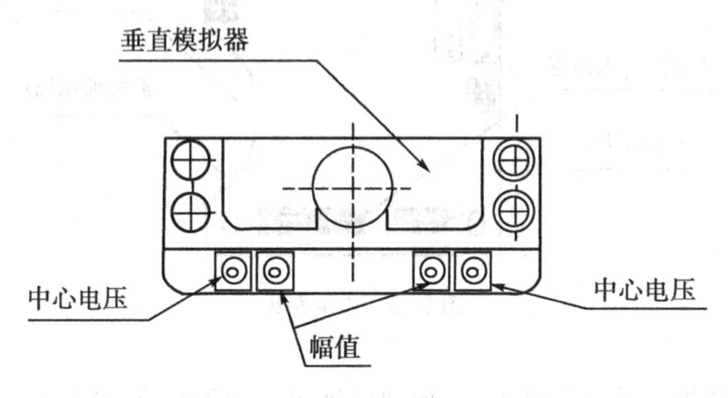

图 8-16　垂直模拟器示意图

(1)从主电路板上拆下垂直模拟器插头(见图 8-13)，插接在专用调试工装的插座上，专用调试盒上供电直流 5V±0.2V。示波器选择 X-Y 模式，灵敏度 500mV，两个探头衰减选择 X1 挡，分别插接在专用调试盒的 CP1、CP2 插座上。

(2)用 0.02mm 塞尺检查，全圆周四个方向每隔 90°用塞尺检查一次，塞尺均应能从两光栅盘间插入。如果有一处不能插入，即可判定该处两光栅盘间隙变小。顺时针旋转靠近该处的调整螺钉(该调整螺钉共 4 个，可分别调整上、下、左、右四个方向两光栅盘间隙)，可加大该处两光栅盘间隙。调整的同时，缓慢、匀速、小角度转动横轴，同时观察示波器上李沙郁图形，幅值应在 1000~1500mV(见图 8-17)。

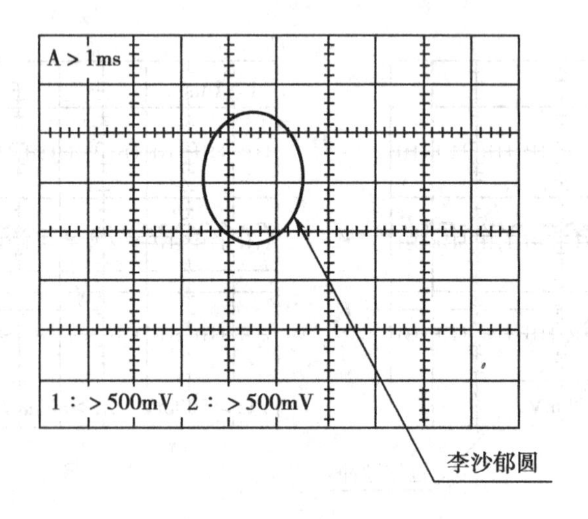

图 8-17　李沙郁图形

两光栅盘间隙与电信号关系是：间隙越小，电信号幅值越大。调整中，如果间隙已接近0.02mm，而电信号仍偏小，则可用无感应改锥调节垂直模拟器电路板上中间的幅值可调电阻(见图8-16)，使幅值达到要求。调整时，可调电阻阻值不要调在极限位置，这样电信号幅值不易变动。

调整时，如果相位差误差较大时，可调整左、右两个方向两光栅盘间隙，使相位差减小。调整后，应用塞尺检查两光栅盘间隙，仍应符合上述要求。

在观察示波器上李沙郁图形时，如果李沙郁图形出现上下或左右跳动，可能是由于光栅盘表面有油污、指印或异物造成的。垂直两光栅盘中，靠外面的一块是主光栅盘，如果盘表面脏，会引起电信号跳动，严重时会造成垂直跳数。可用脱脂棉蘸适量混合液(乙醚70%，乙醇30%)，将光栅盘表面擦拭干净。

另外，旋转横轴一周，观察示波器上李沙郁图形时，李沙郁图形会出现大小的变化。幅值变化应小于200mV。如果超过200mV，可能造成垂直测角跳数。产生原因是由于仪器经长期使用后，横轴轴向窜量变大所造成的，由于要专用工具拆卸，需返厂修理。

(3)调整好李沙郁图形后，将模拟器插头插在主电路板的相应位置上，通过主板将幅值及中心电压调整到合格范围内。具体调整方法同水平模拟器的调整。

(4)以上项目均合格后，重新调整过零信号。

8.1.3 仪器不开机故障的维修

引起仪器不开机的因素很多，但常见的有以下几种：电池电量不足、电源线连接不良、电子补偿器故障、测距通讯故障、液晶显示器故障、主板故障。

1)电池电量不足

用万用表直流电压挡，检查充电电池组电压，电压应大于6.5V；否则，应使用专用充电器，连续充电6小时。然后检查是否能开机。充电时注意，充电时间不要超过24小时。

2)电源线连接不良

拆下固定仪器左盖板的5个M2.5螺钉，打开左盖板，拔下主电路板上的蜂鸣器插头，取下左盖板。用电压表测量主电路板上的电源测试点电压(见图8-18)应大于或等于6.5V；否则应更换电量充足的电池或检查电源线路是否连接不良。电源线焊接在右盖板的触点上，电极触点在右挡板的上边，正、负的焊接位置见图8-19。

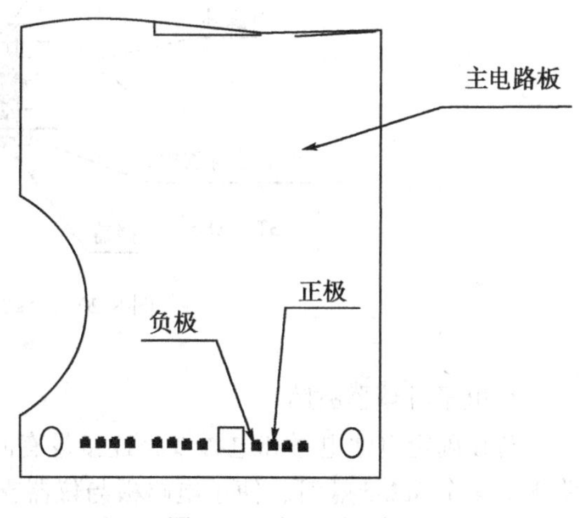

图8-18　电源测试点

如果电源线与触点接触不良，应重新焊接牢固。焊接时，可把电池盒装在右盖板上，这样会将触点顶出，使触点高出挡盖，焊接时不会烫坏挡盖。焊点要小于挡盖的通孔。焊

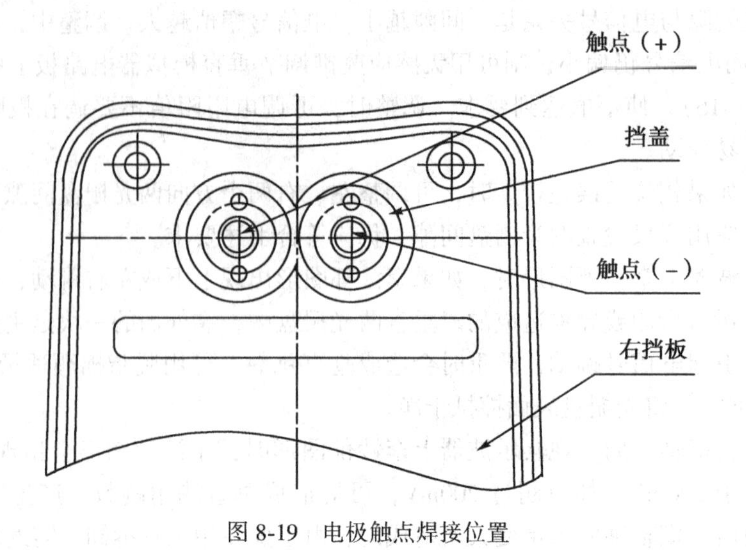

图 8-19　电极触点焊接位置

接后，应检查焊接是否可靠，触点回弹是否自如，无阻滞；与充电电池触点是否接触可靠。

图 8-20 是一般全站仪电极结构图，供维修时参考。

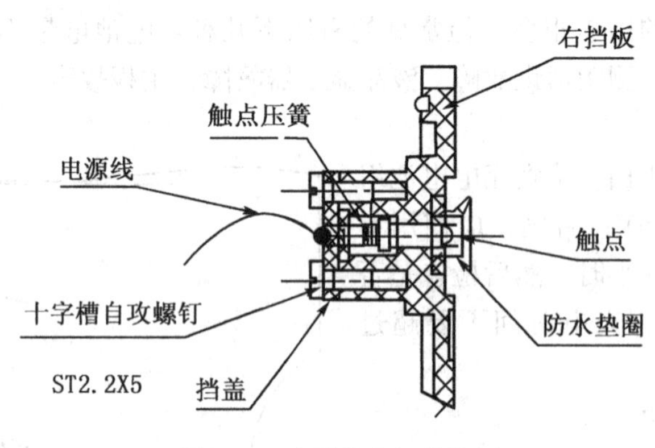

图 8-20　全站仪电极结构图

3）电子补偿器故障

若在确定电池电量和电源线路连接没有问题的情况下，仍不能开机，则拆下固定主电路板的 4 个 M2. 5 螺钉，使主电路板与仪器支架分离。

主电路板上各插接件的插接位置见图 8-13。

从主电路板上拆下电子补偿器插头（见图 8-13），检查仪器是否能够开机，若能够开机，则说明补偿器存在故障，需更换新的电子补偿器并重新校正电子补偿器。

4）测距通讯故障

经上述检查电子补偿器无故障时，将测距通讯插头从主电路板上拆下（见图 8-13）。

检查仪器是否能够开机，若能够开机，则故障可能是测距头电路部分或滑环组短路所致。

5)液晶显示器故障

经上述第三、四步所述查找未发现故障，则关机，拆下正镜显示器插头和正镜显示器(见图 8-13)，检查仪器是否能够开机。若不能开机，拆下倒镜显示器插头和倒镜显示器，装上正镜显示器插头和正镜显示器后，检查仪器是否能够开机。若仍不能开机，则显示器及连接线没有问题，可判定是主电路板出现故障，需更换新的主电路板。

在上述检查中，如果插接一侧显示器可开机，而插接另一侧显示器不能开机。则可判定该侧显示器或数据线有故障。这时，可关机后拆下固定显示器，将可开机一侧显示器的数据线拆下，换装在不可开机一侧的显示器上。检查仪器是否能够开机。若不能开机，可判定该侧显示器存在故障；如果开机，可判定数据线存在故障，可根据故障更换新的显示器或数据线。

另外，仪器经长期使用后，可能出现液晶显示器不显示、显示不完整或按键失灵等故障，此时可根据故障，更换新的显示器或连接线。更换时，要求位置正确、连接可靠。可正常开机后，将显示器装在仪器支架上。

6)主板故障

在上述五项检查中，如果判定是主电路板出现故障，则需更换新的主电路板。更换前，应先关机。新的主电路板与各接插件连接，要求位置正确、连接可靠。接通电源时，正负极务必连接正确；否则，可能再次造成主板损坏。

更换主板后，仪器乘常数、加常数初始状态为“00”，故需重新设置仪器乘常数和加常数。

8.2 光电测距部分

8.2.1 光电测距简介

光电测距系统集光、机、电为一体。现在使用的光电测距系统多数为相位式，其工作原理可按图 8-21 所示的方框图来说明。

由光源所发出的光波(红外光或激光)，进入调制器后，被来自主控振荡器(简称主振)的高频测距信号 f_1 所调制，成为调幅波。这种调幅波经外光路进入接收器，会聚在光电器件上，光信号立即转化为电信号。这个电信号就是调幅波往返于测线后经过解调的高频测距信号，它的相位已延迟了 Φ。

$$\Phi = 2\pi \times N + \Delta\Phi \tag{1}$$

这个高频测距信号与来自本机振荡器(简称本振)的高频信号 f'_1 经测距信号混频器进行光电混频，经过选频放大后得到一个低频($\Delta f = f_1 - f'_1$)测距信号，用 e_D 表示。e_D 仍保留了高频测距信号原有的相位延迟 $\Phi = 2\pi \times N + \Delta\Phi$ 。为了进行比相，主振高频测距信号 f_1 的一部分称为参考信号与本振高频信号 f'_1 同时送入参考信号混频器，经过选频放大后，得到可作为比相基准的低频($\Delta f = f_1 - f'_1$)参考信号，e_0 表示，由于 e_0 没有经过往返测线的路程，所以 e_0 不存在像 e_D 中产生的那一相位延迟 Φ 。因此，e_D 和 e_0 同时送入相位器采用

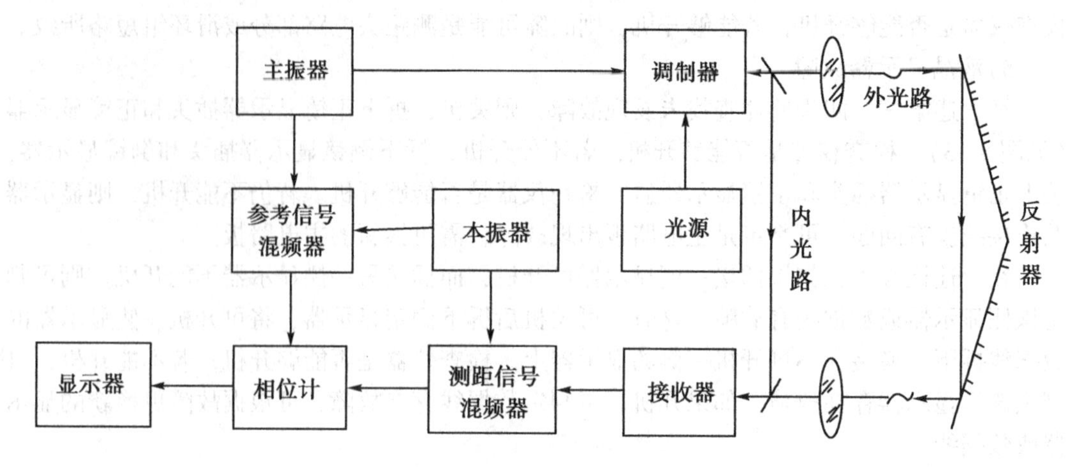

图 8-21　光电测距系统的工作原理

数字测相技术进行相位比较，在显示器上将显示出测距信号往返于测线的相位延迟结果。

当采用一个测尺频率 f_1 时，显示器上就只有不足一周的相位差 $\Delta\Phi$ 所相应的测距尾数，超过一周的整周数 N 所相应的测距整尺数就无法知道，为此，相位式测距仪的主振和本振二个部件中还包含一组粗测尺的振荡频率，即主振频率 f_2，f_3，… 和本振频率 f'_2，f'_3，… 。如前所述，若用粗测尺频率进行同样的测量，把精测尺与一组粗测尺的结果组合起来，就能得到整个待测距离的数值了。

8.2.2　光电测距部分的主要部件

1. 光源

相位式测距仪的光源主要有砷化镓(GaAs)二极管和氦-氖(He-Ne)气体激光器。前者一般用于短程测距仪中，后者用于中远程测距仪中。下面对这两种光源作一介绍。

1)砷化镓(GaAs)二极管

砷化镓(GaAs)二极管是一种晶体二极管，与普通二极管一样，内部也有一个 PN 结，如图 8-22 所示。它的正向电阻很小，反向电阻较大。当正向注入强电流时，在 PN 结里就

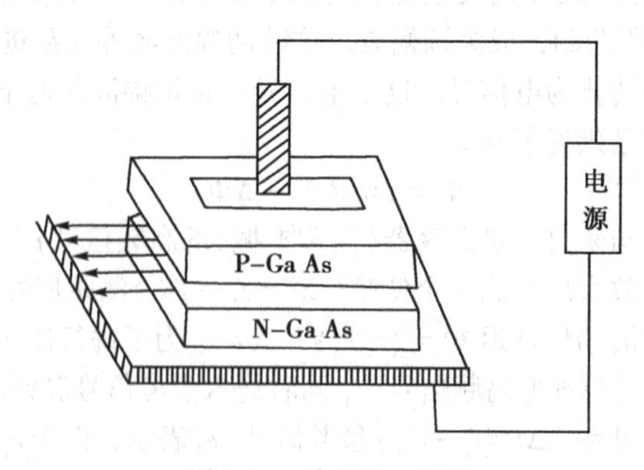

图 8-22　砷化镓二极管

会有波长为 0.72~0.94μm 红外光出射，而且出射的光强会随着注入电流的大小而变化，因此可以简单地通过改变馈电电流对光强的输出进行调制，即所谓“电流直接调制”。这对测距仪用作光源十分有意义，因为能直接调制光强，无需再配备结构复杂、功耗较大的调制器。此外，砷化镓二极管光源与其他光源比较，还有体积小重量轻，结构牢固和不怕震动等优点，有利于使测距仪小型化、轻便化。

GaAs 二极管有两种工作状态，一种是发射激光，称为 GaAs 激光器；另一种是发射红外荧光，称为发光二极管。两者的区别，主要是注入电流强度的不同。由于 GaAs 发光管，发射连续的红外光频带较宽(100~500Å)，波长不够稳定，功率较小(约 3mW)和发散角大(达 50°)，故采用这种光源的测距仪的测程都不远，一般在 3km 以内。红外光的波长，因 GaAs 掺杂的差异和馈电电流等不同而异。如国产 HGC-1 红外测距仪的 $\lambda=0.93\mu m$；瑞士 DI3 和 DI3S 的 λ 分别为 0.875μm 和 0.885μm；瑞典 AGA-116 的$\lambda=0.91\mu m$。

2)氦-氖(He-Ne)气体激光器

如图 8-23 所示氦-氖气体激光器，由放电管、激励电源和谐振腔组成。放电管为内径几个毫米的水晶管，管内充满了氦与氖的混合气体，管的长度由几厘米到几十厘米不等。管越长，输出功率越高。在管的两端装有光学精密加工的布儒斯特窗。激励电源一般可用直流、交流或高频等电源的放电方式，目前用得最多的是直流电源放电方式，其优点是激光输出稳定。谐振腔由两块球面反射镜组成，其中一块反射镜是全反射的，另一块能部分透光，其透射率 2%，即反射率仍有 98%。

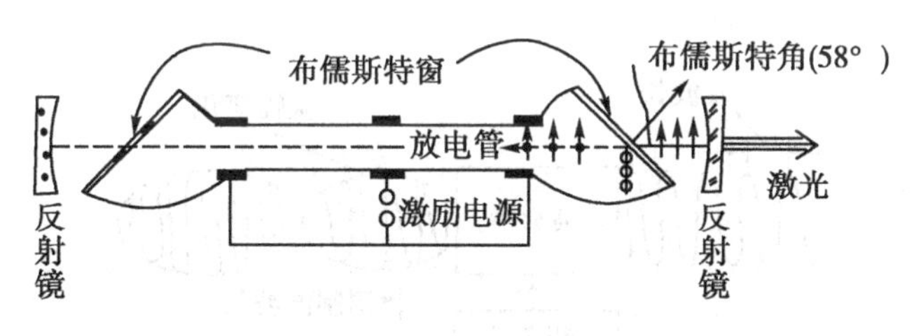

图 8-23　氦-氖气体激光器

电管中的氦原子，在激励电源的激励下，不断跃迁到高能级上，当它和氖原子碰撞时，能量不断地传递给氖原子，使氖原子不断跃迁到高能级上，而自己又回到基能级上。与此同时，处在高能级上的氖原子在光子的激发下，又受激辐射跃迁回基能级上，这时便产生出新的光子。一般说来，多数光子将通过管壁飞跃出去，或被管壁吸收，只有沿管壁轴线方向的光子将在两块反射镜之间来回反射，从而造成光的不断受辐射而放大。

布儒斯特窗是光洁度很高的水晶片，窗面法线与管轴线的夹角叫做布儒斯特角(见图 8-23)。这个角度随窗的材料而不同，在水晶窗的情况下，它大约等于 56°。当光波沿管轴线方向入射至窗面时，光波电振动沿纸面方向的分量(图中以箭头表示)将不被反射而完全透过去；而沿垂直于纸面方向的分量(图中以黑点表示)却被反射掉了，这样剩下来的光就是沿纸面振动的直线偏振光。之后，这种光在谐振腔内来回运行，由于受激辐射的新生光子与原有的光子具有相同的振动方向，也就是说，积累起来的光始终是沿纸面方向振动的直线偏振光，因而每当它们来回穿过布儒斯特窗面时，几乎全部透过去，而很少受到光的损失。

装有布儒斯特窗的激光器，直接输出直线偏振光，使得光电调制器组可以不要起偏振片，从而避免了一般调制器的入射光，因通过起偏振器而造成光强损失约 50% 的缺陷。所以装有上述激光器的测距仪的最大测程可达 40~50km。

氖气体激光器发射的激光，其频率、相位十分稳定，方向性极高，且为连续发射，因而它广泛地应用于激光测距、准直、通讯和全息学等方面。但氦氖气体激光器也有其缺点，即效率很低，其输出功率与输入功率之比仅千分之一。因此，激光测距仪上的激光输出功率仅 2~5mW。

2. 调制器

采用砷化镓(GaAs)二极管发射红外光的红外测距仪，发射光强直接由注入电流调制，发射一种红外调制光，称为直接调制，故不再需要专门的调制器。但是采用氦氖激光等作光源的相位式测距仪，必须采用一种调制器，其作用是将测距信号载在光波上，使发射光的振幅随测距信号电压而变化，成为一种调制光，图 8-24 所示电光调制是利用电光效应控制介质折射率的外调制法，也就是利用改变外加电压 E 来控制介质的折射率。目前的光电测距仪都采用一种一次电光效应或称普克尔斯效应，即 $n=n_0+f(E)$ ；根据普克尔斯效应(线性电光效应)制作的各种普克尔斯调制器。这种调制器有调制频带宽，调制电压较低和相位均匀性较好的优点。用磷酸二氘钾(KD_2PO_4)晶体制成的 KD * P 调制器则是目前较优良的一种普克尔斯调制器。

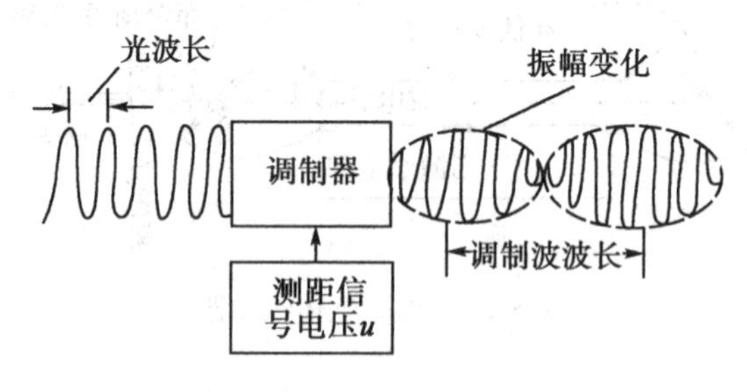

图 8-24　电光调制

3. 棱镜反射器

在使用光电测距仪进行精密测距时，必须在测线的另一端安置一个反射器，使发射的调制光经它反射后，被仪器接收器接收。用作反射器的棱镜是用光学玻璃精细制作的四面锥体，如三个棱面互成直角而底面成三角形平面(图 8-25(a))三个互相垂直的面上镀银，作为反射面，另一平面是透射面。它对于任意入射角的入射光线，在反射棱镜的两个面上的反射是相等的，所以通常反射光线与入射光线是平行的。因此，在安置棱镜反射器时，要把它大致对准测距仪，对准方向偏离在 20°以内，就能把发射出的光线经它折射后仍能按原方向反射回去，使用十分方便。图 8-25(b)用于发射、接收系统同轴的测距仪，图

8-25(c)用于发射、接收系统不同轴的测距仪。

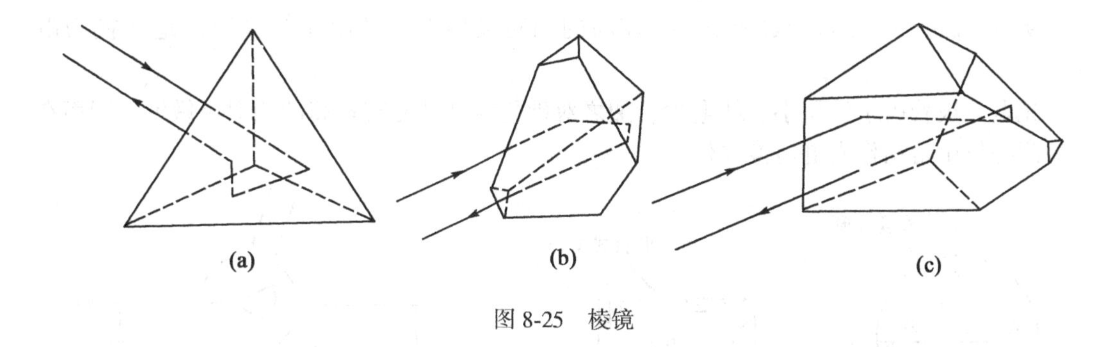

图 8-25　棱镜

实际应用的棱镜反射器如图 8-26 所示，根据距离远近不同，有单块棱镜的，也有多块棱镜组合的。安置反射器时是将它的底座中心对准地面标石中心，但由于光线在棱镜内部需要一段光程，使底座中心与顾及此光程影响的等效反射面不相一致，距离计算时必须顾及此项影响。

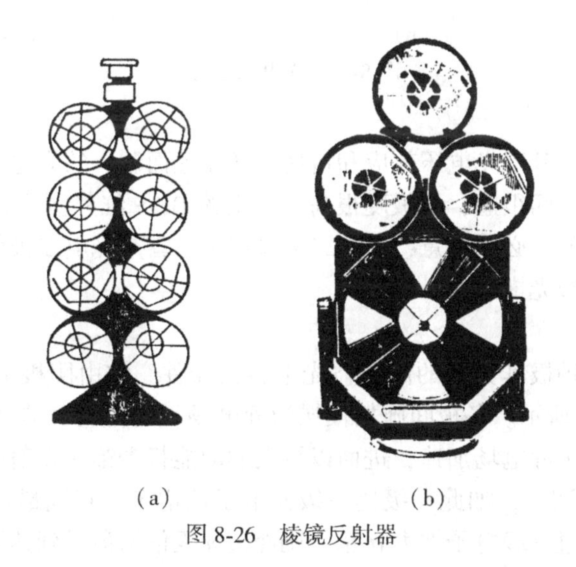

(a)　(b)

图 8-26　棱镜反射器

4. 光电转换器件

在光电测距仪中，接收器的信号为光信号。为了将此信号送到相位器进行相位比较，必须把光信号变为电信号，对此要采用光电转换器件来完成这项工作。用于测距仪的光电转换器件通常有光电二极管，雪崩光电二极管和光电倍增管。现在分别介绍如下。

1)光电二极管和雪崩光电二极管

光电二极管的管芯也是一个 PN 结。和一般二极管相比，在构造上的不同点是为了便于接收入射光，而在管子的顶部装置一个聚光透镜(图 8-27(a)、(b))，使接收光通过透镜射向 PN 结。接入电路时，必须反向偏置，如图 8-27(c)所示。

光电二极管具有光电压效应，即当有外来光通过聚光透镜会聚而照射到PN结时，使光能立即转换为电能。再者，光电二极管的“光电压”效应与入射光的波长有关，对波长为0.9~1.0μm的光(属于红外光)有较高的相对灵敏度，且使光信号线性地变换为电信号。

光电二极管由于体积小、耗电少，加之对砷化镓红外光有较高的相对灵敏度，因而在红外测距仪中常用作光电转换器件。

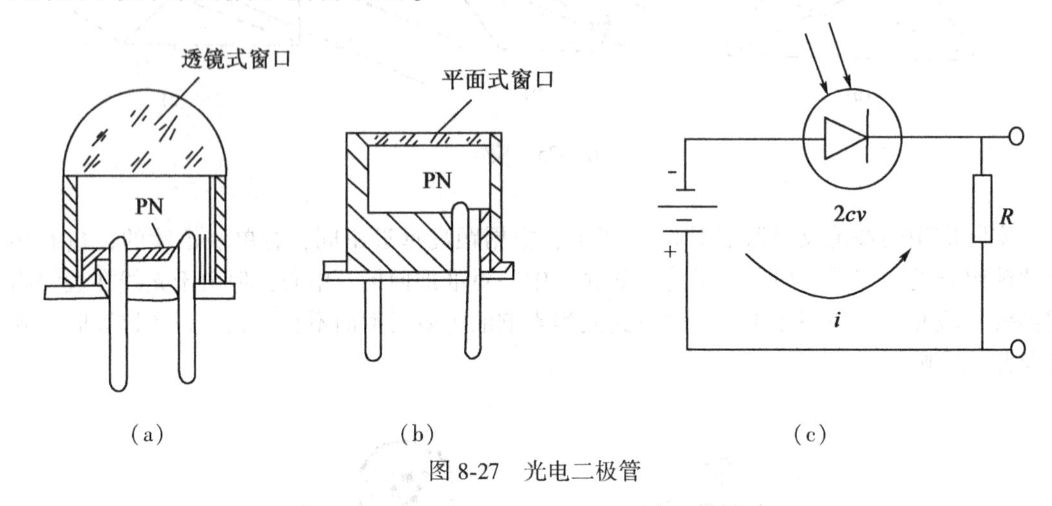

图8-27　光电二极管

雪崩光电二极管是基于光电压效应和雪崩倍增原理而制成的光电二极管，由于它的结电容很小，因而响应时间很短，灵敏度很高。瑞士的DI3S红外测距仪就是用雪崩光电二极管作光电转换器件的。必须注意，光电二极管特别是雪崩光电二极管应防止因强光照射而损坏，并时时注意减光措施。

2)光电倍增管

光电倍增管是一种极其灵敏的高增益光电转换器件。它由阴极K、多个放射极和阳极A组成，如图8-28所示。各极间施加很强的静电场。当阴极K在光的照射下有光电子射出时，这些光电子被静电场加速，进而以更大的动能打击第一发射极，就能产生好几个二次电子(称为二次发射)，如此一级比一级光电子数增多，直到最后一级，电子被聚集到阳极A上去。若经过一级电子增大σ倍，则经过n级倍增最后到达阳极的电子流将放大σ^n倍。由此可见，光电倍增管除了能把光信号变成电信号以外，还能把电信号进行高倍率的放大，具有很高的灵敏度，它的放大倍数达106~107数量级。

我国研制的激光测距仪(JCY—2、DCS—1)使用国产的CDB—2型光电倍增管。这种管子除阴极、阳极和11个放射极以外，还在阴极和第一级放射极之间设置了聚焦极F，如图8-29所示。为了解决接收信号的差频问题(称为光电混频)，在管子工作时，把阴极K和聚焦极F看成一个二极管，把频率为f'_1的本振电压加在$K-F$上，那么在这个二极管上既有光电效应的接收信号(频率为f_1)电压，又有本振(频率为f'_1)电压，通过二极管的非线性关系，就产生了混频作用，经过倍增放大，最后所得到的阳极电流，除高次谐波分量外，还包含着两频率之和($f_1+f'_1$)及两频率之差($f_1-f'_1$)$=\Delta f$，经过简单的R，C，π

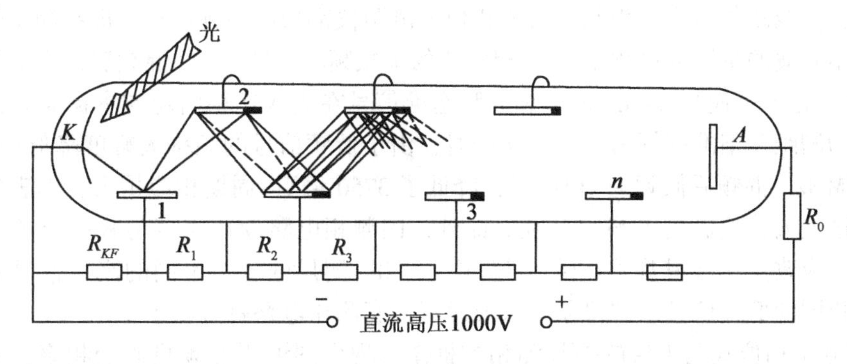

图 8-28　光电倍增管

二型滤波装置(见图 8-29)，把大于f_1(f_1=15MHz)的高频滤掉，即能获得低频 Δf 信号，以上称为光电混频。当然，若把本振信号f'_1加在第 11 放射极与阳极 A 所组成的二极管上(见图 8-29)，也可以进行光电混频。

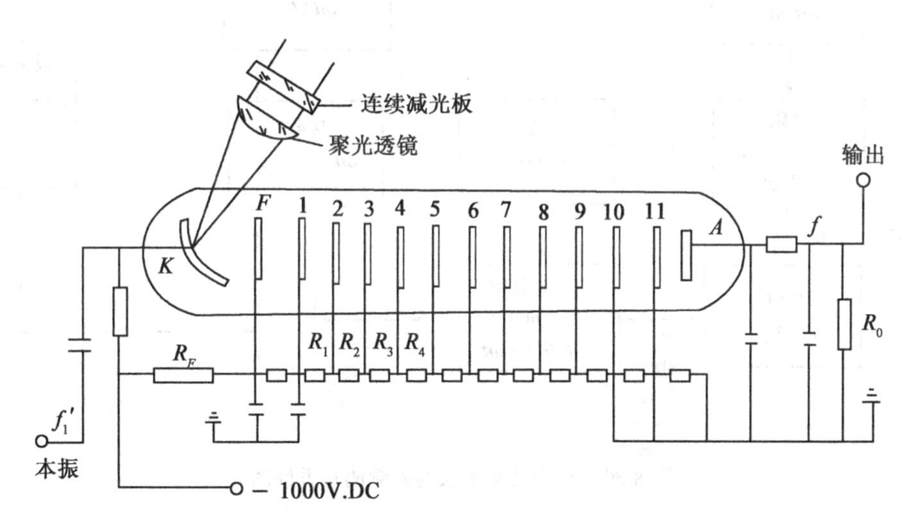

图 8-29　CDB—2 型光电倍增管

在光电倍增管的前面，还设置了一个连续减光板，以便按距离的远近调节进入的光强的大小，同时可借以避免强光照射管子的阴极，造成阴极疲劳和损坏，起到保护作用。

5. 差频测相

在目前测相精度一般为千分之一的情况下，为了保证必要的测距精度，精测尺的频率必须选得很高，一般为十几 MHz 到几十 MHz，例如 HGC—1 型短程红外测距仪的精测尺频率f_1=15MHz，JCY—2 型精密激光测距仪的精测尺频率f_1=30MHz。在这样高的频率下直接对发射波和接收波进行相位比较，受电路中寄生参量的影响，在技术上将遇到极大的困难。另外，为了解决测程的要求，需选择一组频率较低的粗测尺，当粗测尺频率为150kHz 时，与精测尺频率 15MHz 相比，两者相差 100 倍。这样有几种频率就要配备几种测相电路，使线路复杂化。为此，目前相位式测距仪都采用差频测相，即在测距仪内设置一组与调制光波的主振测尺频率(f_i)相对应的本振频率(f'_i)，经混频后，变成具有相同的差频 Δf 。也就是使高频测距信号和高频基准信号在进入比相前均与本振高频信号进行差频，成为测距和基准低频信号。在比相时，由于低频信号的频率大幅度降低(如精测尺频率为15MHz，混频后低频为4kHz时，降低了3750倍)，周期相应扩大，即表象时间得到放大，这就大大地提高了测相精度。此外，因测相电路读数直接与频率有关，频率不同，电路亦应改变。若用差频测相，使“精”、“粗”测尺的各个不同的高频信号差频后均成为频率相同的低频信号，则仪器中只要设置一套测相电路就可以了。

图8-30是相位式测距仪的差频测相方框图。现由图说明混频只改变频率，而不改变相位关系。

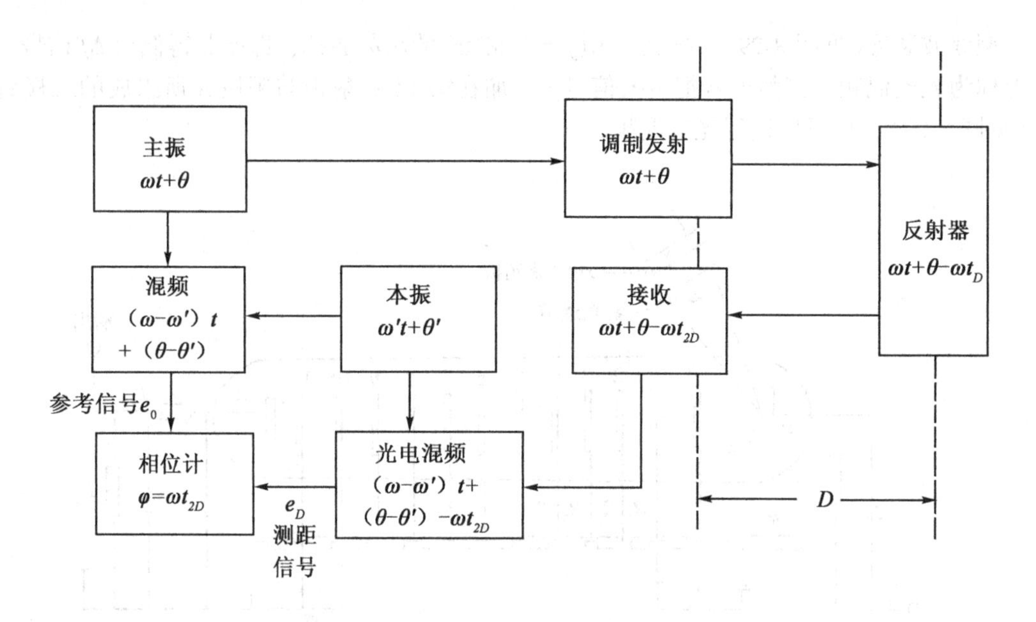

图8-30 相位式测距仪的差频测相方框图

设主振测尺频率为 f，其角频率 $\omega=2\pi f$ 发射时刻 t 的相位为 $\omega t+\theta$，θ 为初相角。设本振频率为 f'，角频率为 $\omega'=2\pi f'$，发射时刻 t 的相位为 $\omega' t+\theta'$，θ' 为其初相角。主振和本振两个高频信号经过混频后，取其差频 $\Delta f=f-f'$，得到低频参考信号 e_0，该信号在发射时刻 t 的相位为

$$\varphi_0=(\omega-\omega')+(\theta-\theta') \tag{2}$$

主振测距信号到达反射器所需的时间为 t_D，因此产生的相位延迟为 ωt_D，测距信号到达反射器的相位为 $\omega t+\theta-\omega t_D$；再从反射器回到测站相位同样延迟了 ωt_D，因此测距信号接收时的相位为 $\omega t+\theta-\omega t_{2D}$（这里 $t_{2D}=2t_D$）。测距信号与本振信号进行光电混频后取其差频 Δf，得到低频测距信号 e_D，该信号在发射时刻 t 的相位为

$$\varphi_D=(\omega-\omega')t+(\theta-\theta')-\omega t_{2D} \tag{3}$$

在相位器中测定测距信号与参考信号两种低频信号的相位差 φ_{2D}，即为(3)式和(2)

式相减：

$$\varphi_{2D} = \varphi_D - \varphi_0 = \omega t_{2D} \tag{4}$$

由此可见，相位差 φ_{2D} 即为测距信号在 2 倍测线距离上的相位延迟。以上说明了经混频后的低频信号仍保持着原高频信号间的相位关系。

6. 自动数字测相

随着集成电路和数字技术的发展，为测距仪向自动化和数字化方向发展提供了条件。目前许多中、短程测距仪几乎都采用自动数字测相技术以及距离的数字显示。

自动数字测相的基本思想是：当参考信号 e_0 和测距信号 e_D 按自动数字测相法作相位比较时，首先将其相位差 $\Delta\varphi$ 换成方波，然后再用一个标准频率作为填充脉冲填入 $\Delta\varphi$ 内，每一个填充脉冲代表一定距离，如 1mm、1cm 等，于是用计数器计算出填充脉冲的个数，通过显示器即能直接显示出相应的距离。图 8-31 是自动数字测相原理的方框图。

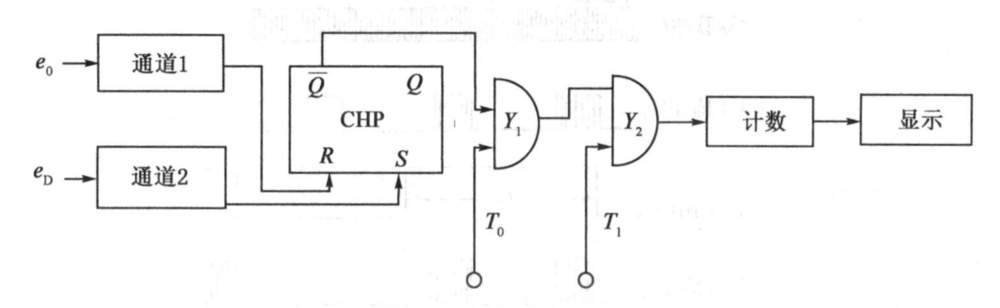

图 8-31　自动数字测相原理的方框图

在比相前，先将参考信号 e_0 和测距信号 e_D 分别进入通道 1、2，经过放大与整形后成为倒相(相位倒转 180°)的方波 e'_0 和 e'_D(见图 8-32)，两方波的频率仍为主振与本振的差频频率 Δf，其周期 $T_\Delta = \dfrac{1}{\Delta f}$。将 e'_0 和 e'_D 分别加至检相触发器(见图 8-31 中的 CHP)的两个输入端 R 和 S，方波 e'_0 的后沿(负跳变)使触发器的 $\bar{Q}$ 端输出高电平，相当于使触发器开启；方波 e'_D 的后沿使 $\bar{Q}$ 端输出低电平，相当于使触发器关闭。通过检相触发器获得检相脉冲信号 e_3，此脉冲宽度对应着两个比较信号的相位差 $\Delta\varphi$，它的周期也是 T_Δ（见图 8-32 中检相脉冲 e_3)，将 e_3 作为电子门 Y_1 的开关控制信号，其前沿(正跳变)使 Y_1 门开启，后沿(负跳变)将 Y_1 门关闭，于是在测距信号和参考信号的相位差 $\Delta\varphi$ 所相应的一段时间 Δt($\Delta t = \dfrac{\Delta\varphi}{2\pi}T_\Delta$) 内，时标脉冲就能通过电子门 Y_1。而它所输出的脉冲数 m（见图 8-32Y_1 门输出 e_1)就反映了 e_0 和 e_D 间的相位差 $\Delta\varphi$，这是单次检相过程。单次检相的脉冲数为

$$m = \frac{\Delta t}{T_0} = \frac{T_\Delta}{T_0} \times \frac{\Delta\varphi}{2\pi} = \frac{f_0}{\Delta f} \times \frac{\Delta\varphi}{2\pi} \tag{5}$$

由于 Δf 和 f_0 均为仪器设计值，因此根据计数器计取的 m 就可以计算测距信号 e_D 和参考信号 e_0 之间的相位差尾数 $\Delta\varphi$。而由 $\Delta\varphi$ 和测尺长度 $\lambda/2$ 可以算出所测距离，因此每个

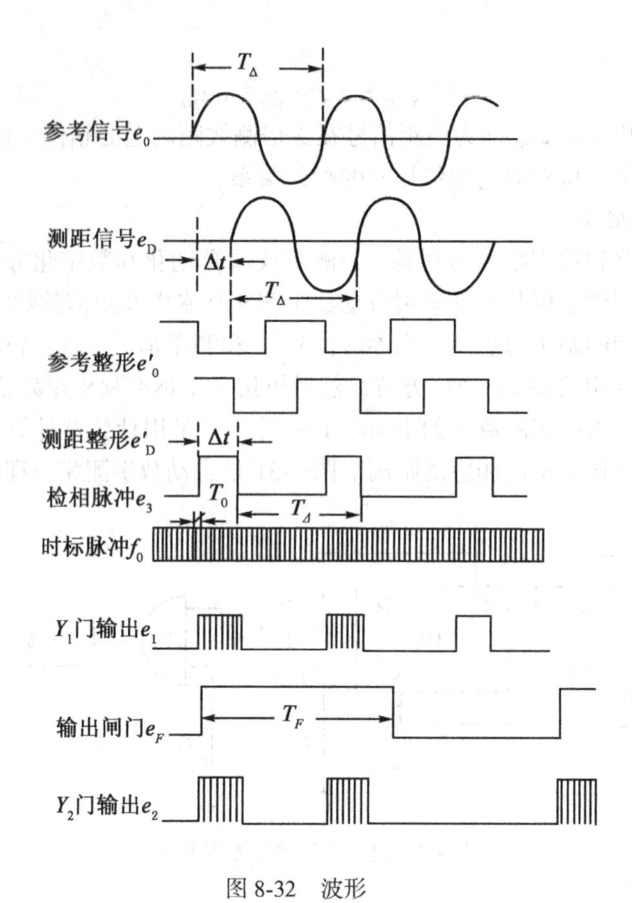

图 8-32 波形

时标脉冲就代表一定的距离值。例如设 $f_0 = 15\text{MHz}$，$\Delta f = 6\text{kHz}$ 测尺长为 $\lambda/2 = 10\text{m}$，则

$$\frac{f_0}{\Delta f} = \frac{15000000}{6000} = 2500$$

即表示相应于 10m 的距离有 2500 个时标脉冲，因此每个时标脉冲代表 4mm。根据计数器所计的时标脉冲数，经过换算，就可以在显示器上显示出距离的数值。

为了减少测量过程中大气抖动和电路噪音等偶然误差的影响，以提高测距精度，要求在测相电路中取几百次到几千次的相位测量的平均值作为测相的结果。为此在 Y_1 门后面加第二个电子门 Y_2(见图 8-31)，Y_2 门由一个方波电压 e_F 控制相位测量的持续时间 T_F。即在 T_F 时间内，由 Y_1 门输出的测相时标脉冲可以全部通过 Y_2 门(输出为 e_2)，进入计数器，在 T_F 时间内的测相次数为

$$n = \frac{T_F}{T_\Delta} = T_F \times \Delta f \tag{6}$$

由 Y_2 门输出的总测相脉冲数为

$$M = n \times m = T_F \Delta f \frac{f_0}{\Delta f} \frac{\Delta\varphi}{2\pi} = T_F \times f_0 \times \frac{\Delta\varphi}{2\pi} \tag{7}$$

而

$$\Delta\varphi = \frac{M}{T_F f_0} 2\pi$$

从上式可以看出，仪器设计时恰当地选定 f_0 与 T_F 之值，则根据计数器测得的时标总脉冲个数 M，就可以得到相位差 $\Delta\varphi$，由 $\Delta\varphi$ 算得距离，因此计数器所计的总脉冲数 M 可以直接与所测距离相对应，最后在显示器中显示出距离值。

在相位式测距仪中，还设置了内光路(见图 8-33)。设测距信号先后经内光路和外光路行程所迟后的相位差各为 $\varphi_{内}$和 $\varphi_{外}$，则内、外光路测距信号 $(e_D)_{内}$和 $(e_D)_{外}$在相位器中分别与参考信号 e_0 的比相结果为

$$\left.\begin{aligned}\Phi_{内} &= \varphi_{内} + \Delta\varphi \\ \Phi_{外} &= \varphi_{外} + \Delta\varphi\end{aligned}\right\} \quad (8)$$

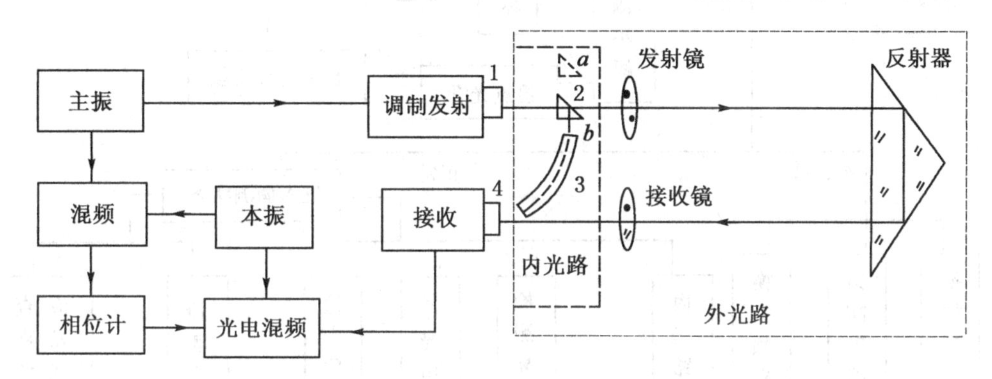

1—调制光源；2—活动小棱镜；3—光导管；4—接收光电管

图 8-33　相位式测距仪内光路

式中，$\Delta\varphi$ 是仪器内部电子路线在传送信号过程中产生的附加相移。$\Delta\varphi$ 随仪器工作状态而变化，是随机相移。测距时，交替使用内、外光路进行测相，在交替过程的短时间内，可以认为附加相移没有变化，于是取内、外光路比相结果的差值作为测量结果，即

$$\Phi = \Phi_{外} - \Phi_{内} = \varphi_{外} - \varphi_{内} \quad (9)$$

不难看出，以上结果 Φ 已经消除了附加相移不稳定的影响，从而保证了测距的精度。

由以上所介绍的相位式光电测距仪的工作原理可以看出，当进行一次测距时，既有精测尺和粗测尺频率的变换，又有每个测尺频率工作时的内、外光路的转换，此外在自动数字测相中，还有计数器清零、测相、运算衔接、显示等步骤，以上有关的这些电路单元必须正确地按一定的程序有条不紊地进行工作。因此在仪器中还必须设置逻辑控制电路及相应的伺服机构，以实现测距的自动化。

8.2.3　测距常见故障的维修

测距故障是仪器中的难点问题，常见的故障表现为不测距、间断测距、测程短、测量结果变化大等。要想快速、准确地找出故障点，需要一定的功底，如果出现上述测距故障，则按照如图 8-34 所示的测距故障检测框图步骤进行检测，不同的仪器会有一定的差别，这里仅提供测距故障的检修思路，供参考。

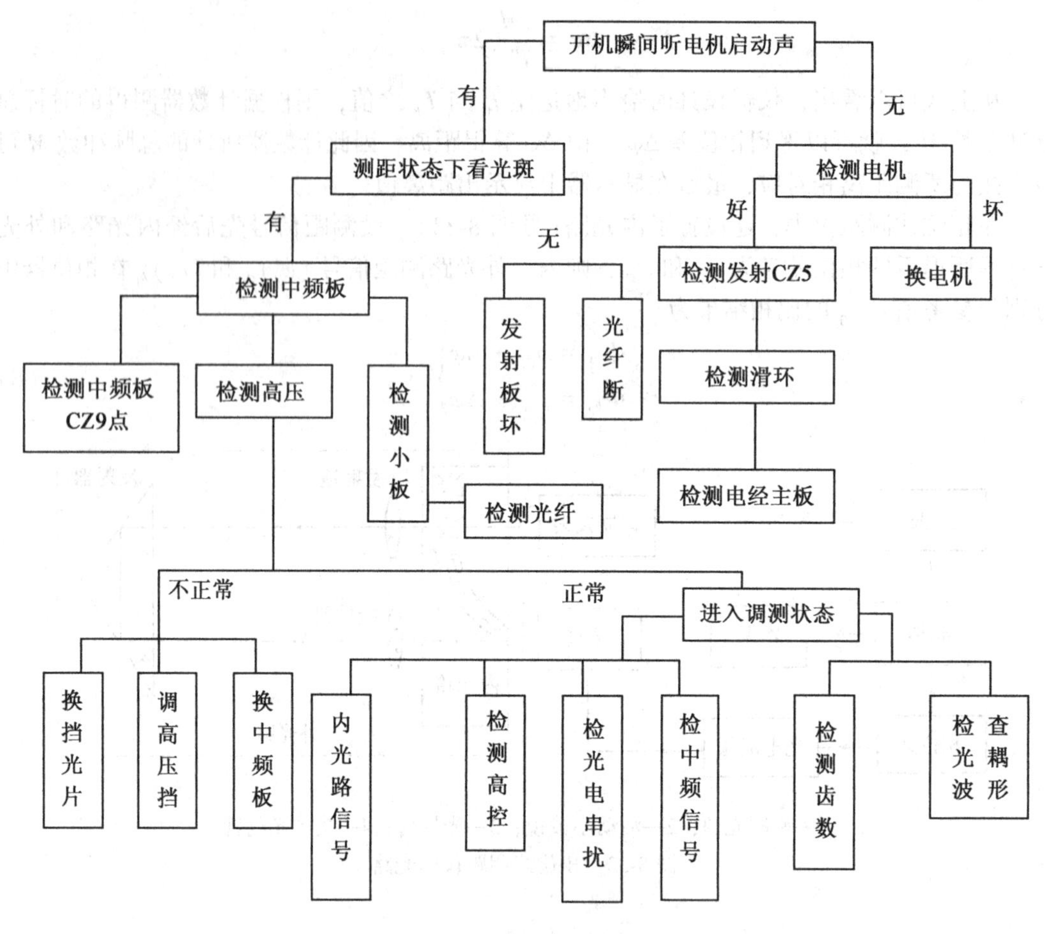

图 8-34　测距故障的检测框图

1. 内外电机是否转动的判断

开机时，测距头内会发出“咯哒”一声，这是由于测距部分开机后需自检，内外电机切换所致。如果听不到“咯哒”的声音，则说明内外电机未转动，由于自检未过，导致不测距。可按框图继续检测，但故障的排除较为复杂，这里不再赘述，建议返厂修理。

2. 发射光纤、发射板的检测

如果电机转动正常，则可以进行下一步检查。开机在测距状态下，从望远镜物镜口看进去，是否有红色光斑，如果没有可转动长电机，看是否是减光板挡住。

如果还是没有发现光斑，则需检测发射光纤或发射板。

(1)发射光纤的检测办法：拧下螺钉 1(见图 8-35)，在光纤座小孔处加一小灯泡照亮，在物镜口看光斑，判断光纤好坏。

(2)检测发射板各接口电压。

3. 中频板的检测

发射光纤及发射板判断正常后，则需检测中频板。中频板是连接发射、接收的电气单

图 8-35　发射光纤

元，通过检测中频板各测试点电压、信号，我们就可以找到故障点，中频板测试点如图 8-36所示。

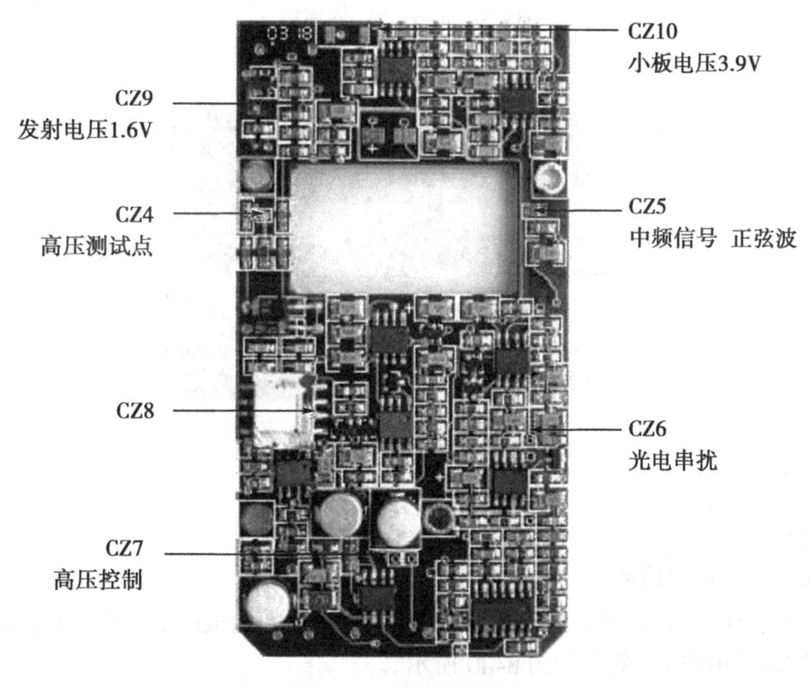

图 8-36　中频板测试点

(1)用万用表检测 CZ9 点的电压，该点电压为发射板输出电压。正常值应该为 1. 6V，如果不对，则是发射板存在问题。

(2)用万用表检测 CZ10 点电压，该点为接收板测试点。正常值应该为 3. 9V，如果不正常，则应该检测小板、接收光纤部分。

(3)以上正常则检测 CZ4 点高压，正常值应该比建议电压低 10V 左右(电压值贴在测距盖板下方)。当高压偏离，测试高压与建议电压误差不是很大时，我们可以通过调节高压挡钉来完成调试。如图 8-37 所示；当电压测量值与建议值相差很大时，则需要更换内光路上的黑片，如图 8-38 所示；若通过以上两种方法都无法将高压调节达到要求，则可能是中频板坏掉。

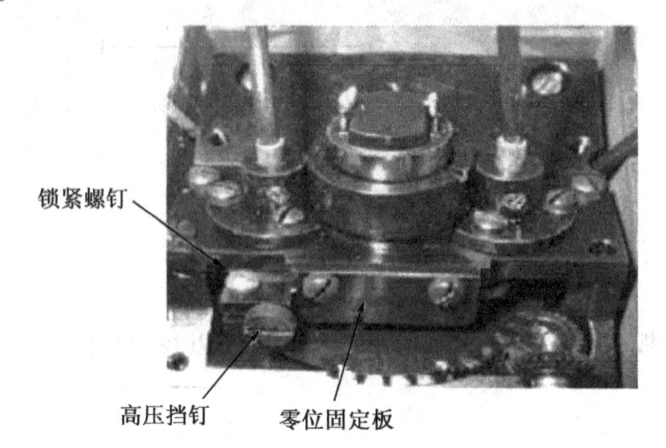

图 8-37　高压挡钉位置图

图 8-38　内光路位置图

4. 光耦检测

1)光耦波形、齿数检测

示波器置于 0.1V 挡，测试探头放在如图 8-39 所示光耦板的 A、B 位置，观察此点信号(观测时转动长电机)。信号如图 8-40 所示。

在此调测状态下，扣一棱镜在望远镜上，观测齿数正常值应该在 11 齿左右。如相差太大，应上下调节光耦板的位置，使其齿数达到要求。

2)中频板中频信号、光电串扰信号、高压控制点及内光路稳定性检测

(1)检测中频板 CZ5 点中频信号。内光路下，将示波器调至 0.1V 挡，探头衰减 10db，将探头放在 CZ5 点位置。观测此点信号。低频时，信号应为 2.5V 左右；高频时，信号应稍低一点点，但也须在 1.7V 以上。中频信号为正弦波，如图 8-41 所示。

(2)检测中频板 CZ6 点光电串扰信号。外光路下，将示波器置于 5mV 挡，探头衰减 10db。测试探头放在 CZ6 位置。低频时 VP-P<100mV，高频时稍比低频时低一点点(光电串扰越小越好)。其信号波形如图 8-42 所示。

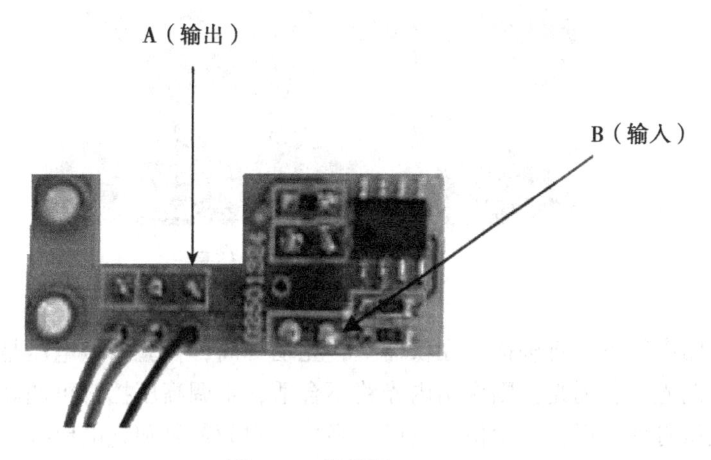

图 8-39　光耦板

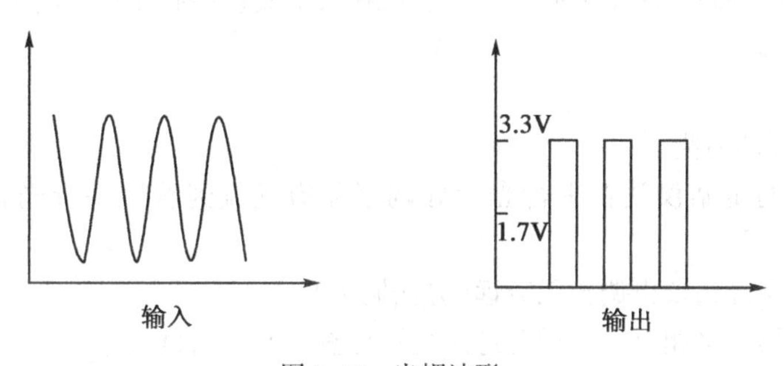

图 8-40　光耦波形

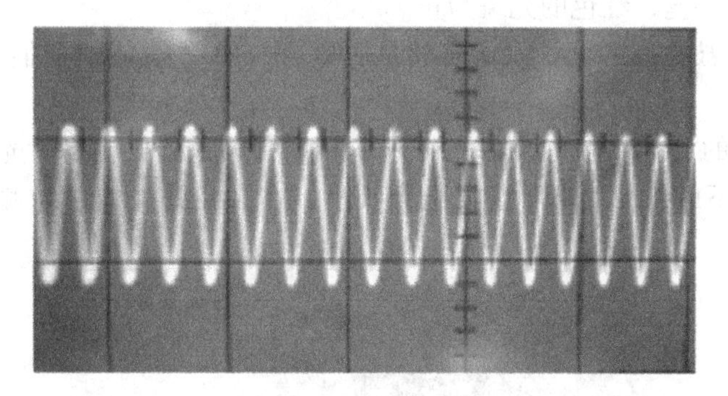

图 8-41　中频信号

(3)用万用表测试中频板 CZ7 点。该点为高压控制点，正常值应为 1~3V。

(4)检查内光路是否稳定。

①内光路低频信号在 2.5V 左右，测距头旋转一周，若内光路信号变化范围在2.2~2.7说明内光路稳定，若不在此范围则重调高压挡钉进而重调高压，调出一个稳定合适的内光路。

②内光路高频信号在 1.7V 左右，测距头转动一周，内光路信号变化范围在1.6~2.5V。若不稳定，调节方法同上。

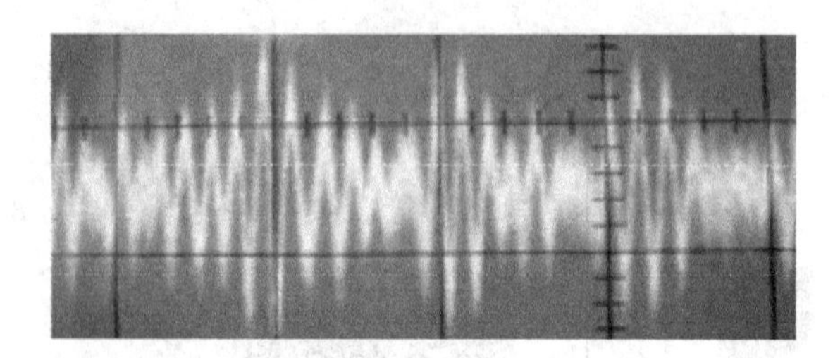

图 8-42　光电串扰信号

③内光路高频下，将棱镜放在仪器上，晃动一周，检验信号电压是否变化。若其值不变，说明不漏光；若漏光，则说明内光路不合适，重调高压挡钉重调高压。

④紧上所有螺钉后，再次检查高压、高控、中频信号和光电串扰等。

5. 三轴的检查调试

三轴偏离直接导致测距不准确，主要表现在对准棱镜中心无法测出距离，偏离棱镜中心而可以测出距离。

检查的步骤：

(1)发射光纤的检测：

①把要检查的全站仪放在平行光管处调至无穷远直到看清平行光管远点的十字丝为止。

②把一台电子经纬仪也调至无穷远(方法同上)。

③把两台仪器物镜相对，并用台灯照亮被检查全站仪的目镜。

④打开被检查的全站仪，并转换到测距模式状态，并用全站仪进行微调，直到看清被检查的全站仪的十字丝、红色的光斑为止。

⑤观察光斑和被检查的全站仪十字丝是否重合，如重合，则同轴；否则，就要进行调整。

(2)接收光纤的检查步骤与发射光纤基本相同，只是需要在发射光纤头加一外光源(见图 8-43)。拧下螺钉 1，取下接收光纤头坐，在小孔处外加一光源，其他调整步骤同上。

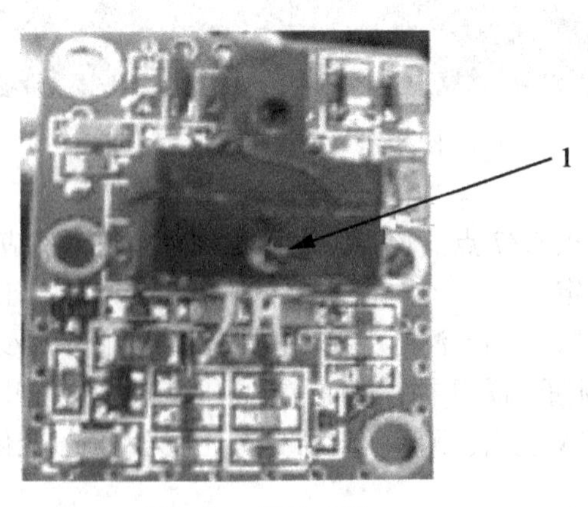

图 8-43　接收光纤

调整的步骤：

(1)发射光纤的调整：

①将仪器转换到测距模式下。

②拧松发射光纤头固定螺钉1(见图8-44)，上下移动光纤头，使光斑最清晰，然后将螺钉1拧紧。

③拧松发射光纤座固定螺钉2，上下左右调整发射管支架，使光斑中心与全站仪十字丝分划板中心同心；然后将螺钉紧固。

(2)接收光纤的调整：

①按前面的方法给接收光纤一外光源。

②拧松螺钉3，上下移动光纤头。在视场内找到光斑，上下调整光纤头在光纤座中的位置，使光斑最清晰，然后将钉丝拧紧。

③拧松螺钉4，调整接收管支架使光斑中心位于全站仪望远镜十字丝分划板中心，将螺钉紧固并将调整过的螺钉、钉丝点上清漆。

④取下发光管，按原位置接上原来的接收管即可。

图8-44　光纤

6. 其他故障说明

1)测距数值不准确

(1)斜距不准。

当测距出现斜距不准时，应先判断测距时是否出现数散。如出现数散，是测距头内部出现故障，应返厂修理。如不出现数散，应检查常数设置是否正确。当棱镜常数、仪器乘常数、仪器加常数、大气改正设置不正确或整平对中不精确时，远、近距离测距均会出现不同程度的误差。

(2)平距不准。

垂直角测角存在误差，将导致平距测不准，应按测角跳数进行维修。

垂直角指标差超差，也将导致平距测不准。应进行垂直角零位校正(指标差)。

(3)死机。

进入测距模式后死机，可能是通信出故障，重点检查滑环。

(4)坐标测量不准确。

主要是测距不准确、水平角测量误差、定向错误、垂直角指标差超差等原因造成，按相应检查方法逐项排除。

8.3 数据采集和通信部分

数据采集和通信部分的检定及故障的排除一般要开机进行实际操作检查，由于不同的仪器操作步骤不尽相同，这里仅列举项目或检查步骤，具体参阅相关仪器说明书操作。

8.3.1 数据采集系统的检定

随着计算机在测量工作中的广泛应用，全站仪均有一定的内存，这样就省去了繁琐的记录工作，大大提高了工作效率。

数据采集系统的检定项目如下：

(1)存储卡的初始化和容量检查；

(2)文件的创建和删除；

(3)测量数据的记录与查阅。

在仪器使用前，以上检定项目一定要在室内事先检查，以避免数据丢失而造成外业工作的返工。

8.3.2 数据通信部分出错故障的排除

数据通信包括仪器与计算机连接、建立仪器通信参数、输出工作文件数据、双向通信指令、数据格式等内容。

数据传输的出错与计算机、仪器、传输电缆及作业员的操作等均有关系，但总体来说均比较简单，如遇到此问题可按下列顺序排除：

(1)操作系统问题；

(2)设置问题；

(3)操作顺序问题；

(4)数据线连接问题；

(5)运行应用程序(连接网络)过多；

(6)若计算机(笔记本)无串口，则应使用 USB 转换器，并安装驱动程序，重新设置通讯参数。

◎ 单元测试

1. 常见的电子测角部件的故障有哪些？

2. 简述编码度盘测角的基本原理。

3. 简述水平及竖直 CCD 光电传感器的调试步骤。

4. 简述光栅度盘测角的基本原理。
5. 简述水平及竖直测角信号的调试步骤。
6. 引起仪器不开机的故障有哪些？如何维修？
7. 简述相位法光电测距的工作原理。
8. 光电测距部分有哪些主要部件？
9. 简述测距故障的检修思路。
10. 数据传输错误如何处理？

参 考 文 献

[1] 高绍伟. 测量仪器与检修. 北京：煤炭工业出版社，2008.
[2] 吴大江，刘宗波. 测绘仪器使用与检测. 郑州：黄河水利出版社，2010.
[3] 张翠玉. 公路工程常用仪器的使用与检修. 北京：人民交通出版社，2001.
[4] 何保喜. 全站仪测量技术. 郑州：黄河水利出版社，2005.
[5] 周建郑. GPS定位技术. 郑州：黄河水利出版社，2005.
[6] 中华人民共和国国家标准. 水准仪检定规程(JJG425—2003).
[7] 中华人民共和国国家标准. 光学经纬仪检定规程(JJG414—2003).
[8] 中华人民共和国国家标准. 全站型电子速测仪检定规程(JJG100—2003).
[9] 中华人民共和国国家标准. 全球定位系统(GPS)接收机(测地型和导航型)校准规范(JF 1118—2004).